正则化方法与抛物型
方程源项反演

王泽文　邱淑芳　著

科学出版社

北京

内 容 简 介

本书以抛物型方程源项反演为主要研究对象,以构造稳定化的数值反演算法为主要目标,对正则化方法的基本理论进行了简要的介绍. 全书共6章,内容包括基本概念与引例、反演问题的正则化方法、正则化参数选取的模型函数方法、抛物型方程与方程组中点污染源的数值反演、抛物型方程中时空分离源项的数值反演、基于源项反演的数值微分方法.

本书可作为高等院校数学类专业高年级本科生、研究生的参考用书,也可供相关领域研究人员参考.

图书在版编目(CIP)数据

正则化方法与抛物型方程源项反演/王泽文, 邱淑芳著. —北京:科学出版社, 2021. 1

ISBN 978-7-03-066472-3

Ⅰ.①正⋯　Ⅱ.①王⋯　②邱⋯　Ⅲ.①正则化　②抛物型方程-反演算法
Ⅳ.①O177　②O175.26

中国版本图书馆 CIP 数据核字(2020) 第 203066 号

责任编辑:胡海霞　贾晓瑞/责任校对:杨聪敏
责任印制:张　伟/封面设计:蓝正设计

科 学 出 版 社 出版
北京东黄城根北街 16 号
邮政编码:100717
http://www.sciencep.com

北京盛通商印快线网络科技有限公司 印刷
科学出版社发行　各地新华书店经销
*
2021 年 1 月第 一 版　开本:720×1000　1/16
2022 年 11 月第三次印刷　印张:13 1/2
字数:270 000
定价: 79.00 元
(如有印装质量问题, 我社负责调换)

前　　言

反演问题的计算方法是计算数学与应用数学的一个重要研究方向. 数学物理中的反演问题往往是不适定的, 或者说是不稳定的. 这是因为由间接的观测数据决定未知解或参数时, 观测数据的微小误差将引起解的急剧变化, 从而导致所求解毫无意义. 克服不适定性是反演问题研究的最大挑战之一. 在数学反演问题研究中, 扩散方程反演问题一直是研究热点之一, 从经典抛物型方程反演问题到反常扩散方程反演问题 (分数阶扩散方程反演问题), 均在实际科学与工程中有着广泛的应用背景. 例如, 根据河道、湖泊、大气等中的测量数据来寻找污染源的位置与强度或得到边界控制条件, 以实现对污染源的控制, 这些问题的数学模型即归结为抛物型方程或反常扩散方程的源项识别、初始污染重建、扩散系数识别等反演问题。

本书主要是作者从事相关研究的总结. 本书以抛物型方程源项反演为主要研究对象, 以构造稳定化的数值反演算法为主要目标, 对正则化方法的基本理论作了简练的介绍. 第 1 章讨论了反演问题的基本概念, 同时给出了一些反演问题的具体事例; 第 2 章介绍了反演问题的一些常用的正则化方法——拟解法、Tikhonov 正则化方法、Landweber 迭代法、Lavrentiev 正则化方法、磨光正则化方法等; 第 3 章研究了正则化参数选取的模型函数方法, 分别给出了基于线性模型函数、指数型模型函数、对数型模型函数等的正则化参数选取方法, 证明了方法的收敛性; 第 4 章研究了抛物型方程 (组) 的点污染源项识别问题, 构造了识别点源位置及其强度的稳定化正则化方法; 第 5 章研究了时空分离源项的数值反演问题, 分别提出了非迭代型反演算法、基于有限差分的反演方法、Fourier 系数正则化方法等; 第 6 章研究了基于源项反演的一元函数与多元函数数值微分方法, 数值算例验证了所提出算法的有效性.

本书由王泽文、邱淑芳共同完成. 第 3 章和第 4 章的研究得到了东南大学刘继军教授的悉心指导和帮助, 也得到了东南大学王海兵教授、南京信息工程大学吴斌教授、赣南师范大学徐会林副教授的帮助. 在此, 向刘继军教授表示最衷心的感谢, 向王海兵、吴斌和徐会林三位同门表示感谢. 东华理工大学理学院反演问题研究团队刘唐伟、阮周生、胡彬、张文、夏赟等老师, 研究生谢安来、彭建梅、陈树立、黄何露、于爽、曾祥龙、陈国林、叶智群等在本书涉及的研究工作以及书稿写作过程中付出了宝贵的时间和精力, 在此一并致谢. 感谢科学出版社的胡海霞编辑、贾晓瑞编辑付出的辛勤劳动. 本书在研究和撰写过程中参考了众多国内外文献, 恕不一一致谢; 对于因疏漏而未能在参考文献中列出的, 敬请谅解.

本书分别得到国家自然科学基金 (No. 11961002, 11761007)、江西省主要学科学术和技术带头人培养计划 (20172BCB22019)、东华理工大学科技创新团队等项目的资助.

限于水平和时间, 书中疏漏之处在所难免, 恳请批评指正.

作　者

2019 年 8 月

目　　录

第 1 章　基本概念与引例

本章将给出反演问题和不适定问题的基本概念, 同时给出若干反演问题与不适定问题的例子. 例子中的反演问题与不适定问题不仅存在于数学研究领域, 也存在于许多实际科学与工程研究领域中, 其中的一些问题在古代就已经得到人们的注意并进行了研究. 但是, 直到 20 世纪中叶, 人们才开始真正对反演问题与不适定问题进行系统的研究.

1.1　反演问题与不适定问题的基本概念

反演问题的思想方法在中国可谓历史悠久, 早在战国时期就有了 "反本溯源" "由果逐因" "溯流求源" 等说法. 东汉张衡创造的地动仪, 就很好地利用了反演问题的思想方法, 即根据龙珠掉下后龙口所朝方向推断地震发生的方向. 实际上, 日常生活中人们经常处理反演问题和不适定问题, 并且在条件允许的前提下会尝试高效地处理它们. 例如人们的视觉系统, 某一时刻眼睛只能获得有限个点的信息, 但为何人们有这样深刻的意识: 能看到周围的一切. 个中缘由便是人们的大脑, 它好比一台计算机, 通过对有限个点上获取到的数据进行插值, 从而完整地呈现视觉图像. 显然, 一个场景的真实图像 (通常是三维彩色的) 能够被有限个点的信息充分地重建出来, 前提条件是这个图像是人们熟悉的, 即从前见过甚至触摸过的. 尽管从有限个点的数据重建一个物体及其周围的图像是不适定的, 即重建的图像是不唯一或不稳定的, 但人的大脑还是能够相当快地处理它, 给出视觉图像 (重建图像), 这归功于人脑能充分利用以往经验 (先验信息) 的能力. 比如快速地看一下一个人, 便能判断他 (她) 是男人还是女人, 是小孩还是成年人, 这就是视觉图像决定的.

上面提到了不适定问题的解可能是不唯一的或者不稳定的. 为了更好地理解不唯一性, 我们来看一个关于 "地球的形状"(Kabanikhin S I, 2011) 的例子. 显然, 仅通过地球在月亮上的投影是不可能重建出地球的形状的, 即仅有地球在月亮上的投影是不能够唯一地确定出地球的形状的. 另外, 亚里士多德曾经提到有人根据日落时地平线是直的这一事实而认为地球是鼓形状的, 而他自己基于两个观测证据推断出地球是球形的: 在地球表面的任何一点, 物体垂直下落 (朝向地心引力); 天体图随着观测者在地球表面移动而发生变化. 这里两个或两个以上的观测相当于增加了信息, 这就是处理反演问题往往需要额外附加信息的缘故.

当尝试理解一个特别复杂的现象时, 如果观测数据的微小变化将引起结果的急剧变化, 那么我们遇到的是一个不稳定的问题. 实际上, 生活中存在着大量的不稳定问题. 每个人都知道从当前场景重建过去的事实往往是不准的 (即解不稳定), 例如基于直接和间接证据重现犯罪现场、基于医学检查结果诊断病因、根据近来的温度变化确定过去某个时间的温度状态等. 同样, 预测未来也往往是不准的 (有误差的), 例如电商网站根据购买记录推荐您感兴趣的商品、根据当前天气状况预测未来一个星期的天气等. 与预测未来类似, 探测未知区域的结构或者过程也是不稳定的, 例如矿产资源勘探、利用 CT 检查人体等.

如何定义反演问题与不适定问题呢? 若一个问题在所考察的集合内无解, 或者解不唯一, 或者解不稳定 (不稳定表现为测量数据的微小误差将导致解的极大误差), 则称该问题是不适定问题. 顾名思义, 反演问题是相对于正演问题而言的, 没有统一的规范定义. 以 "盲人听鼓" 反演问题 (张关泉等, 1997) 为例, 该反演问题指的是通过鼓的声音判断出鼓的形状, 而它的正演问题是已知鼓的形状研究其发声规律 (在数学物理历史上研究在先). 因此, 为了给出反演问题, 需先定义正演问题. 如何区分某个问题是正演问题还是反演问题没有一个严格的标准. 例如, 我们把 "+" 看成正演问题, 则 "−" 就是反演问题; 把 "∗" 看成正演问题, 则 "/" 就是反演问题; 把函数的定积分看成正演问题, 则函数求导就是反演问题; 等等. 本书主要研究的是数学物理中的反演问题, 故下面从数学物理角度进一步说明正反演问题.

在数学物理中, 正演问题通常指的是描述物理场、物理过程或物理现象的数学模型, 例如地震波成像、电磁波与声波传播、热传导过程等. 通过求解这些正演问题的数学模型, 获得一个能描述这些物理场或物理过程的函数, 从而获知所考察区域内任一点的物理量. 因此, 正演问题的数学模型常常需要包括以下一些要素: ① 所考察物理场或物理过程定义的区域; ② 描述物理场或物理过程的方程; ③ 物理场或物理过程的边界条件; ④ 非稳恒态情形下物理场或物理过程的初始条件. 例如, 考察空间某物体 G 的热传导过程 (谷超豪等, 2002), 假设物体 G 是均匀的, 且其内部含有热源 (例如物体中有化学反应, 或者通有电流等). 此时, 物理过程的定义区域及其边界即物体 G 的内部及其边界, 分别记为 Ω 和 $\Gamma = \partial\Omega$. 因此, 热传导的初边值正演问题是: 在区域 Ω 内及其边界 Γ 上, 求温度分布函数 $u(x,y,z,t)$, 它满足方程

$$\frac{\partial u}{\partial t} = a^2 \left(\frac{\partial^2 u}{\partial x^2} + \frac{\partial^2 u}{\partial y^2} + \frac{\partial^2 u}{\partial z^2} \right) + f(x,y,z,t), \tag{1.1.1}$$

且满足边界条件

$$u(x,y,z,t)|_{(x,y,z)\in\Gamma} = g(x,y,z,t) \tag{1.1.2}$$

和初始条件

$$u(x,y,z,0) = \varphi(x,y,z). \tag{1.1.3}$$

对于正演问题 (1.1.1)—(1.1.3) 而言, 其中的扩散系数 a^2、源项 $f(x,y,z,t)$、边界温度分布函数 $g(x,y,z,t)$ 与初始温度分布函数 $\varphi(x,y,z)$ 均是已知的, 它是个适定的问题, 即它的解是唯一存在且稳定的. 对于反演问题而言, 除温度分布函数 $u(x,y,z,t)$ 外, 式 (1.1.1)—(1.1.3) 中的其他参数或函数是未知的 (Cheng J et al., 2002; 王泽文等, 2005), 我们称这些未知参数或函数是反演问题的解. 为获得反演问题的解, 在式 (1.1.1)—(1.1.3) 的基础上, 需增加一些附加条件. 例如, 假设初始温度分布未知, 希望从温度分布函数 $u(x,y,z,t)$ 在时刻 T 的分布

$$u(x,y,z,T) = m(x,y,z), \tag{1.1.4}$$

重建出初始分布 $\varphi(x,y,z)$, 这样的反演问题一般称为热传导逆时问题 (王泽文等, 2004; Liu J, 2003).

1.2　若干反演问题与不适定问题的例子

例 1　病态方程组

考虑线性代数方程组

$$Af = g, \tag{1.2.1}$$

其中 A 是 $m \times n$ 的矩阵, f 和 g 分别是 n 维和 m 维向量. 设矩阵 A 的秩 $\mathrm{rank}(A) = \min\{m,n\}$. 此时, 如果 $m < n$, 则方程组有无穷多解; 如果 $m > n$, 则方程组可能无解; 如果 $m = n$, 则对任意的右端项 g, 方程组均有唯一解.

当 $m = n$ 且 $\mathrm{rank}(A) = m$ 时, A 存在逆矩阵 (逆算子) A^{-1}. 不同于无限维空间中的情形, 逆矩阵 A^{-1} 作为有限维空间中的逆算子, 是有界的, 也即方程组符合 Hadamard 意义下的三个适定性条件. 另一方面, 实际计算中无限维空间中的不适定问题均需近似到有限维空间上计算, 且最后往往转化为解线性代数方程组的问题. 虽然此时所得系数矩阵是可逆的, 但是并不能改变不适定问题在计算上固有的不稳定性, 即系数矩阵是病态的. 何谓病态矩阵呢? 为此, 我们从分析右端项 g 对解的影响来说明这一概念.

假设右端项有小扰动 δg, 对应的方程组的解有扰动 δf, 且设原方程组的精确解为 f, 则有 $A(f + \delta f) = g + \delta g$. 于是, 由 $Af = g$ 有 $\delta f = A^{-1}\delta g$. 两边取范数得

$$\|\delta f\| = \|A^{-1}\delta g\| \leqslant \|A^{-1}\|\|\delta g\|. \tag{1.2.2}$$

从式 (1.2.2) 可以看出, 范数 $\|A^{-1}\|$ 刻画了 $\|\delta f\|$ 受 $\|\delta g\|$ 影响的程度, 或者说表示了绝对误差的放大率. 这里 $\|\delta f\|$ 与 $\|\delta g\|$ 相当于绝对误差, 但在实际应用中我们更

感兴趣的是相对误差, 即需要考察 $\dfrac{\|\delta f\|}{\|f\|}$ 与 $\dfrac{\|\delta g\|}{\|g\|}$ 之间的关系. 为此, 在式 (1.2.2) 两边同除以 $\|f\|$, 得

$$\frac{\|\delta f\|}{\|f\|} \leqslant \|A^{-1}\| \frac{\|\delta g\|}{\|f\|} = \|A^{-1}\| \frac{\|\delta g\|}{\|g\|} \frac{\|g\|}{\|f\|}.$$

因为 $\dfrac{\|g\|}{\|f\|} = \dfrac{\|Af\|}{\|f\|} \leqslant \|A\|$, 所以

$$\frac{\|\delta f\|}{\|f\|} \leqslant \|A^{-1}\| \|A\| \frac{\|\delta g\|}{\|g\|}. \tag{1.2.3}$$

从上式可以看出, 因子 $\|A^{-1}\|\|A\|$ 表示了相对误差的放大率, 且称该因子为系数矩阵 A 的条件数. 若矩阵 A 的条件数非常大, 则称 A 为病态矩阵, 在数值计算上表现为解方程是不稳定的.

考察线性代数方程组

$$Hx = b,$$

其中 H 是 n 阶 Hilbert 矩阵, 即

$$H = \begin{bmatrix} 1 & \dfrac{1}{2} & \cdots & \dfrac{1}{n} \\ \dfrac{1}{2} & \dfrac{1}{3} & \cdots & \dfrac{1}{n+1} \\ \vdots & \vdots & & \vdots \\ \dfrac{1}{n} & \dfrac{1}{n+1} & \cdots & \dfrac{1}{2n-1} \end{bmatrix}.$$

众所周知, Hilbert 矩阵是病态的. 我们通过数值模拟来认识这个病态矩阵, 即对比方程组的真解与用 $H^{-1}b$ 求出的近似解. 取 $x^* = (1,1,\cdots,1)^{\mathrm{T}}$, 然后用矩阵 H 乘以向量 x^* 得到 b, 再将得到的 b 代入方程组求解得到近似解 $\hat{x}$. 例如, 当 $n = 2$ 时, $b = \left(1+\dfrac{1}{2}, \dfrac{1}{2}+\dfrac{1}{3}\right)^{\mathrm{T}}$. 数值模拟的结果见表 1.1. 之所以出现表 1.1 所示结果, 是因为计算机在计算 Hilbert 矩阵和右端向量 b 时, 由于字长的限制而产生舍入误差, 这种舍入误差因 H 的病态性造成了近似解的急剧变化.

表 1.1 Hilbert 矩阵的计算结果

n	$\|x^* - \hat{x}\|_2$	n	$\|x^* - \hat{x}\|_2$	n	$\|x^* - \hat{x}\|_2$
2	8.9509e−016	11	3.1676e−002	20	2.0118e+002
5	6.7357e−012	14	8.4421e+001	23	8.8842e+001
8	2.8699e−007	17	2.6544e+001	26	7.3008e+001

读者也许会问, 是不是所有矩阵都有这种现象. 为此, 利用软件中的随机函数生成表 1.1 中对应阶数的矩阵, 采用相同方法进行数值模拟, 结果见表 1.2.

表 1.2 随机矩阵的计算结果

n	$\|x^* - \hat{x}\|_2$	n	$\|x^* - \hat{x}\|_2$	n	$\|x^* - \hat{x}\|_2$
2	2.2204e−016	11	3.7617e−015	20	3.4158e−014
5	5.8747e−016	14	1.3441e−014	23	1.7481e−014
8	3.3399e−015	17	3.2196e−015	26	3.2705e−014

对比表 1.1 和表 1.2 可看出 Hilbert 矩阵的特殊性, 即 Hilbert 矩阵是病态的.

例 2 热传导方程逆时问题 (王泽文等, 2004)

考虑热传导方程定解问题

$$\begin{cases} \dfrac{\partial u(x,t)}{\partial t} = \dfrac{\partial^2 u(x,t)}{\partial x^2}, & x \in (0,\pi), \\ u(0,t) = u(\pi,t) = 0, & t > 0, \\ u(x,0) = \varphi(x), & x \in [0,\pi]. \end{cases} \tag{1.2.4}$$

由分离变量法可得上述定解问题的解为

$$u(x,t) = \sum_{n=1}^{\infty} a_n e^{-n^2 t} \sin(nx), \tag{1.2.5}$$

其中

$$a_n = \frac{2}{\pi} \int_0^\pi \varphi(y) \sin(ny) dy.$$

初边值问题 (1.2.4) 的正演问题是: 给定初始条件和时刻 T, 求时刻 T 时的温度场 $u(x,T)$. 而逆时问题则指的是: 由时刻 T 的测量数据 $u(x,T)$, 求出更早时刻 $t < T$ 时的温度场 $u(x,t)$, 或者求出初始温度场 $\varphi(x)$. 由正演问题的解 (1.2.5) 可知, 重建初始温度场 $\varphi(x)$ 等价于求解下述积分方程:

$$\int_0^\pi k(x,y)\varphi(y) dy = u(x,T), \quad x \in [0,1], \tag{1.2.6}$$

其中

$$k(x,y) = \frac{2}{\pi} \sum_{n=1}^{\infty} e^{-n^2 T} \sin(nx) \sin(ny).$$

例 3 地层介质参数反演 (王彦飞, 2007)

假设地层为水平层状介质, 考虑如下一维声波方程:

$$\rho(h) \frac{\partial^2 w}{\partial t^2} = \frac{\partial}{\partial h}\left(\kappa(h) \frac{\partial w}{\partial h}\right), \tag{1.2.7}$$

其中 $w = w(h,t)$ 为波场且是时间 t 和深度 h 的可微函数, $\rho(h)$ 和 $\kappa(h)$ 分别表示介质的密度和体变量模. 如果令 $v(h) = \sqrt{\dfrac{\kappa(h)}{\rho(h)}}$ 为介质速度, $\tau(h)$ 表示波传播到深度为 h 时的走时, 定义为 $\tau(h) = \displaystyle\int_0^h \dfrac{ds}{v(s)}$, 并采用波阻抗表示式 $\sigma(\tau) = \rho(\tau)v(\tau)$, 则式 (1.2.7) 可表示为

$$\sigma(\tau)\frac{\partial^2 w}{\partial t^2} = \frac{\partial}{\partial \tau}\left(\sigma(\tau)\frac{\partial w}{\partial \tau}\right), \tag{1.2.8}$$

其中 $w = w(\tau,t), \tau \in [0,\tau_m], t \in [0,T], \tau_m$ 为走时 (深度) 的最大值, T 为时间记录长度.

正演问题指的是: 在给定初始条件

$$w(\tau,t)|_{t=0} = \left.\frac{\partial w}{\partial t}\right|_{t=0}, \quad \tau \in [0,\tau_m] \tag{1.2.9}$$

和边界条件

$$-\sigma(0)\left.\frac{\partial w}{\partial \tau}\right|_{\tau=0} = S(t), \quad w(\tau_m,t) = 0, \quad t \in [0,T] \tag{1.2.10}$$

的情况下, 由给定模型的波阻抗值 $\sigma(\tau)$ 求合成地震记录的 $w(0,t)$.

地层介质参数反演问题指的是: 在附加条件

$$w(\tau,t)|_{\tau=0} = w_0(t), \quad t \in [0,T] \tag{1.2.11}$$

的情况下 ($w_0(t)$ 为地震记录), 由给定的地震记录 $w_0(t)$ 来确定波阻抗 $\sigma(\tau)$ 的值.

例 4　垂直断层效应的反演问题 (应正卫等, 2009; Groestch C W, 1993)

考虑一个理想的地球模型, 假设地球表面为一水平面. t 轴的正向朝下, 表示地球的深度, 假设地球按其密度分层, 密度函数 $\rho(t)$ 仅是 t 的函数. 现有两均匀结构的地质构体, 其密度分别为 $\rho_1(t)$ 和 $\rho_2(t)$, 且它们的交接面是一个垂直于地平面的平面, 如图 1.1 所示. 假设 y 轴正向指向书外, x 轴正向朝右.

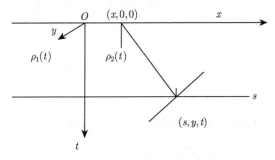

图 1.1　断层效应示意图

由 Groestch 的著作 (Groestch C W, 1993) 可知: 在点 $(x, 0, 0)$ 处, 由深度 t 处半平面板引起的重力异常 $\Delta g(x, t)$ 为

$$\Delta g(x, t) = 2\nu \Delta\rho(t) t \left(\arctan \frac{x}{t} + \frac{\pi}{2} \right),$$

其中 $\Delta\rho(t) = \rho_2(t) - \rho_1(t)$. 因此, 重力异常的梯度 $\frac{\partial}{\partial x} \Delta g(x, t)$ 为

$$\frac{\partial}{\partial x} \Delta g(x, t) = \frac{2\nu \Delta\rho(t) t}{x^2 + t^2}.$$

对变量 t 在 $[0, +\infty)$ 积分, 得到重力异常梯度与密度差异之间的第一类积分方程

$$\int_0^{+\infty} \frac{t}{x^2 + t^2} \phi(t) dt = f(x), \tag{1.2.12}$$

其中 $\phi(t) = \rho_2(t) - \rho_1(t)$, $f(x) = \dfrac{1}{2\nu} \displaystyle\int_0^{+\infty} \frac{\partial}{\partial x} \Delta g(x, t) dt$.

垂直断层反演问题指的是: 已知 $f(x)$ 的测量值重建密度差异函数 $\phi(t)$.

例 5 Laplace 方程 Cauchy 问题 (Kirsch A, 2011)

设 u 满足 Laplace 方程

$$\Delta u(x, y) := \frac{\partial^2 u(x, y)}{\partial x^2} + \frac{\partial^2 u(x, y)}{\partial y^2} = 0, \quad (x, y) \in \mathbb{R} \times [0, +\infty) \tag{1.2.13}$$

与 "初始条件"

$$u(x, 0) = f(x), \quad \frac{\partial}{\partial y} u(x, 0) = g(x), \quad x \in \mathbb{R}, \tag{1.2.14}$$

其中 $f(x)$ 和 $g(x)$ 是给定的已知函数. 对于 $f(x) = 0$ 与 $g(x) = \dfrac{1}{n} \sin(nx)$, Laplace 方程 Cauchy 问题 (1.2.13)—(1.2.14) 有唯一解

$$u(x, y) = \frac{1}{n^2} \sin(nx) \sinh(ny), \quad x \in \mathbb{R}, \ y \in [0, +\infty).$$

因此, 我们有

$$\sup_{x \in \mathbb{R}} \{ |f(x)| + |g(x)| \} = \frac{1}{n} \to 0, \quad n \to \infty,$$

但

$$\sup_{x \in \mathbb{R}} |u(x, y)| = \frac{1}{n^2} \sinh(ny) \to \infty, \quad n \to \infty.$$

这表明 Cauchy 数据中的误差趋于 0 时, 解的误差趋于无穷大. 因此, 方程的解不连续依赖于 Cauchy 数据, 即该问题是不适定的.

例 6　逆散射问题

考虑时谐电磁波或时谐声波在均匀非吸收介质中传播时, 遇到一个不可穿透的、横截面为 D 的柔性无限长柱体, 并设边界 $\partial D \in C^2$. 显然, 该问题归结为二维 Helmholtz 方程的散射问题 (Colton D et al., 1998; 王泽文等, 2011; Wang Z et al., 2011, 2014).

二维散射的正演问题是: 给定平面入射波 $u^i(x;d) = e^{ikx \cdot d}$, 求波总场 $u(x;d) = u^i(x;d) + u^s(x;d)$, 其中总场 u 满足 Helmholtz 方程定解问题

$$
\begin{cases}
\Delta u + k^2 u = 0, & \mathbb{R}^2 \setminus \bar{D}, \\
u = 0, & \partial D, \\
\lim\limits_{r \to \infty} \sqrt{r}\left(\dfrac{\partial u^s}{\partial r} - iku^s\right) = 0, & r = |x|,
\end{cases}
\tag{1.2.15}
$$

这里 d 是平面入射波的入射方向, $u^s(x;d)$ 是由散射体产生的散射波场, k 是波数, (1.2.15) 中第三个式子称为 Sommerfeld 辐射条件. 由文献 (Colton D et al., 1998) 知上述散射正演问题存在唯一解, 且对于散射波场 $u^s(x)$ 有下述渐近性质:

$$
u^s(x) = \frac{e^{ik|x|}}{\sqrt{|x|}}\left\{ u_\infty(\hat{x}) + O\left(\frac{1}{|x|}\right) \right\},
\tag{1.2.16}
$$

其中 $u_\infty(\hat{x})$ 定义在 $\hat{x} = \dfrac{x}{|x|} \in \Omega$ 上, 为散射波场在无穷远处的状态, 即散射波场 u^s 的远场模式 (far field pattern).

逆散射问题是: 由已知入射波 $u^i(x) = e^{ikx \cdot d}$ 及其远场模式 $u_\infty(\hat{x})$ 重建散射体的位置和边界 ∂D.

例 7　计算机断层成像

计算机断层成像 (computed tomography, CT) 是一种被广泛应用于医学影像的技术, 该技术主要通过 X 射线旋转照射人体, 由于不同的组织对 X 射线的吸收能力不同, 从而得到射线穿过人体后的投影, 然后利用数学方法 (例如反向投影算法、代数重建方法等) 实现内部组织的重建 (图像), 它是一个线性反演问题.

计算机断层成像的数学模型可归结为下述积分方程:

$$
\int_{\mathbb{R}^2} f(x,y)\delta(x\cos\theta + y\sin\theta - s)dxdy = R(\theta, s), \quad s \in \mathbb{R}, \theta \in [0, \pi],
$$

其中 δ 是 Dirac 函数. 如果 R 的精确值对所有 θ 和 s 都是已知的, 则该反演问题的解可以由 Radon 变换精确获得. 但是, 实际测量不可能对所有 θ 和 s 都精确测量到, 故该反演问题旨在从有限的测量数据 $R(\theta_i, s_j) = d_{ij}$ 重建未知函数 f. 该反演问题本质上是不适定的 (不稳定的), 即对测量数据的误差是非常敏感的, 所以需要采用如正则化方法等特殊技巧来处理它.

例 8 图像重建

模糊且带噪声图像的重建问题. 图像模糊可看作 Gauss 核函数 $k(x, y)$ 作用在原始图像上, 其中

$$k(x, y) = \frac{1}{2\pi\sigma^2} \exp\left(-\frac{x^2 + y^2}{2\,\sigma^2}\right);$$

转化为线性代数方程组时, 图像模糊的数学模型可表达为 $A\hat{x} = b$, 其中 $\hat{x}$ 为原始图像, b 为被模糊的图像. 矩阵 A 是一个对称 $N^2 \times N^2$ 的双重 Toeplitz 矩阵, 即

$$A = \frac{1}{2\pi\sigma^2} T \otimes T,$$

其中 T 是一个 $N \times N$ 对称带状的 Toeplitz 矩阵, 它的第一行为

$$z = [\exp(-([0 : \text{band} - 1].\hat{}2)/(2\sigma^2)); \text{zeros}(1, N - \text{band})].$$

参数 σ 控制 Gauss 核函数的形状, 也即控制模糊的程度. 在此, 我们选取 Cameraman 作为原始图像, 它有 256×256 个像素; 同时取 band $= 3$ 和 $\sigma = 2$. 另外, 再给模糊图像加入均值为零的正态分布的随机噪声, 并取噪声方差满足

$$\frac{\text{variance}(n)}{\text{variance}(\hat{x})} = 10^{-4},$$

其中 n 表示随机噪声函数. 图 1.2(a) 为模糊且被噪声污染的图像, (b) 是利用线性模型函数选取正则化参数重建的结果.

(a) 模糊且含噪的图像   (b) 重建的图像

图 1.2 图像重建结果对比图, $\gamma = 6.5, \kappa = 3.5$ (Wang Z, 2012)

例 9 金融中的反演问题 (金畅等, 2011)

期权定价问题是金融数学中的一个重要问题. 通过 Black-Scholes 模型为期权定价时, 波动率 σ 是一个非常重要的参数, 一般情况下在期权价格定价时假设它是个常数, 但事实上波动率往往不是常数. 因此, 在金融衍生产品交易定价时, 人们希

望根据不同执行价格和不同到期日的期权市场价格推导出关于标的资产价格的未来波动率信息. 由期权价格所导出的标的资产的波动率称为隐含波动率, 确定波动率参数的问题称为波动率校准问题.

假设期权的执行价格为 K, 记标的资产价格为 S, 到期日为 T, 则看涨期权价格 C 满足下述 Black-Scholes 偏微分方程模型:

$$
\begin{cases}
\dfrac{\partial C}{\partial t} + \dfrac{1}{2}\sigma^2 S^2 \dfrac{\partial^2 C}{\partial S^2} + (r-q)S\dfrac{\partial C}{\partial S} - rC = 0, & 0 \leqslant S < \infty,\ 0 \leqslant t < T, \\
C(S,T) = (S-K)^+, & 0 \leqslant S < \infty,
\end{cases}
\tag{1.2.17}
$$

其中 σ 表示标的资产的波动率, q 是标的资产的分红, r 是无风险资产的利率. 于是, 基于 Black-Scholes 模型的期权定价正演问题是已知标的资产的波动率 σ, 求满足 (1.2.17) 式的期权价格 C; 其反演问题 (即波动率校准问题) 是, 在不同的期权执行价格 K 和不同的到期日 T 的条件下, 求波动率 σ 使得

$$
C(S^*, t^*; K, T) = C^*(K, T),
$$

其中 $C^*(K, T)$ 表示在当前标的资产价格 S^* 和当前时间 t^* 时的期权价格.

例 10 测量中的不适定问题

设现有两种不同类的观测数据, 则测量中的联合平差问题 (王乐洋等, 2016) 的数学模型为

$$
\begin{cases}
(A_1 + H_1)X = b_1 + e_1, \\
(A_2 + H_2)X = b_2 + e_2.
\end{cases}
\tag{1.2.18}
$$

上述模型中, $b_1 \in \mathbb{R}^{n_1 \times 1}$ 是第 I 类观测向量, $e_1 \in \mathbb{R}^{n_1 \times 1}$ 是第 I 类观测向量的随机误差; $b_2 \in \mathbb{R}^{n_2 \times 1}$ 是第 II 类观测向量, $e_2 \in \mathbb{R}^{n_2 \times 1}$ 是第 II 类观测向量的随机误差; $A_1 \in \mathbb{R}^{n_1 \times m}$ 是第 I 类观测方程列满秩系数矩阵, $H_1 \in \mathbb{R}^{n_1 \times m}$ 是系数矩阵 A_1 的随机误差; $A_2 \in \mathbb{R}^{n_2 \times m}$ 是第 II 类观测方程列满秩系数矩阵, $H_2 \in \mathbb{R}^{n_2 \times m}$ 是系数矩阵 A_2 的随机误差; $X \in \mathbb{R}^{m \times 1}$ 为待估计参数向量.

记

$$
C = \begin{bmatrix} A_1 \\ A_2 \end{bmatrix}, \quad C_h = \begin{bmatrix} A_1 & H_1 \\ A_2 & H_2 \end{bmatrix},
$$

$$
B = \begin{bmatrix} b_1 \\ b_2 \end{bmatrix}, \quad B_e = \begin{bmatrix} b_1 & e_1 \\ b_2 & e_2 \end{bmatrix},
$$

当两类观测方程系数矩阵之间存在较强的共线性时, 则不能简单地将最小二乘解

$$
X_e = (C_h^{\mathrm{T}} C_h)^{-1} C_h^{\mathrm{T}} B_e
$$

作为真解

$$\hat{X} = (C^{\mathrm{T}}C)^{-1}C^{\mathrm{T}}B$$

的近似. 因为这时系数矩阵之间较强的共线性将导致求逆 $(C_h^{\mathrm{T}}C_h)^{-1}$ 是不稳定的, 即系数矩阵的微小变化将导致矩阵逆的急剧变化, 所以它是个不适定的问题.

第 2 章　反演问题的正则化方法

反演问题一般可抽象为不适定的第一类算子方程 $Kx = y$. 不妨设算子 K 是将无穷维空间 X 映射到空间 Y 上的紧算子. S 是 X 中的单位球, 且非紧集. 于是, 在 S 中必存在序列 $\{x_n\}$, 且 $\{x_n\}$ 中不存在收敛的子列. 假设算子 K 存在连续的逆算子 K^{-1}. 注意到 S 是有界集, 算子 K 为紧算子, 故 KS 为空间 Y 中的紧集. 于是, 像序列 $y_n = Kx_n \subset KS$ 中存在收敛的子列, 记该子列为 $y_m = Kx_m \subset KS$ 且收敛于 y_0. 根据假设, 算子 K 存在连续逆算子 K^{-1}, 则 $x_m = K^{-1}y_m$ 收敛于 $K^{-1}y_0$, 这与 $\{x_n\}$ 中不存在收敛的子列相矛盾. 因此, 算子 K 不存在连续的逆算子 K^{-1}, 即算子方程 $Kx = y$ 是不适定的. 本章将以第一类算子方程为研究对象, 介绍求解反演问题与不适定问题的一些数值方法.

2.1　拟　解　法

考虑第一类算子方程

$$Kx = y, \tag{2.1.1}$$

其中 K 是距离空间 X 到距离空间 Y 上的连续算子, 且该算子方程是不适定的. 进一步假设对于 y 的精确值 $\bar{y}$, 算子方程 (2.1.1) 在紧集 M 上存在唯一解 $\bar{x}$. 然而, $\bar{y}$ 往往是未知的. 取而代之的, 是知道它的近似值 y^δ, 且有

$$\rho(y^\delta, \bar{y}) \leqslant \delta,$$

其中 δ 是误差水平, ρ 是定义在空间 Y 上的距离. 在不引起混淆的前提下, 将 X 和 Y 上的距离都记为 ρ. 现在的目标是构造近似解 x^δ, 使得

$$x^\delta \to \bar{x}, \quad \delta \to 0.$$

由条件 $\rho(y^\delta, \bar{y}) \leqslant \delta$ 想到集合

$$X^\delta = \left\{ x \,\middle|\, \rho(Kx, y^\delta) \leqslant \delta \right\}.$$

但是, 由于算子方程 (2.1.1) 是不适定的, 故不能任取 X^δ 中的某个元素作为方程的近似解. 另一方面, 知道真解 $\bar{x}$ 属于紧集 M 的先验信息, 可进一步限制在 X^δ 与 M 的交集上找近似解, 记该交集为

$$X_M^\delta = X^\delta \bigcap M.$$

显然, 对于 $\delta > 0$, 集合 X_M^δ 是非空的, 这是因为它包含了真解 $\bar{x}$. 接下来, 说明 X_M^δ 中的元素可以作为方程 (2.1.1) 的近似解.

定理 2.1 当 $\delta \to 0$ 时, 有

$$\sup_{x \in X_M^\delta} \rho(x, \bar{x}) \to 0.$$

证明 假设定理结论不成立. 于是, 存在 $\varepsilon > 0$, 存在序列 $\delta_n \to 0$ 和 $x^{\delta_n} \in X_M^\delta$ 使得 $\rho(x^{\delta_n}, \bar{x}) \geqslant \varepsilon$. 由于 $x^{\delta_n} \in M$ 及 M 的紧性, 则存在收敛的子序列 $x^{\delta_k} \to x_0$, 且有

$$\lim_{k \to \infty} \rho(x^{\delta_k}, \bar{x}) = \rho(x_0, \bar{x}) \geqslant \varepsilon. \tag{2.1.2}$$

又由于 $x^{\delta_k} \in X_M^{\delta_k}$, 则有 $\rho(Kx^{\delta_k}, y^{\delta_k}) \leqslant \delta_k$. 注意到 $k \to \infty$ 时 $\delta_k \to 0$, 则两边取极限可得

$$\rho(Kx_0, \bar{y}) = 0.$$

因此, $Kx_0 = K\bar{x} = \bar{y}$. 根据方程 (2.1.1) 解的唯一性, 可知 $x_0 = \bar{x}$, 这与式 (2.1.2) 矛盾. 因此, 定理结论成立. $\qquad\square$

下面, 我们给出一个例子说明集合 X^δ 中存在不收敛于真解的元素.

例 1 设 $X = Y = l_2$. 对任意 $x \in l_2, x = \{x_1, x_2, \cdots, x_n, \cdots\}$, 定义算子 K 为

$$y = Kx = \left\{\frac{x_1}{1^2}, \frac{x_2}{2^2}, \cdots, \frac{x_n}{n^2}, \cdots\right\}.$$

显然, 对于 $\bar{y} = 0 := \{0, 0, \cdots, 0, \cdots\}$, 方程 $Kx = \bar{y}$ 只有唯一解 $\bar{x} = 0 := \{0, 0, \cdots, 0, \cdots\}$. 假设已知的是 $\bar{y}$ 的近似 $y^{\delta_k} = \left\{\frac{1}{2k}, 0, 0, \cdots, 0, \cdots\right\}$, 且 $\|y^{\delta_k} - \bar{y}\|_{l_2} \leqslant \delta_k$, 其中 $\delta_k = \frac{1}{k}$ 是误差水平. 显然,

$$\|y^{\delta_k} - \bar{y}\|_{l_2} = \frac{1}{2k} \to 0, \quad k \to \infty.$$

此时, 有

$$X^{\delta_k} = \left\{x \in l_2 \left| \left(x_1 - \frac{1}{2k}\right)^2 + \sum_{n=2}^{\infty} \frac{x_n^2}{n^4} \leqslant \frac{1}{k^2}\right.\right\}.$$

对每个 k, X^{δ_k} 中包含这样的 x^{δ_k}, 它的第 k 位是 $x_k^{\delta_k} = \frac{k}{2}$, 而其他位置全为零. 显然有

$$\|x^{\delta_k} - \bar{x}\|_{l_2} = \|x^{\delta_k}\|_{l_2} = \frac{k}{2} \to \infty, \quad k \to \infty.$$

然后, 我们在 l_2 空间中考虑紧集

$$M = \left\{x \in l_2 \left| \sum_{n=1}^{\infty} x_n^2 n^4 \leqslant C^2\right.\right\},$$

其中 C 是个正常数. 记 $X_M^{\delta_k} = X^{\delta_k} \bigcap M$ 中的元素为 $\tilde{x}$, 可得

$$\|\tilde{x} - \bar{x}\|_{l_2}^2 = \|\tilde{x}\|_{l_2}^2 = \tilde{x}_1^2 + \sum_{n=2}^{p} \tilde{x}_n^2 + \sum_{n=p+1}^{\infty} \tilde{x}_n^2$$

$$\leqslant \frac{9}{4k^2} + p^4 \sum_{n=2}^{p} \frac{\tilde{x}_n^2}{n^4} + \sum_{n=p+1}^{\infty} \frac{C^2}{n^4} \leqslant \frac{9}{4k^2} + \frac{p^4}{k^2} + \frac{C^2}{p^3},$$

这里用到了 $\tilde{x} \in X^{\delta_k}$, 则有 $\sum_{n=2}^{p} \dfrac{\tilde{x}_n^2}{n^4} \leqslant \dfrac{1}{k^2}$ 和

$$\tilde{x}_1^2 = \left(\left(\tilde{x}_1 - \frac{1}{2k} \right) + \frac{1}{2k} \right)^2 \leqslant \left(\tilde{x}_1 - \frac{1}{2k} \right)^2 + \frac{1}{k} \left| \tilde{x}_1 - \frac{1}{2k} \right| + \frac{1}{4k^2} \leqslant \frac{9}{4k^2}.$$

如果取 $p = k^{1/3}$, 则有

$$\lim_{k \to \infty} \|\tilde{x} - \bar{x}\|_{l_2}^2 \to 0.$$

因此, 当 $\delta_k \to 0$ 时, 集合 $X_M^{\delta_k}$ 收敛于 $\bar{x}$.

　　拟解法是由 Ivanov 为稳定求解不适定问题而引进的, 该方法通过挖掘解的先验信息, 从而限制在某个紧子集上求解不适定问题 (Ivanov V K, 1962). 设 X 和 Y 均是线性赋范空间, K 是将 X 映射到 Y 内的连续算子, M 是 X 的一个紧子集, 且不加区分地用 $\| \cdot \|$ 表示定义在 X, Y 上的范数. 如前所述, 考虑在紧集 M 上求解不适定的算子方程

$$Kx = y, \quad x \in X, y \in Y. \tag{2.1.3}$$

若方程的右端项带有噪声, 或者说有扰动, 通常我们不可能在 M 中找到满足方程的解, 从而放弃精确求解方程的途径, 转而通过极小化残量来获得解的近似.

　　定义 2.2　设 $K : X \to Y$ 是个有界且单的线性算子, $M \subset X$ 是个紧集. 对于任意 $y \in Y$, 若 x_0 满足

$$\|Kx_0 - y\| = \inf_{x \in M} \|Kx - y\|,$$

则称 x_0 为方程 $Kx = y$ 在 M 上的拟解.

　　由上述定义可以看出, 对任意 $y \in Y$, 方程都存在一个拟解. 实际上, 由于 K 是连续算子, 故 $\|Kx - y\|$ 关于 x 也是连续的, 从而在紧集 M 上可以取到极小值. 如果恰好 $y \in KM$, 则拟解 x_0 满足 $\|Kx_0 - y\| = 0$.

　　接下来, 我们研究在什么条件下, 方程 (2.1.3) 的拟解存在且是唯一的, 同时拟解连续依赖右端项 y. 为此, 需要先证明一些引理.

　　记 $d(y, U)$ 为 y 到紧集 $U \subset Y$ 的距离, 即

$$d(y, U) = \inf_{z \in U} \|y - z\|.$$

引理 2.3 设 U 是紧集且 $U \subset Y$, 则对于任意 $y_1, y_2 \in Y$, 有

$$|d(y_1, U) - d(y_2, U)| \leqslant \|y_1 - y_2\|. \tag{2.1.4}$$

证明 设 z 是 U 中的任意一个元素. 于是, 有

$$d(y_1, U) \leqslant \|y_1 - z\| \leqslant \|y_1 - y_2\| + \|y_2 - z\|,$$

$$d(y_1, U) - \|y_2 - z\| \leqslant \|y_1 - y_2\|. \tag{2.1.5}$$

因为 U 是紧的, 故存在 $z^* \in U$ 使得 $\|y_2 - z^*\| = d(y_2, U)$. 在 (2.1.5) 中取 $z = z^*$, 得

$$d(y_1, U) - d(y_2, U) \leqslant \|y_1 - y_2\|.$$

交换 y_1 和 y_2, 同理可得

$$d(y_2, U) - d(y_1, U) \leqslant \|y_2 - y_1\|.$$

综合上述两个不等式, 即证得 (2.1.4) 式成立. □

定义 2.4 如果 $z \in U$ 使得

$$\|y - z\| = d(y, U),$$

则称 z 为 y 在 U 上的**投影**.

显然, 若 U 是紧的, 则对任意的 $y \in Y$, 都在 U 上存在其投影, 这是因为连续泛函在紧集上存在最小值.

定义 2.5 赋范线性空间 Y 中的元素 y 与其在紧集 $U \subset Y$ 上的投影 $z = Py$ 之间建立了一个算子, 称之为线性赋范空间 Y 到 U 上的投影算子.

一般情况下, Y 中的元素不一定都有投影, 或者投影不止一个.

引理 2.6 设 Y 是个 Hilbert 空间, U 是 Y 中的一个凸紧集. 则任意 $y \in Y$ 均在 U 上存在唯一的投影, 且该投影算子是连续的.

证明 由于 U 是个紧集, 则任意 $y \in Y$ 在 U 上存在其投影. 现在证明投影的唯一性. 假设 y 有两个投影 z_1 和 z_2, 即

$$\|y - z_1\| = \|y - z_2\| = d(y, U).$$

令

$$z_3 = \frac{z_1 + z_2}{2}.$$

因 U 是凸集, 故 $z_3 \in U$. 另一方面,

$$\|y - z_3\| = \left\| y - \frac{z_1 + z_2}{2} \right\| \leqslant \frac{1}{2}\|y - z_1\| + \frac{1}{2}\|y - z_2\| = d(y, U).$$

因此, z_3 也是 y 的一个投影.

在 Hilbert 空间中, 有

$$\|y_1 + y_2\|^2 + \|y_1 - y_2\|^2 = 2\left(\|y_1\|^2 + \|y_2\|^2\right), \quad \forall y_1, y_2 \in Y.$$

取 $y_1 = y - z_1$ 和 $y_2 = y - z_2$ 代入上述等式, 得

$$\|2y - (z_1 + z_2)\|^2 + \|z_1 - z_2\|^2 = 2\left(\|y - z_1\|^2 + \|y - z_2\|^2\right). \tag{2.1.6}$$

由于

$$\|2y - (z_1 + z_2)\|^2 = 4\left\|y - \frac{z_1 + z_2}{2}\right\|^2 = 4\left(d(y, U)\right)^2,$$

故由 (2.1.6) 式得

$$4\left(d(y, U)\right)^2 + \|z_1 - z_2\|^2 = 4\left(d(y, U)\right)^2,$$

即 $\|z_1 - z_2\|^2 = 0$. 因此, y 的投影是唯一的, 即投影算子是单的.

接下来证明投影算子的连续性. 记该投影算子为 P, 假设 P 是不连续的, 即存在一个收敛序列 $y_n \to y$ 使得 $Py_n \nrightarrow Pu$. 于是, 存在正常数 ε 和收敛的子序列 $y_k \to y$ 使得

$$\|Py_k - Py\| \geqslant \varepsilon.$$

由于 $Py_k \in U$ 和 U 的紧性, 故从中取出一个收敛的子列 Py_m, 不妨设 Py_m 的极限为 u, 且有 $u \in U$. 显然, $\|Py_m - Py\| \geqslant \varepsilon$, 取极限即得

$$\|u - Py\| \geqslant \varepsilon. \tag{2.1.7}$$

由三角不等式, 可知

$$\|y - u\| \leqslant \|y - y_m\| + \|y_m - Py_m\| + \|Py_m - u\|. \tag{2.1.8}$$

同时, 由引理 2.3 可得

$$\left|\|y_m - Py_m\| - \|y - Py\|\right| \leqslant \|y - y_m\|,$$

从而

$$\|y - u\| \leqslant 2\|y - y_m\| + \|y - Py\| + \|Py_m - u\|. \tag{2.1.9}$$

对 (2.1.9) 式关于 $m \to \infty$ 取极限, 得

$$\|y - u\| \leqslant \|y - Py\|.$$

由于 $u \in U$, 则上述不等式表明 u 也是 y 在 U 中的投影, 故由唯一性知 $u = Py$. 这与式 (2.1.7) 相矛盾, 故原假设是错误的. □

定理 2.7　设 X 为线性赋范空间, Y 为 Hilbert 空间, $K : X \to Y$ 为连续线性算子且是单的. M 为 X 的凸紧子集. 则对任意的 $y \in Y$, 方程 (2.1.3) 在 M 上存在唯一的拟解, 且拟解连续依赖于 y.

证明　根据拟解的定义, 对于任意 $y \in Y$, 方程 (2.1.3) 的拟解 x_0 满足

$$\|Kx_0 - y\| = \inf_{x \in M} \|Kx - y\|. \tag{2.1.10}$$

x_0 的存在性直接由算子 K 的连续性和 M 的紧性得到. 记 $U = KM, u = Kx_0$, 则 (2.1.10) 式可以改写为

$$\|u - y\| = \inf_{z \in U} \|z - y\|,$$

即 $u = Py$, P 为 Y 到 U 上的投影算子. 因此, 若 K^{-1} 在 U 上存在, 则拟解 x_0 可以表示为 $x_0 = K^{-1} Py$. 由 K 的连续性和单射性可知 U 也是紧集, 因此 K^{-1} 存在且在 U 上连续. 又因为投影算子 P 是单的且连续的, 故知 $K^{-1}P$ 也是单的且连续的, 即证得拟解连续依赖于右端项 y. $\qquad\square$

现在考虑: 当方程 (2.1.3) 右端项带有噪声时, 如何运用拟解方法解方程 (2.1.3).

定理 2.8　设 X 和 Y 都是线性赋范空间, $K : X \to Y$ 的线性连续算子. 对于精确值 $\bar{y}$, 方程 (2.1.3) 在紧集 M 上有唯一解 $\bar{x}$. 现假设仅知道 $\bar{y}$ 的近似 y^δ, 并记 Q^δ 为方程 (2.1.3) 关于 y^δ 在 M 上的所有拟解. 如果 $\|y^\delta - \bar{y}\| \to 0$, 则

$$\sup_{x \in Q^\delta} \|x - \bar{x}\| \to 0.$$

证明　假设结论不成立. 则存在一个收敛序列 $y^{\delta_m} \to \bar{y}\ (m \to \infty)$ 及其对应的拟解 x_m, 即

$$\left\|Kx_m - y^{\delta_m}\right\| = \inf_{x \in M} \left\|Kx - y^{\delta_m}\right\|,$$

但 $\|x_m - \bar{x}\| \geqslant \varepsilon$, 其中 ε 为一正常数. 由于 $x_m \in M$ 及 M 的紧性, 故存在一个收敛的子序列 $x_k \to x_0 \in M$, 从而有 $\|x_0 - \bar{x}\| \geqslant \varepsilon$. 由于 x_k 是对于 y^{δ_k} 的拟解, 则

$$\|Kx_k - \bar{y}\| \leqslant \|Kx_k - y^{\delta_k}\| + \|y^{\delta_k} - \bar{y}\| \leqslant \|K\bar{x} - y^{\delta_k}\| + \|y^{\delta_k} - \bar{y}\| = 2\|y^{\delta_k} - \bar{y}\|.$$

上式两边取极限, 得到

$$\|Kx_0 - \bar{y}\| = 0.$$

因此, 由解的唯一性即得 $x_0 = \bar{x}$. 但是, 这与不等式 $\|x_0 - \bar{x}\| \geqslant \varepsilon$ 相矛盾. 于是, 初始假设是错误的, 故定理得证. $\qquad\square$

注 2.9　定理 2.8 与定理 2.1 相近, 但是本质是不同的. 定理 2.1 中需要知道误差水平, 而定理 2.8 中的构造不需要知道误差水平.

定理 2.1 与定理 2.8 是构造许多反演问题求解方法的基础. 通常, 利用问题的先验信息, 我们可以假设解属于某个紧集 M. 此时, 问题的求解就转化为在 M 中极小化偏差泛函 $\|Kx - y^\delta\|$. 在这种情况下, 如果已知误差水平 δ, 当 x^δ 满足

$$\|Kx^\delta - y^\delta\| \leqslant \delta$$

时, 则停止极小化过程. 如果 δ 未知, 极小化过程则需一直继续下去直到找到拟解.

2.2   Tikhonov 正则化方法

Tikhonov 正则化方法被广泛应用于线性和非线性不适定问题的求解, 它是由 Tikhonov (Tikhonov A N, 1963) 和 Phillips (Phillips D L, 1962) 为求解第一类积分方程而提出来的. 在介绍 Tikhonov 正则化方法之前, 我们先给出后续理论分析将用到的弱收敛概念及其性质.

定义 2.10   设 X 是个 Hilbert 空间, 序列 $\{x_n\}_{n=1}^\infty \subset X$. 若存在 $x_0 \in X$, 对任意 $z \in X$ 有

$$\lim_{n \to \infty} (x_n, z) = (x_0, z),$$

则称序列 $\{x_n\}$ 弱收敛于 x_0, 记为 $x_n \rightharpoonup x_0$.

弱收敛序列有以下性质:

(1) 如果 $\{x_n\}$ 弱收敛于 x_0, 则 $\|x_0\| \leqslant \varliminf_{n \to \infty} \|x_n\|$;

(2) 如果 $\{x_n\}$ 弱收敛于 x_0, 且 $\|x_n\| \to \|x_0\|$, 则有 $\|x_n - x_0\| \to 0$, 即弱收敛加上范数收敛可得到强收敛;

(3) Hilbert 空间中的弱收敛序列有界;

(4) Hilbert 空间的任意有界序列必包含一个弱收敛的子序列;

(5) 一个弱收敛序列在紧算子的作用下, 被映射为一个强收敛序列.

现在, 开始考虑 Tikhonov 正则化方法. 考虑不适定的第一类算子方程

$$Kx = y, \tag{2.2.1}$$

其中 $K : X \to Y$ 是紧算子, X 和 Y 是 Hilbert 空间. 在本节中, 始终假设 X 和 Y 为 Hilbert 空间.

对于有限维的线性代数超定方程组, 通常的求解方法是最佳逼近方法, 即极小化 $\|Kx - y\|$. 但是, 当 X 是无限维的且 K 是紧算子时, 下述引理表明这个极小化问题是不适定的.

引理 2.11 设 $K : X \to Y$ 是线性有界算子, $y \in Y$. 则存在 $\hat{x} \in X$ 使得

$$\|K\hat{x} - y\|^2 \leqslant \|Kx - y\|^2, \quad \forall x \in X$$

的充要条件是 $\hat{x}$ 为正规方程 $K^*Kx = K^*y$ 的解, 其中 $K^* : Y \to X$ 是 K 的伴随.

证明 对于 $\hat{x} \in X$, 经简单计算得

$$\|Kx - y\|^2 - \|K\hat{x} - y\|^2 = 2\Re(K\hat{x} - y, K(x - \hat{x})) + \|K(x - \hat{x})\|^2$$
$$= 2\Re(K^*(K\hat{x} - y), x - \hat{x}) + \|K(x - \hat{x})\|^2. \quad (2.2.2)$$

这里 $\Re(\cdot)$ 表示实部. 如果 $\hat{x}$ 使得 $K^*K\hat{x} = K^*y$, 则 $\|Kx - y\|^2 - \|K\hat{x} - y\|^2 \geqslant 0$, 即 $\hat{x}$ 极小化泛函 $\|Kx - y\|^2$. 另一方面, 如果 $\hat{x}$ 极小化泛函 $\|Kx - y\|^2$, 那么可令 $x = \hat{x} + tz, t > 0, z \in X$ 代入式 (2.2.2), 则得

$$0 \leqslant 2t\Re(K^*(K\hat{x} - y), z) + t^2\|Kz\|^2.$$

两边同除以 $t > 0$ 并令 $t \to 0$, 则对任意 $z \in X$ 有 $\Re(K^*(K\hat{x} - y), z) \geqslant 0$. 于是, 有 $K^*(K\hat{x} - y) = 0$, 即 $\hat{x}$ 是正规方程的解. $\qquad\square$

上述引理说明只有当 $K^*Kx = K^*y$ 可解时, 极小化 $\|Kx - y\|^2$ 问题才有解, 且不一定唯一. 克服不适定的方法之一是给 $\|Kx - y\|^2$ 加上惩罚项后再极小化所得泛函, Tikhonov 正则化方法就是这样一种方法.

Tikhonov 正则化方法 给定有界算子 $K : X \to Y$ 和 $y \in Y$, 极小化 Tikhonov 泛函

$$J_\alpha(x) := \|Kx - y\|^2 + \alpha\|x\|^2, \quad \forall x \in X \quad (2.2.3)$$

而获得极小元 x^α.

定理 2.12 设 $K : X \to Y$ 是有界线性算子, $\alpha > 0$, 则 Tikhonov 正则化泛函 J_α 存在唯一极小元 $x^\alpha \in X$, 且 x^α 是正规方程

$$\alpha x + K^*Kx = K^*y \quad (2.2.4)$$

的唯一解, 且 x^α 连续依赖于 y.

证明 设 $\{x_n\} \subset X$ 为 Tikhonov 泛函的极小化序列, 即当 $n \to \infty$ 时有 $J_\alpha(x_n) \to \inf\limits_{x \in X} J_\alpha(x)$. 由内积和范数的关系, 经简单计算得

$$J_\alpha(x_n) + J_\alpha(x_m) = 2J_\alpha\left(\frac{x_n + x_m}{2}\right) + \frac{1}{2}\|K(x_n - x_m)\|^2 + \frac{\alpha}{2}\|x_n - x_m\|^2$$
$$\geqslant 2\inf_{x \in X} J_\alpha(x) + \frac{\alpha}{2}\|x_n - x_m\|^2.$$

当 n, m 趋于无穷时, 上式左边收敛于 $2 \inf\limits_{x \in X} J_\alpha(x)$. 这表明序列 $\{x_n\}$ 是 Cauchy 序列, 故而收敛. 设 $x^\alpha = \lim\limits_{n \to \infty} x_n$, 显然 $x^\alpha \in X$. 由 J_α 的连续性, 可知 $J_\alpha(x_n) \to J_\alpha(x^\alpha)$, 则有 $J_\alpha(x^\alpha) = \inf\limits_{x \in X} J_\alpha(x)$. 这证明了 Tikhonov 泛函存在极小元.

如引理 2.11 的证明, 对于 $x \in X$ 有

$$
\begin{aligned}
J_\alpha(x) - J_\alpha(x^\alpha) &= 2\Re(Kx^\alpha - y, K(x - x^\alpha)) + 2\alpha \Re(x^\alpha, x - x^\alpha) \\
&\quad + \|K(x - x^\alpha)\|^2 + \alpha \|x - x^\alpha\|^2 \\
&= 2\Re(K^*(Kx^\alpha - y) + \alpha x^\alpha, x - x^\alpha) \\
&\quad + \|K(x - x^\alpha)\|^2 + \alpha \|x - x^\alpha\|^2.
\end{aligned}
\tag{2.2.5}
$$

由上式即可知求解正规方程与极小化 Tikhonov 泛函 J_α 等价. 最后, 证明对于每个 $\alpha > 0$, 算子 $\alpha I + K^*K$ 是一对一的. 设 $\alpha x + K^*Kx = 0$. 两边用 x 作内积得 $\alpha(x, x) + (Kx, Kx) = 0$, 即得 $x = 0$.

令 $T_\alpha := \alpha I + K^*K$, 则其是 X 到 X 的算子. 由于

$$
\alpha \|x\|^2 \leqslant \alpha \|x\|^2 + \|Kx\|^2 = \Re(T_\alpha x, x), \quad x \in X,
\tag{2.2.6}
$$

则算子 T_α 是严格强制的. 从而由 Lax-Milgram 定理, 可知 T_α 具有有界逆 $T_\alpha^{-1} : X \to X$, 即 x^α 连续依赖于 y. $\square$

方程 (2.2.4) 的解 x^α 可以被写成 $x^\alpha = R_\alpha y$ 的形式, 其中

$$
R_\alpha := (\alpha I + K^*K)^{-1} K^* : Y \to X.
\tag{2.2.7}
$$

设 (μ_j, x_j, y_j) 是紧算子 K 的奇异系统, 则 $R_\alpha y$ 可表示为

$$
R_\alpha y = \sum_{j=1}^\infty \frac{\mu_j}{\alpha + \mu_j^2} (y, y_j) x_j = \sum_{j=1}^\infty \frac{q(\alpha, \mu_j)}{\mu_j} (y, y_j) x_j, \quad y \in Y,
\tag{2.2.8}
$$

其中 $q(\alpha, \mu) = \dfrac{\mu^2}{\alpha + \mu^2}$.

定理 2.13　设紧线性算子 $K : X \to Y$ 为单射, $\alpha > 0$. 则 (2.2.7) 定义的 $R_\alpha : Y \to X$ 是方程 (2.2.1) 的 Tikhonov 正则化策略, 且 $\|R_\alpha\| \leqslant \dfrac{1}{2\sqrt{\alpha}}$, 而 $x^{\alpha, \delta} := R_\alpha y^\delta$ 是正规方程

$$
\alpha x + K^*Kx = K^* y^\delta
\tag{2.2.9}
$$

的解, 其中, 称满足 $\lim\limits_{\delta \to 0} \alpha(\delta) = 0$ 和 $\lim\limits_{\delta \to 0} \dfrac{\delta^2}{\alpha(\delta)} \to 0$ 的正则化参数选取策略是有效策略.

(1) 设真解 $x = K^* z \in R(K^*)$ 且 $\|z\| \leqslant E$. 取正则化参数 $\alpha = c\dfrac{\delta}{E}$, $c > 0$ 为给定的常数, 则正则化解有下述误差估计:

$$\left\| x^{\alpha(\delta),\delta} - x \right\| \leqslant \frac{1}{2} \frac{(c+1)\sqrt{E}}{\sqrt{c}} \delta^{1/2}. \tag{2.2.10}$$

(2) 设真解 $x = K^* K z \in R(K^* K)$ 且 $\|z\| \leqslant E$. 取正则化参数 $\alpha = c\left(\dfrac{\delta}{E}\right)^{2/3}$, $c > 0$ 为给定的常数, 则正则化解有下述误差估计:

$$\left\| x^{\alpha(\delta),\delta} - x \right\| \leqslant \left(\frac{1}{2\sqrt{c}} + c \right) E^{1/3} \delta^{2/3}. \tag{2.2.11}$$

证明   由于 K 是线性紧算子, 故从 (2.2.8) 式可得

$$\|R_\alpha y\|^2 = \left\| \sum_{j=1}^{\infty} \frac{\mu_j}{\alpha + \mu_j^2}(y, y_j) x_j \right\|^2 = \sum_{j=1}^{\infty} \left| \frac{\mu_j}{\alpha + \mu_j^2} \right|^2 |(y, y_j)|^2$$
$$\leqslant \|y\|^2 \left(\sup_{\mu_j} \frac{|\mu_j|}{\alpha + \mu_j^2} \right)^2 \leqslant \|y\|^2 \frac{1}{4\alpha},$$

即有 $\|R_\alpha\| \leqslant \dfrac{1}{2\sqrt{\alpha}}$. 因为 $R_\alpha y$ 是泛函 (2.2.3) 的极小元, 且注意到 $x = K^{-1} y$, 故有

$$\alpha \|R_\alpha y\|^2 \leqslant \alpha \|R_\alpha y\|^2 + \|K R_\alpha y - y\|^2 \leqslant \alpha \|x\|^2.$$

由上式可知对于 $\alpha > 0$ 有 $\|R_\alpha y\|^2 \leqslant \|x\|^2$, 以及

$$\|K R_\alpha y - y\|^2 \to 0, \quad \alpha \to 0.$$

对任意的 $f \in Y$, 有

$$|(R_\alpha y - x, K^* f)| = |(K R_\alpha y - y, f)| \leqslant \|K R_\alpha y - y\| \|f\| \to 0, \quad \alpha \to 0.$$

因为 K 是单射则意味着 $K^*(Y)$ 在 X 中稠密, 且注意到 $R_\alpha y$ 的有界性, 所以上式表明 $R_\alpha y$ 关于正则化参数 α 弱收敛于 x. 于是, 可得

$$\|R_\alpha y - x\|^2 = \|R_\alpha y\|^2 - 2\Re(R_\alpha y, x) + \|x\|^2$$
$$\leqslant 2\Re(x - R_\alpha y, x) \to 0, \quad \alpha \to 0.$$

根据三角不等式, 有

$$\left\|x^{\alpha,\delta} - x\right\| \leqslant \left\|x^{\alpha,\delta} - x^{\alpha}\right\| + \left\|x^{\alpha} - x\right\|$$

$$= \left\|R_{\alpha} y^{\delta} - R_{\alpha} y\right\| + \left\|R_{\alpha} y - x\right\|$$

$$\leqslant \left\|R_{\alpha}\right\| \left\|y^{\delta} - y\right\| + \left\|R_{\alpha} y - x\right\|$$

$$\leqslant \frac{1}{2\sqrt{\alpha}}\delta + \left\|R_{\alpha} y - x\right\|.$$

因此, 满足 $\lim\limits_{\delta \to 0} \alpha(\delta) = 0$ 且 $\lim\limits_{\delta \to 0} \dfrac{\delta^2}{\alpha(\delta)} \to 0$ 的正则化参数才能保证正则化解的收敛性.

(1) 因为 $x = K^* z$, 所以 $(x, x_j) = (K^* z, x_j) = \mu_j(z, y_j)$. 于是, 我们有

$$\|R_{\alpha} y - x\|^2 = \left\|\sum_{j=1}^{\infty} \left(\frac{\mu_j}{\alpha + \mu_j^2}(y, y_j) - (x, x_j)\right) x_j\right\|^2$$

$$= \sum_{j=1}^{\infty} \left(\frac{\mu_j}{\alpha + \mu_j^2}(x, K^* y_j) - (x, x_j)\right)^2$$

$$= \sum_{j=1}^{\infty} \left(\frac{\mu_j^2}{\alpha + \mu_j^2}(x, x_j) - (x, x_j)\right)^2$$

$$= \sum_{j=1}^{\infty} \left(\frac{\alpha}{\alpha + \mu_j^2}\right)^2 (x, x_j)^2 \leqslant \sum_{j=1}^{\infty} \left(\frac{\alpha}{2\mu_j\sqrt{\alpha}}\right)^2 (x, x_j)^2$$

$$= \left(\frac{\sqrt{\alpha}}{2}\right)^2 \sum_{j=1}^{\infty} (z, y_j)^2 = \left(\frac{\sqrt{\alpha}}{2}\right)^2 E^2.$$

取 $\alpha = c\dfrac{\delta}{E}$, 则有

$$\left\|x^{\alpha,\delta} - x\right\| \leqslant \left\|R_{\alpha}\right\| \left\|y^{\delta} - y\right\| + \left\|R_{\alpha} y - x\right\|$$

$$\leqslant \frac{1}{2\sqrt{\alpha}}\delta + \frac{\sqrt{\alpha}}{2}E$$

$$\leqslant \frac{1}{2}\frac{(c+1)\sqrt{E}}{\sqrt{c}}\delta^{1/2}.$$

(2) 因为 $x = K^* K z$, 所以 $(x, x_j) = (K^* K z, x_j) = (z, K^* K x_j) = \mu_j^2(z, x_j)$. 于是, 我们有

$$\|R_{\alpha} y - x\|^2 = \left\|\sum_{j=1}^{\infty} \left(\frac{\mu_j}{\alpha + \mu_j^2}(y, y_j) - (x, x_j)\right) x_j\right\|^2$$

$$= \sum_{j=1}^{\infty} \left(\frac{\alpha}{\alpha + \mu_j^2}\right)^2 (x, x_j)^2$$

$$\leqslant \sum_{j=1}^{\infty} \left(\frac{\alpha}{\mu_j^2} \right)^2 (x, x_j)^2$$

$$= \alpha^2 \sum_{j=1}^{\infty} (z, y_j)^2 = \alpha^2 E^2.$$

取 $\alpha = c \left(\dfrac{\delta}{E} \right)^{2/3}$, 则有

$$\left\| x^{\alpha, \delta} - x \right\| \leqslant \left\| R_\alpha \right\| \left\| y^\delta - y \right\| + \left\| R_\alpha y - x \right\|$$

$$\leqslant \frac{1}{2\sqrt{\alpha}} \delta + \alpha E$$

$$\leqslant \left(\frac{1}{2\sqrt{c}} + c \right) E^{1/3} \delta^{2/3}. \qquad \square$$

从定理 2.13 可以看出, 正则化参数需随着 $\delta \to 0$ 而趋于零, 且趋于零的速度不超过 δ^2; 解的光滑性越高正则化参数趋于零的速度越慢, 其中先验信息 $x = K^* K z$ 比 $x = K^* z$ 的光滑性高, 表现在 μ_j^2 趋于零的速度比 μ_j 快.

下述定理说明了 Tikhonov 正则化方法的收敛阶不会超过 $\delta^{2/3}$.

定理 2.14 设 $K : X \to Y$ 为单射且是个紧线性算子, 其值域 $K(X)$ 是无穷维的. 对于 $x \in X$, 若存在连续函数 $\alpha : [0, +\infty) \to [0, +\infty)$ 使得 $\alpha(0) = 0$ 以及对任意 $y^\delta \in Y$ 有

$$\lim_{\delta \to 0} \left\| x^{\alpha(\delta), \delta} - x \right\| \delta^{-2/3} = 0,$$

则有 $x = 0$, 其中 $\left\| y^\delta - y \right\| \leqslant \delta$, $x^{\alpha(\delta), \delta}$ 是方程 (2.2.9) 的解.

证明 反证法. 假设 $x \neq 0$.

首先, 证明 $\alpha(\delta) \delta^{-2/3} \to 0$. 令 $y = Kx$. 由

$$(\alpha(\delta) I + K^* K) \left(x^{\alpha(\delta), \delta} - x \right) = K^* \left(y^\delta - y \right) - \alpha(\delta) x,$$

可知

$$\alpha(\delta) \| x \| \leqslant \| \alpha(\delta) I + K^* K \| \left\| x^{\alpha(\delta), \delta} - x \right\| + \| K^* \| \delta.$$

在上式两边同时乘以 $\delta^{-2/3}$ 后, 利用定理的假设条件

$$\lim_{\delta \to 0} \left\| x^{\alpha(\delta), \delta} - x \right\| \delta^{-2/3} = 0,$$

可得

$$\lim_{\delta \to 0} \alpha(\delta) \delta^{-2/3} = 0,$$

这意味着有 $\lim_{\delta \to 0} \alpha(\delta) = 0$.

接下来, 我们导出与上述结论相矛盾的结论. 设 (μ_j, x_j, y_j) 是算子 K 的奇异系统. 令 $\delta_j := \mu_j^3$ 和 $y^{\delta_j} := y + \delta_j y_j$, 则当 $j \to +\infty$ 时有 $\delta_j \to 0$. 记 $\alpha_j := \alpha(\delta_j)$, 则

$$
\begin{aligned}
x^{\alpha_j, \delta_j} - x &= \left(x^{\alpha_j, \delta_j} - x^{\alpha_j}\right) + \left(x^{\alpha_j} - x\right) \\
&= (\alpha_j I + K^* K)^{-1} K^* (y + \delta_j y_j - y) + \left(x^{\alpha_j} - x\right) \\
&= \frac{\delta_j \mu_j}{\alpha_j + \mu_j^2} x_j + \left(x^{\alpha_j} - x\right).
\end{aligned}
$$

这里 x^{α_j} 是关于 y 和 α_j 的正则化解. 根据 $\lim\limits_{\delta \to 0} \alpha(\delta) = 0$ 以及定理的假设条件, 知 $\|x^{\alpha_j} - x\| \to 0$ 和 $\|x^{\alpha_j, \delta_j} - x\| \to 0$, 从而得

$$
\frac{\delta_j^{1/3} \mu_j}{\alpha_j + \mu_j^2} \to 0, \quad j \to +\infty.
$$

另一方面, 根据前述结果有 $\alpha_j \delta_j^{-2/3} = \alpha(\delta_j) \delta_j^{-2/3} \to 0$, 从而有

$$
\frac{\delta_j^{1/3} \mu_j}{\alpha_j + \mu_j^2} = \frac{\mu_j^2}{\alpha_j + \mu_j^2} = \left(1 + \alpha_j \delta_j^{-2/3}\right)^{-1} \to 1, \quad j \to +\infty.
$$

上述结论互相矛盾, 从而定理结论成立, 即 $x = 0$. □

定理 2.15　设 $K : X \to Y$ 是紧线性算子且是单射, 其值域 $K(X)$ 在 Y 中稠密, $y^\delta \in Y$, $\alpha > 0$, $x^{\alpha, \delta}$ 是正规方程 (2.2.9) 的唯一解, 则 $x^{\alpha, \delta}$ 连续依赖于 α 和 y^δ, 且有

(1) 映射 $\alpha \mapsto \|x^{\alpha, \delta}\|$ 是单调非增的, 且有

$$
\lim_{\alpha \to +\infty} x^{\alpha, \delta} = 0, \quad \lim_{\alpha \to 0+} \alpha \|x^{\alpha, \delta}\|^2 = 0;
$$

(2) 映射 $\alpha \mapsto \|Kx^{\alpha, \delta} - y^\delta\|$ 是单调非减的, 且有

$$
\lim_{\alpha \to 0+} Kx^{\alpha, \delta} = y^\delta.
$$

证明　第一步, 证明 $\lim\limits_{\alpha \to +\infty} x^{\alpha, \delta} = 0$.

因为 $x^{\alpha, \delta}$ 是正规方程 (2.2.9) 的唯一解, 故有

$$
\alpha \|x^{\alpha, \delta}\|^2 \leqslant \alpha \|x^{\alpha, \delta}\|^2 + \|Kx^{\alpha, \delta} - y^\delta\|^2 \leqslant \|y^\delta\|^2,
$$

即 $\|x^{\alpha, \delta}\| \leqslant \dfrac{\|y^\delta\|}{\sqrt{\alpha}}$. 这就证明了 $\lim\limits_{\alpha \to +\infty} x^{\alpha, \delta} = 0$.

第二步, 证明 $x^{\alpha, \delta}$ 连续依赖于 α 和 y^δ. 根据定理 2.12 可知, $x^{\alpha, \delta}$ 连续依赖于 y^δ, 故只需证明 $x^{\alpha, \delta}$ 连续依赖于 α.

设 $\alpha > 0$ 和 $\beta > 0$ 是两个正则化参数, 对应的正则化解分别为 $x^{\alpha,\delta}$ 和 $x^{\beta,\delta}$, 则

$$\alpha\left(x^{\alpha,\delta} - x^{\beta,\delta}\right) + K^*K\left(x^{\alpha,\delta} - x^{\beta,\delta}\right) + (\alpha - \beta)x^{\beta,\delta} = 0.$$

上式两边同时用 $\left(x^{\alpha,\delta} - x^{\beta,\delta}\right)$ 作内积, 得

$$\alpha\left\|x^{\alpha,\delta} - x^{\beta,\delta}\right\|^2 + \left\|K\left(x^{\alpha,\delta} - x^{\beta,\delta}\right)\right\|^2 = (\beta - \alpha)\left(x^{\beta,\delta}, x^{\alpha,\delta} - x^{\beta,\delta}\right). \quad (2.2.12)$$

于是

$$\alpha\left\|x^{\alpha,\delta} - x^{\beta,\delta}\right\|^2 \leqslant |\beta - \alpha|\left|\left(x^{\beta,\delta}, x^{\alpha,\delta} - x^{\beta,\delta}\right)\right| \leqslant |\beta - \alpha|\left\|x^{\beta,\delta}\right\|\left\|x^{\alpha,\delta} - x^{\beta,\delta}\right\|,$$

即有

$$\alpha\left\|x^{\alpha,\delta} - x^{\beta,\delta}\right\| \leqslant |\beta - \alpha|\left\|x^{\beta,\delta}\right\| \leqslant |\beta - \alpha|\frac{\left\|y^\delta\right\|}{\sqrt{\beta}}.$$

上式表明 $\left\|x^{\alpha,\delta} - x^{\beta,\delta}\right\| \to 0, \beta \to \alpha$, 即证明了 $x^{\alpha,\delta}$ 连续依赖于 α.

第三步, 证明 $x^{\alpha,\delta}$ 的单调性.

设 $\beta > \alpha > 0$, 则由 (2.2.12) 可知 $\left(x^{\beta,\delta}, x^{\alpha,\delta} - x^{\beta,\delta}\right) \geqslant 0$. 于是

$$\left\|x^{\beta,\delta}\right\|^2 \leqslant \left(x^{\beta,\delta}, x^{\alpha,\delta}\right) \leqslant \left\|x^{\beta,\delta}\right\|\left\|x^{\alpha,\delta}\right\|,$$

即 $\left\|x^{\beta,\delta}\right\| \leqslant \left\|x^{\alpha,\delta}\right\|$. 这说明映射 $\alpha \mapsto \left\|x^{\alpha,\delta}\right\|$ 是单调非增的.

第四步, 证明 $\left\|Kx^{\alpha,\delta} - y^\delta\right\|$ 是单调非减的.

由

$$\left(\beta x^{\beta,\delta} + K^*Kx^{\beta,\delta}, x^{\alpha,\delta} - x^{\beta,\delta}\right) = \left(K^*y^\delta, x^{\alpha,\delta} - x^{\beta,\delta}\right),$$

可得

$$\beta\left(x^{\beta,\delta}, x^{\alpha,\delta} - x^{\beta,\delta}\right) + \left(Kx^{\beta,\delta} - y^\delta, K\left(x^{\alpha,\delta} - x^{\beta,\delta}\right)\right) = 0.$$

设 $\alpha > \beta > 0$, 则由 (2.2.12) 可知 $\left(x^{\beta,\delta}, x^{\alpha,\delta} - x^{\beta,\delta}\right) \leqslant 0$. 于是

$$\left(Kx^{\beta,\delta} - y^\delta, K\left(x^{\alpha,\delta} - x^{\beta,\delta}\right)\right) = \left(Kx^{\beta,\delta} - y^\delta, Kx^{\alpha,\delta} - y^\delta\right) - \left\|Kx^{\beta,\delta} - y^\delta\right\|^2 \geqslant 0.$$

由 Cauchy-Schwarz 不等式得 $\left\|Kx^{\beta,\delta} - y^\delta\right\| \leqslant \left\|Kx^{\alpha,\delta} - y^\delta\right\|$, 即证得 $\left\|Kx^{\alpha,\delta} - y^\delta\right\|$ 是单调非减的.

第五步, 证明 $\lim\limits_{\alpha \to 0+} Kx^{\alpha,\delta} = y^\delta$.

因为 $K(X)$ 在 Y 中稠密, 所以对任意 $\varepsilon > 0$, 存在 $x \in X$ 使得 $\left\|Kx - y^\delta\right\|^2 \leqslant \dfrac{\varepsilon^2}{2}$. 取 α_0 使得 $\alpha_0\|x\|^2 \leqslant \dfrac{\varepsilon^2}{2}$. 于是

$$
\begin{aligned}
\left\|Kx^{\alpha,\delta} - y^\delta\right\|^2 &\leqslant \alpha\left\|x^{\alpha,\delta}\right\|^2 + \left\|Kx^{\alpha,\delta} - y^\delta\right\|^2 \\
&\leqslant \alpha\|x\|^2 + \left\|Kx - y^\delta\right\|^2 \\
&\leqslant \frac{\varepsilon^2}{2} + \frac{\varepsilon^2}{2} = \varepsilon^2,
\end{aligned}
$$

即证得 $\lim\limits_{\alpha\to 0+} Kx^{\alpha,\delta} = y^\delta$.

第六步, 证明 $\lim\limits_{\alpha\to 0+} \alpha \left\|x^{\alpha,\delta}\right\|^2 = 0$.

事实上, 有

$$\alpha(x^{\alpha,\delta}, x^{\alpha,\delta}) + (K^*Kx^{\alpha,\delta}, x^{\alpha,\delta}) = (K^*y^\delta, x^{\alpha,\delta}),$$

则有

$$\alpha\|x^{\alpha,\delta}\|^2 = (y^\delta, Kx^{\alpha,\delta}) - \|Kx^{\alpha,\delta}\|^2.$$

注意到 $\lim\limits_{\alpha\to 0+} Kx^{\alpha,\delta} = y^\delta$, 则有 $\lim\limits_{\alpha\to 0+} \alpha\|x^{\alpha,\delta}\|^2 = 0$. □

定理 2.16 在定理 2.15 的假设条件下, 再有 $K^*y^\delta \neq 0, 0 < \alpha_1 < \alpha_2$, 则

$$\alpha_1 \left\|x^{\alpha_1,\delta}\right\|^2 + \left\|Kx^{\alpha_1,\delta} - y^\delta\right\|^2 < \alpha_2 \left\|x^{\alpha_2,\delta}\right\|^2 + \left\|Kx^{\alpha_2,\delta} - y^\delta\right\|^2,$$

$$\left\|x^{\alpha_1,\delta}\right\|^2 > \left\|x^{\alpha_2,\delta}\right\|^2, \quad \left\|Kx^{\alpha_1,\delta} - y^\delta\right\|^2 < \left\|Kx^{\alpha_2,\delta} - y^\delta\right\|^2.$$

证明 第一步, 证明对于 $0 < \alpha_1 < \alpha_2$ 有 $x^{\alpha_1,\delta} \neq x^{\alpha_2,\delta}$. 假设 $x^{\alpha_1,\delta} = x^{\alpha_2,\delta}$, 则由

$$\alpha_1 x^{\alpha_1,\delta} + K^*Kx^{\alpha_1,\delta} = K^*y^\delta$$

和

$$\alpha_2 x^{\alpha_2,\delta} + K^*Kx^{\alpha_2,\delta} = K^*y^\delta,$$

得 $(\alpha_1 - \alpha_2) x^{\alpha_1,\delta} = 0$, 即有 $x^{\alpha_1,\delta} = 0$, 从而 $K^*y^\delta = 0$. 这与条件 $K^*y^\delta \neq 0$ 相矛盾. 因此, 有 $x^{\alpha_1,\delta} \neq x^{\alpha_2,\delta}$. 另外, 由 $K^*y^\delta \neq 0$ 直接可知 $x^{\alpha,\delta} \neq 0, \alpha > 0$.

第二步, 证明 $\alpha\left\|x^{\alpha,\delta}\right\|^2 + \left\|Kx^{\alpha,\delta} - y^\delta\right\|^2$ 的严格单调性. 事实上, 由 $\alpha_2 > \alpha_1 > 0$ 直接可得

$$\begin{aligned}\alpha_2 \left\|x^{\alpha_2,\delta}\right\|^2 + \left\|Kx^{\alpha_2,\delta} - y^\delta\right\|^2 &> \alpha_1 \left\|x^{\alpha_2,\delta}\right\|^2 + \left\|Kx^{\alpha_2,\delta} - y^\delta\right\|^2 \\ &\geqslant \alpha_1 \left\|x^{\alpha_1,\delta}\right\|^2 + \left\|Kx^{\alpha_1,\delta} - y^\delta\right\|^2.\end{aligned}$$

上述最后一个不等号之所以成立是因为 $x^{\alpha_1,\delta}$ 是 Tikhonov 泛函关于 α_1 的极小元.

第三步, 证明 $\left\|x^{\alpha,\delta}\right\|^2$ 和 $\left\|Kx^{\alpha,\delta} - y^\delta\right\|^2$ 的严格单调性.

直接由正则化解的唯一性, 可知

$$\alpha_1 \left\|x^{\alpha_1,\delta}\right\|^2 + \left\|Kx^{\alpha_1,\delta} - y^\delta\right\|^2 < \alpha_1 \left\|x^{\alpha_2,\delta}\right\|^2 + \left\|Kx^{\alpha_2,\delta} - y^\delta\right\|^2 \tag{2.2.13}$$

和

$$\alpha_2 \left\|x^{\alpha_2,\delta}\right\|^2 + \left\|Kx^{\alpha_2,\delta} - y^\delta\right\|^2 < \alpha_2 \left\|x^{\alpha_1,\delta}\right\|^2 + \left\|Kx^{\alpha_1,\delta} - y^\delta\right\|^2. \tag{2.2.14}$$

将上述两个不等式两边分别相加, 得

$$(\alpha_1 - \alpha_2) \left\| x^{\alpha_1,\delta} \right\|^2 < (\alpha_1 - \alpha_2) \left\| x^{\alpha_2,\delta} \right\|^2,$$

即有 $\left\| x^{\alpha_1,\delta} \right\|^2 > \left\| x^{\alpha_2,\delta} \right\|^2$.

由式 (2.2.13) 得

$$\left\| Kx^{\alpha_1,\delta} - y^\delta \right\|^2 < \alpha_1 \left(\left\| x^{\alpha_2,\delta} \right\|^2 - \left\| x^{\alpha_1,\delta} \right\|^2 \right) + \left\| Kx^{\alpha_2,\delta} - y^\delta \right\|^2,$$

从而由 $\left\| x^{\alpha,\delta} \right\|^2$ 的单减性得 $\left\| Kx^{\alpha_1,\delta} - y^\delta \right\|^2 < \left\| Kx^{\alpha_2,\delta} - y^\delta \right\|^2$. □

对于有界线性算子 $K : X \to Y$, 正则化解 $x^{\alpha,\delta}$ 关于 α 的可微性有下述结论.

定理 2.17 (刘继军, 2005; Kunisch K et al., 1998) 设 $K : X \to Y$ 是个紧线性算子且是单的, 其值域 $K(X)$ 在 Y 中稠密, $y^\delta \in Y$, $\alpha > 0$, $x^{\alpha,\delta}$ 是正规方程 (2.2.9) 的唯一解. 则对任意的 $\alpha > 0$, $x^{\alpha,\delta}$ 关于 α 是无穷次可微的, 且其 n 阶导数 $w := \dfrac{d^n}{d\alpha^n} x^{\alpha,\delta} \in X$ 可由

$$\alpha w + K^* K w = -n \frac{d^{n-1}}{d\alpha^{n-1}} x^{\alpha,\delta}, \quad n = 1, 2, \cdots \tag{2.2.15}$$

递推得到.

定理 2.13 给出了先验选取正则化参数的策略, 即在计算正则化解 $x^{\alpha,\delta}$ 之前给出了正则化参数的取值, 文献 (Cheng J et al., 2000) 作者提出了一种有效的先验选取策略. 但是, 正则化参数的先验选取需要事先知道真解的正则性, 这在实际应用中往往是办不到的. 下面, 我们给出一种后验选取正则化参数的方法, 即 Morozov 偏差原则.

当误差水平 $\delta > 0$ 已知时, 正则化参数的 Morozov 偏差原则是: 选取正则化参数 $\alpha(\delta)$ 使得对应的 Tikhonov 正则化解 $x^{\alpha,\delta}$ 满足方程

$$\|Kx^{\alpha,\delta} - y^\delta\|^2 = c^2 \delta^2, \tag{2.2.16}$$

其中 $c \geqslant 1$ 是一常数. 这里的 $x^{\alpha,\delta}$ 是正规方程

$$\alpha x + K^* K x = K^* y^\delta$$

的唯一解; 方程 (2.2.10) 称为 Morozov 偏差方程.

定理 2.18 设 $K : X \to Y$ 为紧线性算子和单射, 其值域 $K(X)$ 是无穷维的. 又设 $Kx = y$, $x \in X, y \in Y$, $y^\delta \in Y$ 以及 $\left\| y - y^\delta \right\| \leqslant c\delta < \left\| y^\delta \right\|$, $x^{\alpha(\delta),\delta}$ 是满足 Morozov 偏差方程 (2.2.16) 的 Tikhonov 正则化解. 则

(1) $\lim\limits_{\delta \to 0} \left\| x^{\alpha(\delta),\delta} - x \right\| = 0$, 即 Morozov 偏差原则是有效的;

(2) **设真解** $x = K^*z \in R(K^*)$ 且 $\|z\| \leqslant E$, 则

$$\left\| x^{\alpha(\delta),\delta} - x \right\| \leqslant 2\sqrt{cE}\,\delta^{1/2}. \tag{2.2.17}$$

证明 因 $x^{\alpha(\delta),\delta}$ 是满足 Morozov 偏差方程的 Tikhonov 正则化解, 所以有

$$\begin{aligned}
\alpha(\delta)\left\|x^{\alpha(\delta),\delta}\right\|^2 + c^2\delta^2 &= \alpha(\delta)\left\|x^{\alpha(\delta),\delta}\right\|^2 + \|Kx^{\alpha(\delta),\delta} - y^\delta\|^2 \\
&\leqslant \alpha(\delta)\|x\|^2 + \|Kx - y^\delta\|^2 \\
&= \alpha(\delta)\|x\|^2 + \|y - y^\delta\|^2 \\
&\leqslant \alpha(\delta)\|x\|^2 + c^2\delta^2,
\end{aligned}$$

从而有 $\left\|x^{\alpha(\delta),\delta}\right\|^2 \leqslant \|x\|^2$. 于是

$$\begin{aligned}
\left\|x^{\alpha(\delta),\delta} - x\right\|^2 &= \left\|x^{\alpha(\delta),\delta}\right\|^2 - 2\Re(x^{\alpha(\delta),\delta}, x) + \|x\|^2 \\
&\leqslant 2\left(\|x\|^2 - \Re(x^{\alpha(\delta),\delta}, x)\right) = 2\Re(x - x^{\alpha(\delta),\delta}, x).
\end{aligned}$$

(1) 对于 $x \in X$ 和任意的 $\varepsilon > 0$. 因为 K 是一一的, 所以 $K^*(Y)$ 在 X 中稠密. 因此存在 $\hat{x} = K^*z$ 使得 $\|\hat{x} - x\| \leqslant \frac{\varepsilon}{3}$. 于是, 有

$$\begin{aligned}
\left\|x^{\alpha(\delta),\delta} - x\right\|^2 &\leqslant 2\Re(x - x^{\alpha(\delta),\delta}, x) = 2\Re(x - x^{\alpha(\delta),\delta}, x - \hat{x}) + 2\Re(x - x^{\alpha(\delta),\delta}, \hat{x}) \\
&= 2\Re(x - x^{\alpha(\delta),\delta}, x - \hat{x}) + 2\Re(x - x^{\alpha(\delta),\delta}, K^*z) \\
&\leqslant 2\left\|x - x^{\alpha(\delta),\delta}\right\|\frac{\varepsilon}{3} + 2\Re(y - Kx^{\alpha(\delta),\delta}, z) \\
&= 2\left\|x - x^{\alpha(\delta),\delta}\right\|\frac{\varepsilon}{3} + 2\Re(y - y^\delta + y^\delta - Kx^{\alpha(\delta),\delta}, z) \\
&\leqslant 2\left\|x - x^{\alpha(\delta),\delta}\right\|\frac{\varepsilon}{3} + 4c\delta\|z\|.
\end{aligned}$$

改写上式为

$$\left(\left\|x - x^{\alpha(\delta),\delta}\right\| - \frac{\varepsilon}{3}\right)^2 \leqslant \frac{\varepsilon^2}{9} + 4c\delta\|z\|.$$

显然, 存在 $\delta_0 > 0$, 使得 $0 < \delta < \delta_0$ 时上述不等式右端总体小于 $\frac{4\varepsilon^2}{9}$. 因此, 两边开方得 $\|x - x^{\alpha(\delta),\delta}\| \leqslant \varepsilon$, $0 < \delta < \delta_0$, 即证得 $\lim\limits_{\delta \to 0} \|x^{\alpha(\delta),\delta} - x\| = 0$.

(2) 因 $x = K^*z$ 且 $\|z\| \leqslant E$, 所以

$$\begin{aligned}
\left\|x^{\alpha(\delta),\delta} - x\right\|^2 &\leqslant 2\Re(x - x^{\alpha(\delta),\delta}, K^*z) = 2\Re(y - Kx^{\alpha(\delta),\delta}, z) \\
&= 2\Re(y - y^\delta, z) + 2\Re(y^\delta - Kx^{\alpha(\delta),\delta}, z) \\
&\leqslant 2c\delta\|z\| + 2c\delta\|z\| = 4c\delta\|z\| \leqslant 4c\delta E.
\end{aligned}$$

即证得 $\left\|x^{\alpha(\delta),\delta} - x\right\| \leqslant 2\sqrt{cE}\,\delta^{1/2}$. □

定理中 $c\delta < \|y^\delta\|$ 的条件是自然的, 因为若 $c\delta \geqslant \|y^\delta\|$, 则 $x^{\alpha,\delta} = 0$ 是个满足 Morozov 偏差原则的近似解. 基于 Morozov 偏差原则的正则化参数可以通过 Newton 迭代法解非线性方程 $\phi(\alpha) = \left\|Kx^{\alpha,\delta} - y^\delta\right\|^2 - c^2\delta^2 = 0$ 得到, 但是该方法只有局部收敛性且计算较复杂. 为解决局部收敛性问题, 我们提出了确定正则化参数的模型函数方法 (Wang Z et al., 2009; Wang Z, 2012; Wang Z et al., 2013), 或者采用如下近似满足方法: 令 $\alpha_k = \alpha_0 q^k$, $0 < q < 1$, $k \in \mathbb{N}$, 例如取 $\alpha_0 = 1$, $q = 0.5$, 选取正则化参数 α_{k^*} 满足

$$\left\|Kx^{\alpha_{k^*},\delta} - y^\delta\right\| \leqslant c\delta < \left\|Kx^{\alpha_{k^*-1},\delta} - y^\delta\right\|.$$

2.3 Landweber 迭代法

Landweber 迭代法 (Kirsch A, 2011; Landweber L, 1951) 是将方程 $Kx = y$ 改写为

$$x = (I - hK^*K)x + hK^*y,$$

其中 $h > 0$ 为一常数; 然后用迭代法解方程 $Kx = y$, 即

$$x^0 := 0, \quad x^m = (I - hK^*K)x^{m-1} + hK^*y, \quad m = 1, 2, \cdots. \tag{2.3.1}$$

Landweber 迭代法实际上是以步长 h 求解泛函 $\frac{1}{2}\|Kx - y\|^2$ 极小值的最速下降法, 这可从下述引理的结论得到.

引理 2.19 设序列 $\{x^m\}$ 由迭代格式 (2.3.1) 得到, 且定义泛函 $\psi(x) = \frac{1}{2}\|Kx - y\|^2$, $x \in X$. 则 ψ 在 X 的每一点处都 Fréchet 可微, 且在 $z \in X$ 处的 Fréchet 导数为

$$\psi'(z)x = \Re(Kz - y, Kx) = \Re(K^*(Kz - y), x), \quad x \in X. \tag{2.3.2}$$

在定义在实数域上的 Hilbert 空间中, 线性泛函 $\psi'(z)$ 等价于 $K^*(Kz - y) \in X$. 因此, 求解泛函 ψ 极小值步长为 h 的最速下降法为 $x^m = x^{m-1} - hK^*(Kx^{m-1} - y)$, 此即 Landweber 迭代.

证明 直接计算可得

$$\psi(z + x) - \psi(z) - \Re(Kz - y, Kx) = \frac{1}{2}\|Kx\|^2,$$

从而

$$|\psi(z + x) - \psi(z) - \Re(Kz - y, Kx)| \leqslant \frac{1}{2}\|K\|^2\|x\|^2,$$

即证得 ψ 在 z 处的 Fréchet 导数为 $\Re(Kz - y, Kx)$. □

通过递推, 易得

$$x^m = h \sum_{k=0}^{m-1} (I - hK^*K)^k K^* y, \quad m = 1, 2, \cdots,$$

记为 $x^m = R_m y$, 其中

$$R_m := h \sum_{k=0}^{m-1} (I - hK^*K)^k K^*, \quad m = 1, 2, \cdots. \tag{2.3.3}$$

对于具有奇异系统 (μ_j, x_j, y_j) 的紧算子 K, $R_m y$ 有表达式

$$\begin{aligned}
R_m y &= h \sum_{j=1}^{+\infty} \mu_j \sum_{k=0}^{m-1} \left(1 - h\mu_j^2\right)^k (y, y_j) x_j \\
&= \sum_{j=1}^{+\infty} \frac{1}{\mu_j} \left(1 - (1 - h\mu_j^2)^m\right) (y, y_j) x_j, \quad y \in Y.
\end{aligned} \tag{2.3.4}$$

定理 2.20　设 $K : X \to Y$ 是个紧线性算子且是单射, 其值域 $K(X)$ 在 Y 中稠密, $y^\delta \in Y$ 和 $0 < h < \dfrac{1}{\|K\|^2}$. 线性有界算子 $R_m : Y \to X$ 由 (2.3.3) 给出. 则 R_m 是正则化参数为 $\alpha = \dfrac{1}{m}, m \in \mathbb{N}$ 的正则化算子, 以及 $\|R_m\| \leqslant \sqrt{hm}$. 对于 y^δ, 正则化解序列 $\{x^{m,\delta}\}$ 为

$$x^{0,\delta} := 0, \quad x^{m,\delta} = (I - hK^*K)x^{m-1,\delta} + hK^*y^\delta, \quad m = 1, 2, \cdots, \tag{2.3.5}$$

其中, 称满足 $\lim\limits_{\delta \to 0} m(\delta) = +\infty$ 和 $\lim\limits_{\delta \to 0} \delta^2 m(\delta) = 0$ 的正则化参数选取策略是有效策略.

(1) 设真解 $x = K^*z \in R(K^*)$ 且 $\|z\| \leqslant E$, $0 < c_1 < c_2$. 对于满足 $c_1 \dfrac{E}{\delta} \leqslant m(\delta) \leqslant c_2 \dfrac{E}{\delta}$ 的正则化参数 $m(\delta)$, 正则化解有下述误差估计:

$$\left\| x^{m(\delta),\delta} - x \right\| \leqslant c_3 \sqrt{E} \delta^{1/2}, \tag{2.3.6}$$

其中 c_3 是依赖于 c_1, c_2 和 h 的常数.

(2) 设真解 $x = K^*Kz \in R(K^*K)$ 且 $\|z\| \leqslant E$, $0 < c_1 < c_2$. 对于满足 $c_1 \left(\dfrac{E}{\delta}\right)^{2/3} \leqslant m(\delta) \leqslant c_2 \left(\dfrac{E}{\delta}\right)^{2/3}$ 的正则化参数 $m(\delta)$, 正则化解有下述误差估计:

$$\left\| x^{m(\delta),\delta} - x \right\| \leqslant c_3 E^{1/3} \delta^{2/3}, \tag{2.3.7}$$

其中 c_3 是依赖于 c_1, c_2 和 h 的常数.

证明 因为 $0 < h < \dfrac{1}{\|K\|^2}$, 所以 $0 < h\mu_j^2 < 1$. 于是, 根据 Bernoulli 不等式 $(1-x)^m \geqslant 1 - mx, 0 \leqslant x \leqslant 1, m \geqslant 1$, 可得

$$\|R_m y\|^2 = \left\| \sum_{j=1}^{+\infty} \frac{1}{\mu_j} \left(1 - (1 - h\mu_j^2)^m\right) (y, y_j) x_j \right\|^2$$

$$\leqslant \sum_{j=1}^{+\infty} \left| \frac{1}{\mu_j} \sqrt{1 - (1 - h\mu_j^2)^m} \right|^2 |(y, y_j)|^2$$

$$\leqslant \sum_{j=1}^{+\infty} \left| \frac{1}{\mu_j} \sqrt{1 - (1 - mh\mu_j^2)} \right|^2 |(y, y_j)|^2$$

$$= hm\|y\|^2,$$

即证得 $\|R_m\| \leqslant \sqrt{hm}$.

另一方面, 有

$$\|x^m - x\|^2 = \left\| \sum_{j=1}^{+\infty} \frac{1}{\mu_j} \left(1 - (1 - h\mu_j^2)^m\right) (Kx, y_j) x_j - \sum_{j=1}^{+\infty} (x, x_j) x_j \right\|^2$$

$$= \left\| \sum_{j=1}^{+\infty} \frac{1}{\mu_j} \left(1 - (1 - h\mu_j^2)^m\right) (x, K^* y_j) x_j - \sum_{j=1}^{+\infty} (x, x_j) x_j \right\|^2$$

$$= \sum_{j=1}^{+\infty} \left| (1 - h\mu_j^2)^m \right|^2 |(x, x_j)|^2. \tag{2.3.8}$$

对任意的 $\varepsilon > 0$, 存在 $N > 0$ 使得

$$\sum_{j=N+1}^{+\infty} |(x, x_j)|^2 \leqslant \frac{\varepsilon^2}{2};$$

以及存在 $m_0 > 0$ 使得

$$\left| (1 - h\mu_j^2)^m \right|^2 \leqslant \left| (1 - h\mu_N^2)^m \right|^2 \leqslant \frac{\varepsilon^2}{2\|x\|^2}, \quad m > m_0.$$

于是, 对 $m > m_0$ 均有

$$\|x^m - x\|^2 = \sum_{j=1}^{+\infty} \left|(1 - h\mu_j^2)^m\right|^2 |(x, x_j)|^2$$

$$= \sum_{j=1}^{N} \left|(1 - h\mu_j^2)^m\right|^2 |(x, x_j)|^2 + \sum_{j=N+1}^{+\infty} \left|(1 - h\mu_j^2)^m\right|^2 |(x, x_j)|^2$$

$$\leqslant \frac{\varepsilon^2}{2\|x\|^2} \sum_{j=1}^{N} |(x, x_j)|^2 + \frac{\varepsilon^2}{2} \leqslant \varepsilon^2.$$

因此, R_m 是关于正则化参数 $\alpha = \dfrac{1}{m}$ 的正则化算子.

(1) 因为 $x = K^* z$ 且 $\|z\| \leqslant E$, 以及

$$\mu_j(1 - h\mu_j^2)^m \leqslant \frac{1}{\sqrt{h + 2hm}} \left(1 - \frac{1}{1 + 2m}\right)^m \leqslant \frac{1}{\sqrt{2hm}},$$

所以

$$\|x^m - x\|^2 = \sum_{j=1}^{+\infty} \left|(1 - h\mu_j^2)^m\right|^2 |(x, x_j)|^2$$

$$= \sum_{j=1}^{+\infty} \left|(1 - h\mu_j^2)^m\right|^2 |(K^* z, x_j)|^2$$

$$= \sum_{j=1}^{+\infty} \left|(1 - h\mu_j^2)^m\right|^2 \mu_j^2 |(z, y_j)|^2$$

$$\leqslant \frac{1}{2hm} \sum_{j=1}^{+\infty} |(z, y_j)|^2 = \frac{1}{2hm} E^2.$$

于是, 对于 $c_1 \dfrac{E}{\delta} \leqslant m(\delta) \leqslant c_2 \dfrac{E}{\delta}$ 有

$$\|x^{m,\delta} - x\| \leqslant \|x^{m,\delta} - x^m\| + \|x^m - x\|$$

$$= \|R_m y^\delta - R_m y\| + \|R_m a y - x\|$$

$$\leqslant \|R_m\| \|y^\delta - y\| + \|R_m y - x\|$$

$$\leqslant \sqrt{hm}\delta + \frac{1}{\sqrt{2hm}} E$$

$$\leqslant \left(c_2\sqrt{h} + \frac{1}{\sqrt{2hc_1}}\right) \sqrt{E}\delta^{1/2}.$$

(2) 因为 $x = K^* K z$ 且 $\|z\| \leqslant E$, 以及

$$\mu_j^2(1 - h\mu_j^2)^m \leqslant \frac{1}{h + hm} \left(1 - \frac{1}{1 + m}\right)^m \leqslant \frac{1}{hm},$$

所以

$$\|x^m - x\|^2 = \sum_{j=1}^{+\infty} \left|(1 - h\mu_j^2)^m\right|^2 \left|(K^*Kz, x_j)\right|^2$$

$$= \sum_{j=1}^{+\infty} \left|(1 - h\mu_j^2)^m\right|^2 \mu_j^4 \left|(z, y_j)\right|^2$$

$$\leqslant \left(\frac{1}{hm}\right)^2 \sum_{j=1}^{+\infty} \left|(z, y_j)\right|^2 = \left(\frac{1}{hm}\right)^2 E^2.$$

于是, 对于 $c_1 \left(\dfrac{E}{\delta}\right)^{2/3} \leqslant m(\delta) \leqslant c_2 \left(\dfrac{E}{\delta}\right)^{2/3}$, 易得

$$\left\|x^{m,\delta} - x\right\| \leqslant c_3 E^{1/3} \delta^{2/3},$$

其中 c_3 是依赖于 c_1, c_2 和 h 的常数. □

定理 2.20 表明, 迭代步数 m 是正则化参数: 一方面, Landweber 迭代需要更多的迭代步数以使得正则化解保持收敛性; 另一方面, 稳定性则要求迭代步数尽可能少. 如果存在自然数 $r > 0$ 使得 $x \in (K^*K)^r(X)$, 那么有下述误差估计 (Kirsch A, 2011)

$$\left\|x^{m(\delta),\delta} - x\right\| \leqslant CE^{1/(2r+1)} \delta^{2r/(2r+1)},$$

其中 E 是 $(K^*K)^{-r}x$ 的一个上界, C 是常数. 这个结论表明 Landweber 迭代与 Tikhonov 迭代有不同的收敛性质.

当误差水平 δ 已知时, Landweber 迭代法正则化参数选取的后验策略是: 选取正则化参数 (迭代步数) m^* 满足

$$\left\|Kx^{m^*,\delta} - y^\delta\right\| \leqslant c\delta < \left\|Kx^{m^*-1,\delta} - y^\delta\right\|,$$

即 Landweber 迭代在第一次出现 $\left\|Kx^{m^*,\delta} - y^\delta\right\| \leqslant c\delta$ 的第 m^* 步停止, 其中 $c \geqslant 1$.

定理 2.21 设 $K : X \to Y$ 是个紧线性算子且是单射, 其值域 $K(X)$ 在 Y 中稠密, $y^\delta \in Y$ 且 $\left\|y - y^\delta\right\| \leqslant \delta$ 和 $c\delta \leqslant \left\|y^\delta\right\|$. $\{x^{m,\delta}\}$ 是 Landweber 迭代生成的正则化解序列, 即

$$x^{0,\delta} := 0, \quad x^{m,\delta} = (I - hK^*K)x^{m-1,\delta} + hK^*y^\delta, \quad m = 1, 2, \cdots, \quad (2.3.9)$$

其中 $0 < h < \dfrac{1}{\|K\|^2}$.

(1) $\displaystyle\lim_{m \to +\infty} \left\|Kx^{m,\delta} - y^\delta\right\| = 0$, 即存在使得 $\left\|Kx^{m,\delta} - y^\delta\right\| \leqslant c\delta$ 成立的最小迭代步数 $m = m(\delta)$.

(2) $\lim\limits_{\delta\to 0}\delta^2 m(\delta)=0$, 则由定理 2.20 的结论可知 $\lim\limits_{\delta\to 0}x^{m(\delta),\delta}=x$.

(3) 若真解 $x=K^*z\in R(K^*)$ 且 $\|z\|\leqslant E$, 则

$$\left\|x^{m(\delta),\delta}-x\right\|\leqslant c_1\sqrt{E}\delta^{1/2};\tag{2.3.10}$$

若真解 $x=K^*Kz\in R(K^*K)$ 且 $\|z\|\leqslant E$, 则

$$\left\|x^{m(\delta),\delta}-x\right\|\leqslant c_2E^{1/3}\delta^{2/3},\tag{2.3.11}$$

其中, c_1 和 c_2 是常数, $m(\delta)$ 为 (1) 中所得.

该定理的证明详见文献 (Kirsch A, 2011).

2.4　Lavrentiev 正则化方法

考虑线性不适定问题

$$Kx=y,\quad x\in X,\tag{2.4.1}$$

其中 $K:X\to X$ 是一个非负的、自共轭的单射算子, 且其值域 $R(K)$ 是非闭的. 这里, X 是个 Hilbert 空间. y^δ 是 y 的实际测量数据, 且满足 $\|y-y^\delta\|\leqslant\delta$, 其中 δ 是已知的误差水平. 对于该线性不适定问题, 可以采用 Tikhonov 正则化求解, 即求一个极小化的泛函问题

$$\min_{x\in X}J_\alpha(x);\quad J_\alpha(x)=\left\|Kx-y^\delta\right\|^2+\alpha\|x\|^2,\tag{2.4.2}$$

且该极小化问题等价于解 Tikhonov 正规方程

$$\alpha x+K^*Kx=K^*y^\delta.\tag{2.4.3}$$

但是, 对于一个非负且自共轭的线性算子 K 来说, 即 $K^*=K$ (也称对称算子), Tikhonov 正规方程可简化为

$$\alpha x+Kx=y^\delta.\tag{2.4.4}$$

记方程 (2.4.4) 的解为 x_α^δ, 称其为原方程 (2.4.1) 的正则化解, 其中上下标分别表示解依赖于误差水平 δ 和正则化参数 α. 这种通过求解 (2.4.4) 获得原方程 (2.4.1) 的正则化解 x_α^δ 的方法称为 Lavrentiev 正则化方法. 在已知有关真解的先验信息的前提下, 如光滑性条件 $x\in R(K^\nu),\nu\in(0,1]$, 可得渐近收敛阶 $\|x_\alpha^\delta-x\|=O\left(\delta^{\frac{\nu}{\nu+1}}\right)$.

接下来, 讨论迭代的 Lavrentiev 正则化方法 (Nair M T et al., 2004). 给定初始值 $x_{\alpha,0}^\delta=0$, 原方程 (2.4.1) 的正则化解 $x_\alpha^\delta:=x_{\alpha,m}^\delta$ 由迭代格式

$$(\alpha I+K)x_{\alpha,k}^\delta=\alpha x_{\alpha,k-1}^\delta+y^\delta,\quad k=1,2,\cdots,m\tag{2.4.5}$$

得到, 称该迭代方法为迭代 Lavrentiev 正则化方法. 对于精确数据 y, 记 $x_\alpha := x_{\alpha,m}$ 是由迭代格式

$$(\alpha I + K) x_{\alpha,k} = \alpha x_{\alpha,k-1} + y, \quad k = 1, 2, \cdots, m \tag{2.4.6}$$

得到的正则化解. 将方程 (2.4.6) 改写为

$$x_{\alpha,k} = \alpha (\alpha I + K)^{-1} x_{\alpha,k-1} + (\alpha I + K)^{-1} y, \quad k = 1, 2, \cdots, m, \tag{2.4.7}$$

取初值 $x_{\alpha,0} = 0$ 代入, 不难得到 $x_\alpha = g_\alpha(K)y$, 其中

$$g_\alpha(t) = \frac{1}{t} \left(1 - \left(\frac{\alpha}{\alpha + t} \right)^m \right), \quad 0 < t \leqslant \|K\|. \tag{2.4.8}$$

同理, 有 $x_\alpha^\delta = g_\alpha(K)y^\delta$. 注意到 $Kx = y$, 故有

$$x - x_\alpha = x - g_\alpha(K)y = (I - g_\alpha(K)K)\, x.$$

若已知解 x 的某些先验信息, 则可得到正则化解的收敛阶.

定理 2.22 设 $x \in R(K^\nu), 0 < \nu < m, \|K\| \leqslant 1$, 则有

$$\|x - x_\alpha\| \leqslant C_\nu \nu^\nu \left(\frac{\alpha}{m} \right)^\nu,$$

其中 C_ν 是一个与 ν 相关的常数.

定理 2.23 设 $\left\| y - y^\delta \right\| \leqslant \delta$, 选取迭代步数 $m = m(\delta)$ 满足

$$m(\delta) \to +\infty, \quad \delta m(\delta) \to 0, \quad \delta \to 0.$$

在定理 2.22 的条件下, 则当 $\delta \to 0$ 时有

$$\left\| x_\alpha^\delta - x \right\| \to 0.$$

进一步若取 $m(\delta) = \alpha \delta^{-\frac{1}{\nu+1}}$, 则有误差估计

$$\left\| x_\alpha^\delta - x \right\| \leqslant C_\nu \delta^{\frac{\nu}{\nu+1}},$$

其中 C_ν 是一个与 ν 相关的常数.

定理 2.22 和定理 2.23 的证明见文献 (于彦飞, 2007).

2.5 磨光正则化方法

本节介绍的磨光正则化方法主要取自 Murio 的研究工作 (Murio D A et al., 1998; Murio D A, 2006, 1993), 即用 Gauss 核构造的磨光化算子来处理带噪声的测

量数据. 磨光正则化方法处理不适定问题的基本思想比较简单, 即对带噪声的测量数据用磨光算子进行数据磨光, 从而减弱数据中的误差对反演问题的解的影响; 然后将磨光后的数据代入算法进行计算, 得到反演问题的数值解; 若有必要再对最后得到的数值解或者迭代计算过程中的近似解进行磨光.

类似地, 将不适定的反演问题写成第一类算子方程

$$Kx = y, \tag{2.5.1}$$

其中 $K : X \to Y$ 是紧算子, X 和 Y 是 Hilbert 空间. 实际问题中, 方程 (2.5.1) 的右端项 y 一般是带有噪声的测量数据 y^δ. 磨光正则化方法就是将测量数据 y^δ 先进行磨光, 使得 y^δ 成为光滑数据, 再利用磨光后的 y^δ 直接求解方程 (2.5.1), 或者与其他正则化方法相结合进行求解, 这种磨光化过程可利用一个光滑核函数的卷积来实现.

用 $C^\infty(\mathbb{R}^n)$ 表示 $\mathbb{R}^n$ 上具有无穷次可微的函数全体, $C_0^\infty(\mathbb{R}^n)$ 表示 $C^\infty(\mathbb{R}^n)$ 中具有紧支集的函数全体, 其中函数 $f(x)$ 的支集是指点集 $\{x | f(x) \neq 0\}$ 的闭包. 设函数 $\psi(x)$ 满足

(1) $\psi(x) \in C^\infty(\mathbb{R}^n)$;

(2) 当 $|x| \geqslant 1$ 时, $\psi(x) = 0$, 当 $|x| < 1$ 时, $\psi(x) \geqslant 0$;

(3) $\int_{\mathbb{R}^n} \psi(x)dx = 1$,

即函数 $\psi(x)$ 是非负的, 且 $\mathrm{supp}\psi \subset \{x \in \mathbb{R}^n | |x| \leqslant 1\}$. 定义函数族 $\psi_\sigma(x)$ 如下

$$\psi_\sigma(x) = \frac{1}{\sigma^n}\psi\left(\frac{x}{\sigma}\right), \tag{2.5.2}$$

其中 $\sigma > 0$ 为实数. 显然, 有

$$\psi_\sigma(x) \in C^\infty(\mathbb{R}^n), \quad \int_{\mathbb{R}^n} \psi_\sigma(x)dx = 1 \quad \text{且} \quad \mathrm{supp}\psi_\sigma \subset \{x \in \mathbb{R}^n | |x| \leqslant \sigma\}.$$

定义 2.24　若函数 $f(x)$ 定义在区域 Ω 中, 且在 Ω 中的任一紧子集 Ω_1 上都满足

$$\int_{\Omega_1} f(x)dx < +\infty,$$

则称 $f(x)$ 为局部可积函数.

若函数 $f(x)$ 在 $\mathbb{R}^n$ 中局部可积, 则 $f(x)$ 与 $\psi_\sigma(x)$ 的卷积

$$f_\sigma(x) = \int_{\mathbb{R}^n} f(x-y)\psi_\sigma(y)dy = \int_{\mathbb{R}^n} f(y)\psi_\sigma(x-y)dy \tag{2.5.3}$$

有定义, 且有下面的定理成立.

定理 2.25 (陈恕行, 2005)　若函数 $f(x)$ 在 $\mathbb{R}^n$ 中局部可积, 则按 (2.5.3) 式定义的卷积函数 $f_\sigma(x) \in C^\infty(\mathbb{R}^n)$, 且有

(1) 若 $f(x) \in C^0(\mathbb{R}^n)$, 则在 $C^0(\mathbb{R}^n)$ 意义下 $f_\sigma \to f, \sigma \to 0$;

(2) 若 $f(x) \in L^p(\mathbb{R}^n)$, 则在 $L^p(\mathbb{R}^n)$ 意义下 $f_\sigma \to f, \sigma \to 0$.

记 $J_\sigma f = f_\sigma$, 则 J_σ 可以看成将函数 $f(x)$ 映射为 C^∞ 函数 $J_\sigma f$ 的算子, 且称这个算子 J_σ 为以 $\psi_\sigma(x)$ 为核的磨光算子, 其中 $\sigma > 0$ 为磨光半径. 经过磨光后的函数 $J_\sigma f$ 可以任意光滑地逼近 f, 且当 f 连续, σ 较小时, $J_\sigma f$ 与 f 很接近. 于是, 求解算子方程 $Kx = y^\delta$ 就可以转化为求解

$$Kx = J_\sigma y^\delta, \quad \sigma > 0, \tag{2.5.4}$$

其中 σ 相当于正则化参数. 此时, 右端项 $J_\sigma y^\delta$ 是非常光滑的数据, 且称通过构造磨光算子 J_σ 来求解方程 $Kx = y^\delta$ 的方法为磨光正则化方法.

2.5.1 连续型磨光

本小节及后续小节均在一维空间 $\mathbb{R}$ 中讨论, 以示区别, 记一维空间的变量为 t. 令 $\sigma > 0, p > 0$, $A_p = \left(\int_{-p}^{p} \exp(-s^2)ds \right)^{-1}$, 记 Gauss 核函数为

$$\rho_{\sigma,p}(t) = \begin{cases} A_p \sigma^{-1} \exp\left(-\dfrac{t^2}{\sigma^2} \right), & |t| \leqslant p\sigma, \\ 0, & |t| > p\sigma. \end{cases} \tag{2.5.5}$$

若不特别声明, 后续可积函数的磨光处理均指使用 Gauss 核函数 (2.5.5) 进行磨光, 并且简记为 $\rho_\sigma = \rho_{\sigma,p}$. 显然, 核函数 $\rho_{\sigma,p}$ 是一个非负的 $C^\infty(-p\sigma, p\sigma)$ 函数, 满足 $\int_{-p\sigma}^{p\sigma} \rho_\sigma(t)dt = 1$, 而称 σ 为磨光半径.

令 $I = [0,1], I_\sigma = [p\sigma, 1 - p\sigma]$. 注意到, 只要 $p < \dfrac{1}{2\sigma}$, 则 I_σ 非空. 如果 $f(x)$ 在 I 中局部可积, 则可在 I_σ 中经下述卷积定义它的 σ-磨光函数为

$$J_\sigma f(t) = (\rho_\sigma * f)(t) = \int_{-\infty}^{\infty} \rho_\sigma(t-s)f(s)ds$$
$$= \int_{t-p\sigma}^{t+p\sigma} \rho_\sigma(t-s)f(s)ds.$$

按上式定义的 σ-磨光函数满足下述一致性、稳定性和收敛性估计.

定理 2.26 (Murio D A, 2006) (磨光函数的一致性、稳定性和收敛性)　若函数 f 在 I 上是一致 Lipschitz 连续的, 且 Lipschitz 常数为 L, 以及 f^δ 满足 $\|f^\delta - f\|_{\infty, I} \leqslant \delta$, 则存在一个与 σ 无关的常数 C, 使得

(1) $\|J_\sigma f - f\|_{\infty, I_\sigma} \leqslant C\sigma$;

(2) $\|J_\sigma f^\delta - J_\sigma f\|_{\infty, I_\sigma} \leqslant \delta$;

(3) $\|J_\sigma f^\delta - f\|_{\infty, I_\sigma} \leqslant C\sigma + \delta$.

证明　(1) 令 $t \in I_\sigma$，注意到 $\int_{-p\sigma}^{p\sigma} \rho_\sigma(t)dt = 1$，则有

$$
\begin{aligned}
|J_\sigma f - f| &= \left| \int_{t-p\sigma}^{t+p\sigma} \rho_\sigma(t-s)f(s)ds - f(t) \right| \\
&\leqslant \int_{-p\sigma}^{p\sigma} \rho_\sigma(s)\,|f(t-s) - f(t)|\,ds \\
&\leqslant L \int_{-p\sigma}^{p\sigma} \rho_\sigma(s)\,|s|\,ds = L \int_{-p\sigma}^{p\sigma} A_p \sigma^{-1} \exp\left(-\frac{s^2}{\sigma^2} \right) |s|\,ds \\
&= L A_p \sigma \int_0^{p^2} \exp(-t)dt \leqslant C\sigma.
\end{aligned}
$$

(2) $\left| J_\sigma f^\delta - J_\sigma f \right| = \left| \int_{t-p\sigma}^{t+p\sigma} \rho_\sigma(t-s) \left(f^\delta(s) - f(s) \right) ds \right|$

$$
\begin{aligned}
&\leqslant \int_{t-p\sigma}^{t+p\sigma} \rho_\sigma(t-s) \left| f^\delta(s) - f(s) \right| ds \\
&\leqslant \delta \int_{t-p\sigma}^{t+p\sigma} \rho_\sigma(t-s)ds \leqslant \delta.
\end{aligned}
$$

(3) 直接由三角不等式，即可得

$$
\begin{aligned}
\left| J_\sigma f^\delta - f \right| &\leqslant \left| J_\sigma f^\delta - J_\sigma f \right| + |J_\sigma f - f| \\
&\leqslant C\sigma + \delta.
\end{aligned}
$$
□

2.5.2　离散型磨光

设集合 $W = \{t_j\,|j \in Z, 1 \leqslant j \leqslant M\} \subset I$，满足

$$
t_{j+1} - t_j > d > 0
$$

和

$$
0 \leqslant t_1 < t_2 < \cdots < t_M \leqslant 1,
$$

其中 Z 为整数集，d 为正常数. $F = \{f_j = f(t_j)\}$ 是定义在 W 上 f 的离散函数，$s_j = \frac{1}{2}(t_{j+1} + t_j)$，则离散函数 F 的磨光函数为

$$
J_\sigma F(t) = \sum_{j=1}^{M} \left(\int_{s_{j-1}}^{s_j} \rho_\sigma(t-s)ds \right) f_j. \tag{2.5.6}
$$

按 (2.5.6) 式定义的离散磨光函数满足下述定理.

定理 2.27(Murio D A et al., 1998) (离散磨光函数的一致性、稳定性和收敛性)
设 $F = \{f_j = f(t_j)\}$ 和 $F^\delta = \{f_j^\delta = f^\delta(t_j)\}$ 分别是定义在 K 上 f 和 f^δ 的离散函数, 满足 $\|F^\delta - F\|_{\infty,K} \leqslant \delta$, $\Delta t = \sup\limits_{j \in Z}(t_{j+1} - t_j)$, 则存在一个与 σ 无关的常数 C, 满足

(1) $\|J_\sigma F - f\|_{\infty,I_\sigma} \leqslant C(\sigma + \Delta t)$;

(2) $\|J_\sigma F^\delta - J_\sigma F\|_{\infty,I_\sigma} \leqslant \delta$;

(3) $\|J_\sigma F^\delta - J_\sigma f\|_{\infty,I_\sigma} \leqslant C(\delta + \Delta t)$ 和 $\|J_\sigma F^\delta - f\|_{\infty,I_\sigma} \leqslant C(\delta + \sigma + \Delta t)$.

证明 (1) 显然, 有

$$|J_\sigma F - f| \leqslant |J_\sigma F - J_\sigma f| + |J_\sigma f - f|.$$

注意到

$$\sum_{j=1}^{M}\left(\int_{s_{j-1}}^{s_j}\rho_\sigma(t-s)ds\right) = \int_{-p\sigma}^{p\sigma}\rho_\sigma(s)ds = 1,$$

则有

$$|J_\sigma F - J_\sigma f| \leqslant \sum_{j=1}^{M}\int_{s_{j-1}}^{s_j}\rho_\sigma(t-s)\,|f(t_j) - f(s)|\,ds$$

$$\leqslant L\sum_{j=1}^{M}\int_{s_{j-1}}^{s_j}\rho_\sigma(t-s)\,|t_j - s|\,ds$$

$$\leqslant L\Delta t\sum_{j=1}^{M}\int_{s_{j-1}}^{s_j}\rho_\sigma(t-s)ds$$

$$\leqslant L\Delta t = C\Delta t,$$

其中 $C = L$. 由上一小节中的结论可知 $|J_\sigma f - f| \leqslant C\sigma$. 综上可得 $|J_\sigma F - f| \leqslant C(\sigma + \Delta t)$, 其中常数 C 取大者.

(2)

$$\left|J_\sigma F^\delta - J_\sigma F\right| = \left|\sum_{j=1}^{M}\left(\int_{s_{j-1}}^{s_j}\rho_\sigma(t-s)ds\right)\left(f_j^\delta - f_j\right)\right|$$

$$\leqslant \delta\sum_{j=1}^{M}\int_{s_{j-1}}^{s_j}\rho_\sigma(t-s)ds \leqslant \delta.$$

(3) 直接由三角不等式, 得

$$\left|J_\sigma F^\delta - J_\sigma f\right| \leqslant \left|J_\sigma F^\delta - J_\sigma F\right| + \left|J_\sigma F - J_\sigma f\right| \leqslant C(\delta + \Delta t)$$

和

$$\left|J_\sigma F^\delta - f\right| \leqslant \left|J_\sigma F^\delta - J_\sigma F\right| + \left|J_\sigma F - J_\sigma f\right| + \left|J_\sigma f - f\right| \leqslant C(\delta + \sigma + \Delta t). \qquad \square$$

第3章 正则化参数选取的模型函数方法

3.1 单正则化参数选取的模型函数方法

众所周知, 数值求解反演问题的困难之一是反演问题不满足适定性的第三条, 即反演问题是不稳定的. 此时, 若利用通常的方法直接求解反演问题, 则数据的微小误差将引起解的急剧变化, 从而导致解毫无意义. 为了获得反演问题的稳定数值解, 则需应用必要的正则化技巧, 例如 Tikhonov 正则化方法, 这必然牵涉到正则化参数的选取问题. 实际上, 正则化方法是否有效和成功直接依赖于正则化参数的选取. 在许多反演问题的计算中, 正则化参数的选取往往是经验的或先验的, 这从实际计算和理论研究两个方面来说都不是令人满意的. 另一方面, 在反演问题求解中通过不断试验来获得一个可行的正则化参数也是非常耗时的, 例如在 Tikhonov 正则化方法中这意味着将大量重复地解正规方程. 因此, 若能找到有效的方法来选取正则化参数, 这无疑会大大节约计算代价, 进一步提升正则化方法的效能. 本节研究的是 Tikhonov 正则化方法中单正则化参数选取的模型函数方法, 提出了线性模型函数、指数型模型函数和对数型模型函数等新型模型函数; 基于这些新型模型函数和吸收的 Morozov 偏差原则, 建立正则化参数选取的模型函数基本算法、改进算法以及组合算法等.

考虑求解不适定的算子方程

$$Kx = y^\delta, \tag{3.1.1}$$

其中 K 是 Hilbert 空间 X 到 Hilbert 空间 Y 上的一个线性有界算子, y^δ 是精确右端项 y 的近似且 $\|y^\delta - y\| \leqslant \delta$. 在不引起混淆的前提下, 我们将 Hilbert 空间 X 和 Y 上的 L^2 范数均记为 $\|\cdot\|$, 且其上的内积记为 $(\cdot, \cdot)$. 为后续行文方便, 简记 Tikhonov 正则化解 $x^{\alpha,\delta}$ 为 $x(\alpha)$.

3.1.1 吸收 Morozov 偏差原则

当误差水平 $\delta > 0$ 已知时, 正则化参数的 Morozov 偏差原则是用

$$\|Kx(\alpha) - y^\delta\|^2 = c\delta^2 \tag{3.1.2}$$

来确定正则化参数 $\alpha(\delta)$ 的, 即选取正则化参数 $\alpha(\delta)$ 使得 Tikhonov 正规方程

$$\alpha x + K^*Kx = K^*y^\delta \tag{3.1.3}$$

的解 $x(\alpha)$ 满足 Morozov 偏差方程 (3.1.2), 其中 $c \geqslant 1$ 是一常数.

在许多应用中, 利用 Morozov 相容性原理 (3.1.2) 确定正则化参数得到的正则化解不很理想, 或者说 Morozov 相容性原理过于保守了. 因此, 一个更一般的偏差原则被提出来确定正则化参数, 称为吸收 Morozov 偏差原则 (Morozov V A, 1984; Kunisch K, 1993), 它用

$$\|Kx(\alpha) - y^\delta\|^2 + \alpha^\gamma \|x(\alpha)\|^2 = c\delta^2 \tag{3.1.4}$$

来确定正则化参数 $\alpha = \alpha(\delta)$, 其中 $\gamma \in (1, +\infty)$ 是一给定的常数并称为吸收系数, $c \geqslant 1$ 为一给定的常数. 根据定理 2.15 的结果可知, 在 $\|y - y^\delta\|^2 \leqslant c\delta^2 < \|y^\delta\|^2$ 的前提条件下, 方程 (3.1.4) 至少存在一个解. 这是因为

$$\lim_{\alpha \to 0} \|Kx(\alpha) - y^\delta\|^2 + \alpha^\gamma \|x(\alpha)\|^2 = 0$$

和

$$\lim_{\alpha \to +\infty} \|Kx(\alpha) - y^\delta\|^2 + \alpha^\gamma \|x(\alpha)\|^2 \geqslant \|y^\delta\|^2 > c\delta^2,$$

以及 $x(\alpha)$ 的连续性.

显然, 当 $\gamma = +\infty$ 时, 吸收 Morozov 偏差原则 (3.1.4) 即为标准的 (3.1.2). 不管是从应用上还是数学理论上来说, 基于吸收 Morozov 偏差原则的正则化解的收敛性都是至关重要的. 对于一类非线性不适定问题, Kunisch 研究了基于吸收 Morozov 偏差原则所得正则化解的收敛性, 见文献 (Kunisch K, 1993) 中的性质 3.2. 在此, 针对一般的线性不适定问题, 我们给出吸收 Morozov 偏差原则 (3.1.4) 下正则化解的收敛性结论. 虽然该结论的证明基本上类似于文献 (Kunisch K, 1993), 但为了行文的完整性, 我们给出了完整的证明过程.

定理 3.1 算子 $K : X \to Y$ 是个紧而单的线性算子, 且值域 $K(X)$ 在 Y 中稠密. 设 $K\hat{x} = y$, $\hat{x} \in X, y \in Y$, $y^\delta \in Y$ 且 $\|y - y^\delta\| \leqslant c\delta < \|y^\delta\|$, $x(\alpha)$ 是正规方程 (3.1.3) 的正则化解且满足吸收 Morozov 偏差方程 (3.1.4), 又设存在 $w \in Y$ 使得 $\hat{x} = K^*w \in K^*(Y)$, 正则化参数 $0 < \alpha \leqslant 1 - \varepsilon, 0 < \varepsilon < 1$ 为一小常数, 则有

$$\|x(\alpha) - \hat{x}\| = O\left(\delta^{\min\{1/2, (\gamma-1)/\gamma\}}\right), \quad \delta \to 0.$$

证明 首先, 注意到 $x(\alpha)$ 是 Tikhonov 正则化泛函

$$J_\alpha(x) := \frac{1}{2}\|Kx - y^\delta\|^2 + \frac{\alpha}{2}\|x\|^2 \tag{3.1.5}$$

的极小元. 因此, 我们可以得到

$$
\frac{1}{2}\|Kx(\alpha)-y^\delta\|^2+\frac{\alpha}{2}\|x(\alpha)\|^2=J_\alpha(x(\alpha))\leqslant J_\alpha(\hat{x})
$$
$$
=\frac{1}{2}\|y-y^\delta\|^2+\frac{\alpha}{2}\|\hat{x}\|^2
$$
$$
\leqslant\frac{1}{2}\delta^2+\frac{\alpha}{2}\|\hat{x}\|^2.
$$

又 $x(\alpha)$ 满足吸收 Morozov 偏差原则 (3.1.4), 所以

$$
c\delta^2-\alpha^\gamma\|x(\alpha)\|^2+\alpha\|x(\alpha)\|^2\leqslant\delta^2+\alpha\|\hat{x}\|^2.
$$

因此,

$$
\|x(\alpha)\|^2\leqslant\frac{1}{1-(1-\varepsilon)^{\gamma-1}}\|\hat{x}\|^2.
$$

另一方面, 由 $J_\alpha(x(\alpha))\leqslant J_\alpha(\hat{x})$ 可得

$$
\begin{aligned}
\|Kx(\alpha)-y^\delta\|^2+\alpha\|x(\alpha)-\hat{x}\|^2&\leqslant\|K\hat{x}-y^\delta\|^2+\alpha\|\hat{x}\|^2-\alpha\|x(\alpha)\|^2+\alpha\|x(\alpha)-\hat{x}\|^2\\
&\leqslant\delta^2+2\alpha(\hat{x},\hat{x}-x(\alpha))=\delta^2+2\alpha(K^*w,\hat{x}-x(\alpha))\\
&=\delta^2+2\alpha(w,K(\hat{x}-x(\alpha)))\\
&=\delta^2+2\alpha(w,K\hat{x}-y^\delta+y^\delta-Kx(\alpha))\\
&=\delta^2+2\alpha(w,K\hat{x}-y^\delta)+2\alpha(w,y^\delta-Kx(\alpha))\\
&\leqslant\delta^2+2\alpha\|w\|\|K\hat{x}-y^\delta\|+2\alpha\|w\|\|y^\delta-Kx(\alpha)\|\\
&\leqslant\delta^2+2(1+c)\alpha\|w\|\delta.
\end{aligned}
$$

由偏差原则 $\|Kx(\alpha)-y^\delta\|^2+\alpha^\gamma\|x(\alpha)\|^2=c\delta^2$, 即得

$$
c\delta^2-\alpha^\gamma\|x(\alpha)\|^2+\alpha\|x(\alpha)-\hat{x}\|^2\leqslant\delta^2+2(1+c)\alpha\|w\|\delta.
$$

所以

$$
\begin{aligned}
\|x(\alpha)-\hat{x}\|^2&\leqslant2(1+c)\|w\|\delta+\alpha^{\gamma-1}\|x(\alpha)\|^2\\
&\leqslant2(1+c)\|w\|\delta+(c\delta^2)^{(\gamma-1)/\gamma}\|x(\alpha)\|^{2/\gamma}\\
&\leqslant2(1+c)\|w\|\delta+(c\delta^2)^{(\gamma-1)/\gamma}\left(\frac{1}{1-(1-\varepsilon)^{\gamma-1}}\right)^{2/\gamma}\|\hat{x}\|^{2/\gamma}\\
&\leqslant2(1+c)\|w\|\delta+(c\delta^2)^{(\gamma-1)/\gamma}\left(\frac{1}{1-(1-\varepsilon)^{\gamma-1}}\right)^{2/\gamma}\|K^*\|^{2/\gamma}\|w\|^{2/\gamma},
\end{aligned}
$$

由上式即知定理结论成立. 上式中的第二个不等式用到了

$$\alpha^{\gamma-1}\|x(\alpha)\|^2 = \left(\alpha^\gamma\|x(\alpha)\|^2\right)^{(\gamma-1)/\gamma} \|x(\alpha)\|^{2/\gamma}$$
$$\leqslant \left(c\delta^2\right)^{(\gamma-1)/\gamma} \|x(\alpha)\|^{2/\gamma},$$

其中 $\alpha^\gamma\|x(\alpha)\|^2 \leqslant c\delta^2$ 是直接根据吸收偏差原则所得. □

注 3.2 注意到 $\alpha=\alpha(\delta)$ 是吸收 Morozov 偏差方程 $\|Kx(\alpha)-y^\delta\|^2+\alpha^\gamma\|x(\alpha)\|^2 = c\delta^2$ 的解, 显然当 $\delta \to 0$ 时 $x(\alpha)$ 是非平凡的, 所以当 $\delta \to 0$ 时必有 $\alpha = \alpha(\delta) \to 0$. 因此, 定理中的假设 "正则化参数 $0 < \alpha \leqslant 1-\varepsilon, 0 < \varepsilon < 1$ 为一小常数" 是可行的, 且在实际应用中也是足够的. 在下一节中我们将证明, 当 $\alpha \in (0,1)$ 时, 吸收的 Morozov 偏差方程有唯一解.

从文献 (Kunisch K, 1993) 中的数值例子可以看出, 与标准的 Morozov 偏差原则相比, 吸收 Morozov 偏差原则能够得到更好的结果, 特别是对于大误差水平的测量数据更为有效. 当联立 (3.1.3) 和 (3.1.4) 确定正则化参数时, 并不是所有的数值方案都是有效的, 例如 Newton 法解 (3.1.4) 则会产生局部收敛问题或由于函数的导数很小导致不收敛. 因此, 基于吸收 Morozov 偏差原则, 寻找确定正则化参数的高效的计算方法是非常有意义且必要的.

为了克服 Newton 法的缺点, 文献 (Kunisch K et al., 1998; Xie J L et al., 2002) 提出了一种称为模型函数的方法来确定正则化参数. 模型函数方法的基本思想 (Liu J et al., 2008) 是将 Tikhonov 泛函定义成关于 α 的函数, 即 $F(\alpha) := \min_X J_\alpha(x)$, 然后建立吸收 Morozov 偏差原则的 $F(\alpha)$ 形式, 再用一个简单的具有显式表达式的模型函数来近似 $F(\alpha)$, 代入 $F(\alpha)$ 形式的偏差方程从而可迭代求解出正则化参数. 本章主要是构造出了若干新的模型函数, 以及在新模型函数框架下研究求解 Morozov 偏差方程 (3.1.4) 的有效算法. 在下一节, 我们将建立与文献 (Kunisch K et al., 1998; Xie J L et al., 2002) 不同的三种新的模型函数, 分别称为线性模型函数、指数型模型函数和对数型模型函数, 而称文献 (Kunisch K et al., 1998; Xie J L et al., 2002) 中的模型函数为双曲型模型函数. 与原有的模型函数相比, 部分新得到的模型函数具有一些非常良好的性质, 例如基于新模型函数得到正则化参数选取的迭代算法具有全局收敛性和收敛速度快等性质.

3.1.2 偏差原则的 $F(\alpha)$ 形式

对任意给定的 $\alpha > 0$, 记 Tikhonov 泛函 (3.1.5) 的极小值为 $F(\alpha)$, 即

$$F(\alpha) := \min_{x\in X} J_\alpha(x) = \frac{1}{2}\|Kx(\alpha) - y^\delta\|^2 + \frac{\alpha}{2}\|x(\alpha)\|^2, \tag{3.1.6}$$

且称 $F(\alpha)$ 为 Tikhonov 泛函的关于正则化参数 α 的最优函数. 再定义

$$F(0) := \frac{1}{2} \inf_{x \in X} \|Kx - y^\delta\|^2, \tag{3.1.7}$$

则最优函数 $F(\alpha)$ 在 $[0, +\infty)$ 上连续, 且有下列性质 (Kunisch K et al., 1998; Xie J L et al., 2002; 刘继军, 2005).

引理 3.3   最优函数 $F(\alpha)$ 在 $(0, +\infty)$ 内是无穷次可微的, 且有

(1) $\lim\limits_{\alpha \to +\infty} F(\alpha) = \frac{1}{2}\|y^\delta\|^2$ 和

$$F(0) = \lim_{\alpha \to 0+} F(\alpha), \quad \lim_{\alpha \to 0+} \alpha\|x(\alpha)\|^2 = 0. \tag{3.1.8}$$

(2) 对任意的 $\alpha > 0$, $F(\alpha)$ 的一阶导数和二阶导数分别为

$$F'(\alpha) = \frac{1}{2}\|x(\alpha)\|^2, \quad F''(\alpha) = -(\alpha\|x'(\alpha)\|^2 + \|Kx'(\alpha)\|^2). \tag{3.1.9}$$

特别地, 当 $K^*y^\delta \neq 0$ 时, 最优函数 $F(\alpha)$ 是严格单调增加且是严格凸的, 即

$$F'(\alpha) > 0, \quad F''(\alpha) < 0, \quad \forall \alpha > 0. \tag{3.1.10}$$

(3) $F(\alpha)$ 满足等式

$$2F(\alpha) + 2\alpha F'(\alpha) + \|Kx(\alpha)\|^2 = \|y^\delta\|^2. \tag{3.1.11}$$

证明   由定理 2.17 易知, 最优函数 $F(\alpha)$ 在 $(0, +\infty)$ 内是无穷次可微的.
(1) 由最优函数 $F(\alpha)$ 和 $x(\alpha)$ 的定义, 可知

$$\frac{\alpha}{2}\|x(\alpha)\|^2 \leqslant F(\alpha) = J_\alpha(x(\alpha)) \leqslant J_\alpha(0) = \frac{1}{2}\|y^\delta\|^2,$$

即 $\|x(\alpha)\|^2 \leqslant \dfrac{\|y^\delta\|^2}{\alpha}$, 则

$$\lim_{\alpha \to +\infty} \|x(\alpha)\| = 0.$$

又 $x(\alpha)$ 是正规方程的唯一解, 在式 (3.1.3) 两边用 $x(\alpha)$ 作内积得

$$\alpha\|x(\alpha)\|^2 + \|Kx(\alpha)\|^2 = (K^*y^\delta, x(\alpha)) \leqslant \|K^*\|\|y^\delta\|\|x(\alpha)\|.$$

注意到有界线性算子的伴随算子也是有界的, 所以

$$\lim_{\alpha \to +\infty} \alpha\|x(\alpha)\|^2 = 0, \quad \lim_{\alpha \to +\infty} \|Kx(\alpha)\|^2 = 0.$$

由 $F(\alpha)$ 的定义即可得 $\lim\limits_{\alpha \to +\infty} F(\alpha) = \frac{1}{2}\|y^\delta\|^2$ 成立.

设 $\bar{x}$ 满足 $F(0) = \frac{1}{2}\|K\bar{x} - y^\delta\|^2 = \frac{1}{2}\inf_{x \in X}\|Kx - y^\delta\|^2$, 则

$$F(\alpha) = J_\alpha(x(\alpha)) \leqslant J_\alpha(\bar{x}) = F(0) + \frac{\alpha}{2}\|\bar{x}\|^2$$

和

$$F(\alpha) = J_\alpha(x(\alpha)) \geqslant F(0) + \frac{\alpha}{2}\|x(\alpha)\|^2.$$

即得 $F(0) = \lim_{\alpha \to 0+} F(\alpha)$ 和 $\lim_{\alpha \to 0+} \alpha\|x(\alpha)\|^2 = 0$, 且有 $\|x(\alpha)\| \leqslant \|\bar{x}\|$.

(2) 直接对 (3.1.6) 两边关于 α 求导, 结合正规方程 (3.1.3) 得

$$F'(\alpha) = (Kx(\alpha) - y^\delta, Kx'(\alpha)) + \alpha(x(\alpha), x'(\alpha)) + \frac{1}{2}\|x(\alpha)\|^2$$

$$= (K^*(Kx(\alpha) - y^\delta), x'(\alpha)) + \alpha(x(\alpha), x'(\alpha)) + \frac{1}{2}\|x(\alpha)\|^2$$

$$= \frac{1}{2}\|x(\alpha)\|^2.$$

另一方面, 由定理 2.17 知 $x'(\alpha)$ 满足方程

$$\alpha x'(\alpha) + K^*Kx'(\alpha) = -x(\alpha),$$

上式两边用 $x'(\alpha)$ 作内积, 则有

$$\alpha\|x'(\alpha)\|^2 + \|Kx'(\alpha)\|^2 = -(x(\alpha), x'(\alpha)).$$

由 $F'(\alpha)$ 的表达式直接求导, 即得

$$F''(\alpha) = -(\alpha\|x'(\alpha)\|^2 + \|Kx'(\alpha)\|^2).$$

显然, $F'(\alpha) \geqslant 0$, $F''(\alpha) \leqslant 0$. 若 $K^*y^\delta \neq 0$, 则由 $(\alpha I + K^*K)$ 有有界逆知 $x(\alpha) \neq 0$, 自然由定理 2.17 又可知 $x'(\alpha) \neq 0$. 因此, 结论 (2) 成立.

(3) 由 $F(\alpha)$ 的定义, 可得

$$2F(\alpha) = \|Kx(\alpha)\|^2 - (Kx(\alpha), y^\delta) - (y^\delta, Kx(\alpha)) + \|y^\delta\|^2 + \alpha\|x(\alpha)\|^2.$$

又式 (3.1.3) 两边用 $x(\alpha)$ 作内积得

$$\alpha\|x(\alpha)\|^2 + \|Kx(\alpha)\|^2 = (K^*y^\delta, x(\alpha)) = (y^\delta, Kx(\alpha)),$$

所以有结论 (3) 成立. □

显然, 由 $F(\alpha)$ 的定义和 (3.1.9), 我们可以将吸收 Morozov 偏差原则 (3.1.4) 重新写成

$$G(\alpha) := F(\alpha) + (\alpha^\gamma - \alpha)F'(\alpha) - \frac{c}{2}\delta^2 = 0, \tag{3.1.12}$$

称之为吸收 Morozov 偏差原则的 $F(\alpha)$ 形式, 称 $G(\alpha)$ 为吸收 Morozov 偏差函数. 对于给定的 α, 虽然 $F(\alpha)$ 完全由正则化泛函 $J_\alpha(x)$ 确定, 但是我们却无法给出它的显式表达式从而使得 (3.1.12) 成立. 实际应用中, 限制正则化参数 α 在区间 $(0,1]$ 上是足够的. 在此限制下, 由 (3.1.9) 和 (3.1.12) 易得

$$G'(\alpha) = \gamma\alpha^{\gamma-1}F'(\alpha) + (\alpha^\gamma - \alpha)F''(\alpha) > 0, \tag{3.1.13}$$

即吸收 Morozov 偏差函数 $G(\alpha)$ 在 $(0,1]$ 上是严格单调增加的. 特别地, 对于标准的 Morozov 偏差原则 $(\gamma = +\infty)$, $G(\alpha)$ 在 $(0,+\infty)$ 上是严格单调增加的.

引理 3.4　设 $K^*y^\delta \neq 0$ 和 $F(0) < \dfrac{c}{2}\delta^2 \leqslant F(1)$, 则吸收 Morozov 偏差方程 $G(\alpha) = 0$ 在 $(0,1]$ 上存在唯一解.

证明　显然由 $F(\alpha)$ 的连续可微性, 易知 $G(\alpha)$ 在 $(0,1]$ 上是连续的. 由条件 $F(0) < \dfrac{c}{2}\delta^2 \leqslant F(1)$, 以及

$$F(0) = \lim_{\alpha \to 0+} F(\alpha), \quad \lim_{\alpha \to 0+} \alpha\|x(\alpha)\|^2 = 0,$$

可得 $\lim\limits_{\alpha \to 0} G(\alpha) < 0, G(1) > 0$. 因此, 直接由 (3.1.13) 即可得结论成立.　□

确定正则化参数的主要困难在于如何高效求解非线性方程 (3.1.12). 显然, 我们可以采用 Newton 法或拟 Newton 法 (Kunisch K et al., 1998) 求解方程 (3.1.12), 它们分别有二次和超线性收敛速度. 但是, 这两种方法都是局部收敛的, 即它们需要正则化参数 α 的一个非常好的初始猜测值. 这在实际应用中是不合适的, 因为从实际应用角度来说这个好的初始猜测就已经是符合要求的正则化参数 (Xie J L et al., 2002), 换句话说, 此时根本不需要求解非线性方程 (3.1.12). 为此, 模型函数方法 (Kunisch K et al., 1998; Xie J L et al., 2002) 被提出来求解 Morozov 偏差方程 (3.1.12), 此时, 在迭代选取正则化参数时可以选取较大的初值.

记 $F_k(\alpha)$ 为 $F(\alpha)$ 的第 k 次迭代的近似函数. 当假设 $\|Kx(\alpha)\|^2 \approx T_k\|x(\alpha)\|^2$ 时, 文献 (Xie J L et al., 2002) 提出了一种在 α_k 附近近似确定 $F_k(\alpha)$ 的方法, 其中 T_k 是待更新的参数. 此时, 等式 (3.1.11) 近似为

$$2F_k(\alpha) + 2\alpha F_k'(\alpha) + 2T_k F_k'(\alpha) = \|y^\delta\|^2, \tag{3.1.14}$$

由此式即可得 $F_k(\alpha)$ 的显式表达式

$$F_k(\alpha) = \frac{1}{2}\|y^\delta\|^2 + \frac{C_k}{T_k + \alpha}, \tag{3.1.15}$$

其中参数 C_k 和 T_k 由条件 $F_k(\alpha_k) = F(\alpha_k)$, $F_k'(\alpha_k) = F'(\alpha_k)$ 计算所得. 因此, 文献 (Xie J L et al., 2002) 提出的模型函数是

$$m_1(\alpha) = \frac{1}{2}\|y^\delta\|^2 + \frac{C}{T + \alpha}, \tag{3.1.16}$$

我们称它为双曲型模型函数. 利用这个模型函数, 文献 (Xie J L et al., 2002) 给出了具有局部收敛性的正则化参数选取方法, 称为模型函数方法. 而在文献 (Xie J L et al., 2002) 之前, 文献 (Kunisch K et al., 1998) 提出了与模型函数 (3.1.16) 相似的模型函数, 或者可称为模型函数 (3.1.16) 的早期版本.

我们所考虑的模型函数方法的基本思想就是从等式 (3.1.11) 出发构造 $F(\alpha)$ 的局部近似 $F_k(\alpha)$, 其中 $F_k(\alpha)$ 中的待定参数需要在每一步迭代中不断更新. 然后, 将 $F_k(\alpha)$ 代入吸收 Morozov 偏差方程 (3.1.12), 得到第 k 次迭代的近似 Morozov 偏差方程. 相对于原方程来说, 该近似 Morozov 偏差方程更简单, 且能够以更稳定的方式求解它, 甚至它的解可以显式地写出来. 在接下来的小节中, 我们将提出一些新的模型函数. 在此之前, 我们先给出近似 Morozov 偏差函数和近似 Morozov 偏差方程的定义.

定义 3.5　在 Morozov 偏差函数 $G(\alpha)$ 中用 $F_k(\alpha)$ 替代 $F(\alpha)$, 得到

$$G_k(\alpha) := F_k(\alpha) + (\alpha^\gamma - \alpha)F_k'(\alpha) - \frac{c}{2}\delta^2, \qquad (3.1.17)$$

其中 $\gamma \in [1, +\infty)$, 称 $G_k(\alpha)$ 为 $G(\alpha)$ 在 α_k 附近的近似 Morozov 偏差函数, α_k 为正则化参数的第 k 次迭代值. 相应地, $G_k(\alpha) = 0$ 称为近似 Morozov 偏差方程.

3.1.3　新模型函数

本小节将提出三类新的模型函数, 称它们为线性模型函数、指数型模型函数和对数型模型函数. 这些新的模型函数是与双曲模型函数完全不同的, 也不是从双曲模型函数改进过来的. 我们知道提出模型函数的关键是希望通过模型函数 $F_k(\alpha)$ 能够更容易更稳定地得到正则化参数的下一步迭代值. 因为我们的构造基于 $F(\alpha)$ 满足的等式 (3.1.11), 且要求在 α_k 点满足

$$F_k(\alpha_k) = F(\alpha_k), \quad F_k'(\alpha_k) = F'(\alpha_k),$$

即要求 $F_k(\alpha)$ 在 α_k 附近保持连续性和单调性, 所以 $F_k(\alpha)$ 能够逐步地逼近 $F(\alpha)$. 基于新的模型函数, 下一小节将给出更多既实用又稳定的迭代算法来确定正则化参数.

模型函数 1　线性模型函数

当在 α_k 附近用

$$2F(\alpha_k) + 2\alpha_k F_k'(\alpha) + \|Kx(\alpha_k)\|^2 = \|y^\delta\|^2 \qquad (3.1.18)$$

去近似精确方程 (3.1.11) 时, 并注意到

$$2F(\alpha_k) = \|y^\delta\|^2 - \|Kx(\alpha_k)\|^2 - \alpha_k\|x(\alpha_k)\|^2$$

和

$$2F'(\alpha_k) = \|x(\alpha_k)\|^2,$$

则由 (3.1.18) 得到

$$F_k(\alpha) = \frac{1}{2}\|x(\alpha_k)\|^2\alpha + T_k := C_k\alpha + T_k, \tag{3.1.19}$$

其中 $C_k = \frac{1}{2}\|x(\alpha_k)\|^2$, 而 $T_k = \frac{1}{2}\|Kx(\alpha_k) - y^\delta\|^2$ 是由 $F_k(\alpha_k) = F(\alpha_k)$ 确定的. 因此, 线性模型函数是

$$m_2(\alpha) = C\alpha + T. \tag{3.1.20}$$

显然, 从 (3.1.19) 可知

$$F_k'(\alpha) > 0, \quad F_k''(\alpha) = 0, \quad F_k'(\alpha_k) = F'(\alpha_k),$$

即 $F_k(\alpha)$ 局部地保持了 $F(\alpha)$ 的连续性、单调性和凸性, 或者我们称模型函数 $m_2(\alpha)$ 保持了 $F(\alpha)$ 的连续性、单调性和凸性, 其中 $C = \frac{1}{2}\|x(\alpha)\|^2$, $T = \frac{1}{2}\|Kx(\alpha) - y^\delta\|^2$. 实际上, $F_k(\alpha)$ 和 $m_2(\alpha)$ 都是模型函数的不同表现形式, $F_k(\alpha)$ 是 $m_2(\alpha)$ 在迭代过程中的具体表现形式. 因此, 在后文中不加区分地称为模型函数.

模型函数 2 指数型模型函数 I

当用

$$2F_k(\alpha) + 2\alpha_k F_k'(\alpha) + \|Kx(\alpha_k)\|^2 = \|y^\delta\|^2 \tag{3.1.21}$$

去近似 (3.1.11) 时, 它的解为

$$F_k(\alpha) = C_k e^{-\frac{\alpha}{\alpha_k}} + T_k, \tag{3.1.22}$$

其中 $T_k = \frac{1}{2}\|y^\delta\|^2 - \frac{1}{2}\|Kx(\alpha_k)\|^2$, 而 $C_k = -\frac{e\alpha_k}{2}\|x(\alpha_k)\|^2$ 是由条件 $F_k(\alpha_k) = F(\alpha_k)$ 确定的. 因此, 指数型模型函数 I 是

$$m_3(\alpha) = C e^{-\frac{\alpha}{\alpha_k}} + T. \tag{3.1.23}$$

通过简单计算, 可知 $F_k'(\alpha_k) = F'(\alpha_k)$, $F_k'(\alpha) > 0, F_k''(\alpha) < 0$, 即这个指数型的模型函数也保持了 $F(\alpha)$ 的单调性和凸性. 因此, 它也是 $F(\alpha)$ 的一个合适的模型函数.

模型函数 3 指数型模型函数 II

设 $\|Kx(\alpha)\|^2 \approx T_k\|x(\alpha)\|^2 = 2T_kF'(\alpha) \approx 2T_kF_k'(\alpha)$, 且在 (3.1.11) 中用 $2\alpha_k$ 替代 2α, 则 (3.1.11) 的近似方程为

$$2F_k(\alpha) + 2\alpha_k F_k'(\alpha) + 2T_kF_k'(\alpha) = \|y^\delta\|^2. \tag{3.1.24}$$

它的解为

$$F_k(\alpha) = C_k e^{-\frac{\alpha}{\alpha_k + T_k}} + \frac{1}{2}\|y^\delta\|^2. \tag{3.1.25}$$

通过要求 $F_k(\alpha_k) = F(\alpha_k), F_k'(\alpha_k) = F'(\alpha_k)$ 两式成立, 求得常数 C_k 和 T_k 分别为

$$C_k = -\left(\frac{1}{2}\|Kx(\alpha_k)\|^2 + \frac{\alpha_k}{2}\|x(\alpha_k)\|^2\right) e^{\frac{\alpha_k}{\alpha_k + T_k}}, \quad T_k = \frac{\|Kx(\alpha_k)\|^2}{\|x(\alpha_k)\|^2}.$$

因此, 指数型模型函数 II 是

$$m_4(\alpha) = C e^{-\frac{\alpha}{\alpha_k + T}} + \frac{1}{2}\|y^\delta\|^2, \tag{3.1.26}$$

容易验证它依然是保持 $F(\alpha)$ 的单调性和凸性的. 然而, 由于我们在 (3.1.24) 用了两次近似, 所以与第一个指数型模型函数 $m_3(\alpha)$ 相比, 第二个指数型模型函数 $m_4(\alpha)$ 更粗糙. 这一断言也将在下一节关于 $G_k(0)$ 的分析中进一步得到验证.

模型函数 4 对数型模型函数

如果将 (3.1.11) 近似为

$$2F(\alpha_k) + 2\alpha F_k'(\alpha) + \|Kx(\alpha_k)\|^2 = \|y^\delta\|^2, \tag{3.1.27}$$

则

$$F_k(\alpha) = C_k \ln \alpha + T_k, \tag{3.1.28}$$

其中 $C_k = \frac{\alpha_k}{2}\|x(\alpha_k)\|^2$, $T_k = \frac{1}{2}\|y^\delta\|^2 - \frac{1}{2}\|Kx(\alpha_k)\|^2 - \frac{\alpha_k}{2}\|x(\alpha_k)\|^2 \ln(e\alpha_k)$. 显然, 上述 $F_k(\alpha)$ 也满足

$$F_k(\alpha_k) = F(\alpha_k), \quad F_k'(\alpha_k) = F'(\alpha_k).$$

因此, 对数型模型函数为

$$m_5(\alpha) = C \ln \alpha + T. \tag{3.1.29}$$

同样, 它保持了 $F(\alpha)$ 的单调性和凸性.

从等式 (3.1.11) 出发, 建立了最优函数 $F(\alpha)$ 的若干新的模型函数. 这些模型函数都在点 $(\alpha_k, F(\alpha_k))$ 处连续且与 $F(\alpha)$ 有相同的切线, 另外还在该点附近局部保持了 $F(\alpha)$ 的单调性和凸性. 因此, 通过它们获得近似 Morozov 偏差方程, 从而能有效地确定出所需的正则化参数.

3.1.4 基于模型函数的基本算法与收敛性

前面我们已经证明了当 $K^*y^\delta \neq 0$ 和条件 $F(0) < \frac{c}{2}\delta^2 < F(1)$ 满足时, Morozov 偏差方程 (3.1.12) 有唯一解, 且我们始终假设 $K^*y^\delta \neq 0$. 下面, 我们着重考虑如何由新的模型函数近似求解 Morozov 偏差方程 $G(\alpha) = 0$.

文献 (Kunisch K et al., 1998; Xie J L et al., 2002) 分别利用双曲型模型函数得到一种称为双参数的迭代算法, 但是那些方法是局部收敛的. 为此, 文献 (Xie J L et al., 2002) 进一步提出了一种改进方案, 即文献中的 "双参数算法 III", 该改进算法的目的是: 对于一个粗糙的初始猜测 α_0, 保证近似的 Morozov 偏差方程 $G_k(\alpha) = 0$ 有解. 但是, 该改进的算法在实际计算中常常是不收敛的, 即它将在有限步终止, 从而无法收敛到精确 Morozov 偏差方程 $G(\alpha) = 0$ 的解. 下面, 我们给出基于本书提出的模型函数的新算法, 以及在随后的小节中给出改进的模型函数算法, 其中部分算法是真正全局收敛的.

1) 基于线性模型函数 $m_2(\alpha)$ 的基本算法

算法 3.1　基于线性模型函数 $m_2(\alpha)$ 的基本算法

给定 $\alpha_0 > 0$ 和 $\varepsilon > 0$, 置 $k = 0$.

Step 1　求解正规方程 $(\alpha_k I + K^* K)x = K^* y^\delta$ 得到 $x(\alpha_k)$.

Step 2　计算参数 $C_k = \dfrac{1}{2}\|x(\alpha_k)\|^2$, $T_k = \dfrac{1}{2}\|Kx(\alpha_k) - y^\delta\|^2$.

Step 3　令第 k 个模型函数为 $F_k(\alpha) = C_k\alpha + T_k$, 计算

$$G_k(\alpha_k) = F_k(\alpha_k) + (\alpha_k^\gamma - \alpha_k)F_k'(\alpha_k) - \frac{c}{2}\delta^2.$$

Step 4　如果 $G_0(\alpha_0)G_k(\alpha_k) \leqslant 0$, 则转到 Step 7; 否则

Step 5　求 α_{k+1} 满足近似 Morozov 偏差方程

$$G_k(\alpha) = F_k(\alpha) + (\alpha^\gamma - \alpha)F_k'(\alpha) - \frac{c}{2}\delta^2 = 0.$$

Step 6　如果 $\dfrac{|\alpha_{k+1} - \alpha_k|}{\alpha_{k+1}} < \varepsilon$ 成立, 转到 Step 7; 否则, 置 $k := k+1$ 转到 Step 1.

Step 7　停止迭代, 输出正则化参数 α_{k+1}, 迭代次数 $k+1$.

由于线性模型函数的特点, 在算法 3.1 中很容易从近似 Morozov 偏差方程得到解的显式表达式

$$\alpha_{k+1} = \left(\frac{\frac{1}{2}\delta^2 - T_k}{C_k}\right)^{1/\gamma}.$$

但是, 线性模型函数方法不能适用标准的 Morozov 偏差原则, 即吸收的 Morozov 偏差原则中 $\gamma = +\infty$ 时.

在讨论算法的收敛性时, 我们始终认为算法中的停止条件 $\dfrac{|\alpha_{k+1} - \alpha_k|}{\alpha_{k+1}} < \varepsilon$ 是不发生的或者说是不存在的.

定理 3.6 如果 α_0 充分小, 则算法 3.1 产生的序列 $\{\alpha_k\}$ 是严格单调的, 且仅有下列结论之一成立.

(1) 该序列是有限的, 即算法 3.1 在某一有限步 k 满足条件 $G_0(\alpha_0)G_k(\alpha_k) \leqslant 0$ 而终止迭代.

(2) 该序列是无限的且收敛于吸收 Morozov 偏差方程 (3.1.12) 的唯一解 α^*.

证明 对任意的 $\alpha_k \in (0,1)$, 由算法 3.1 知线性模型函数为

$$F_k(\alpha) = C_k \alpha + T_k,$$

其中 $C_k = \frac{1}{2}\|x(\alpha_k)\|^2$, $T_k = \frac{1}{2}\|Kx(\alpha_k) - y^\delta\|^2$, 所以

$$F_k(\alpha_k) = F(\alpha_k), \quad F_k'(\alpha_k) = F'(\alpha_k), \quad G_k(\alpha) = C_k \alpha^\gamma + T_k - \frac{c}{2}\delta^2.$$

因此, 我们有 $G_k(\alpha_k) = G(\alpha_k)$, 且对任意 $\alpha \in (0, +\infty)$ 有 $G_k'(\alpha) > 0$, 即 $G_k(\alpha)$ 是严格单调增加的.

若 $G_0(\alpha_0) = 0$, 则算法停止, 自然 α_0 就是符合偏差原则的正则化参数. 因此, 我们只需证明 $G_0(\alpha_0) > 0$ 和 $G_0(\alpha_0) < 0$ 两种情形下结论是成立的.

(1) $G_0(\alpha_0) > 0$. 若 α_0 充分小, 由 (3.1.8) 和条件 $F(0) < \frac{c}{2}\delta^2$ 即可得

$$\lim_{\alpha \to 0+} G_0(\alpha) = \lim_{\alpha \to 0+} \left(C_0 \alpha^\gamma + T_0 - \frac{1}{2}\delta^2 \right) = F(\alpha_0) - \frac{\alpha_0}{2}\|x(\alpha_0)\|^2 - \frac{c}{2}\delta^2 < 0. \quad (3.1.30)$$

由 $G_0(\alpha)$ 的严格单调性, 可知存在唯一的 $\alpha_1 \in (0, \alpha_0)$ 使得 $G_0(\alpha_1) = 0$. 也就是说, 当 $G_0(\alpha_0) > 0$ 且 α_0 充分小时, 算法确实能够产生序列 $\{\alpha_k\}$.

显然, 当条件 $G_0(\alpha_0)G_k(\alpha_k) \leqslant 0$ 发生时, 序列 $\{\alpha_k\}$ 是有限且严格单调的. 因此, 我们只需证明当条件 $G_0(\alpha_0)G_k(\alpha_k) \leqslant 0$ 不成立时, α_k 收敛于 α^*. 此时, 序列 $\{\alpha_k\}$ 满足

$$G_k(\alpha_k) > 0, \quad k = 1, 2, \cdots.$$

又由于 $G_k(\alpha_{k+1}) = 0$ 和函数 $G_k(\alpha)$ 的单调性, 即得 $\alpha_{k+1} < \alpha_k$. 另一方面, 从 (3.1.13) 知精确的 Morozov 偏差函数 $G(\alpha)$ 也是单调增加的. 由 $G_k(\alpha_k) = G(\alpha_k) > 0 = G(\alpha^*)$, 知对所有 α_k 都有 $\alpha_k > \alpha^*$. 根据单调有界序列必收敛的性质, 即得序列 $\{\alpha_k\}$ 是收敛的.

记 $\hat{\alpha} = \lim_{k \to +\infty} \alpha_k$. 下证 $G(\hat{\alpha}) = 0$. 根据最优函数 $F(\alpha)$ 和近似 Morozov 偏差函数 $G_k(\alpha)$ 的定义, 可得 $G_k(\alpha)$ 又可表示为

$$G_k(\alpha) = \frac{1}{2}\|x(\alpha_k)\|^2 \alpha^\gamma + F(\alpha_k) - \frac{\alpha_k}{2}\|x(\alpha_k)\|^2 - \frac{c}{2}\delta^2.$$

由定理 2.15 和引理 3.3 的结论知 $F(\alpha)$ 和 $x(\alpha)$ 是连续的, 所以

$$\lim_{k\to+\infty} G_k(\alpha_k) = \frac{1}{2}\|x(\hat{\alpha})\|^2\hat{\alpha}^\gamma + F(\hat{\alpha}) - \frac{\hat{\alpha}}{2}\|x(\hat{\alpha})\|^2 - \frac{c}{2}\delta^2 = \lim_{k\to+\infty} G_k(\alpha_{k+1}).$$

因为 $G_k(\alpha_{k+1}) = 0$ 和 $G_k(\alpha_k) = G(\alpha_k)$, 所以

$$G(\hat{\alpha}) = \lim_{k\to+\infty} G(\alpha_k) = \lim_{k\to+\infty} G_k(\alpha_k) = 0.$$

因为吸收 Morozov 偏差方程 $G(\alpha) = 0$ 的解是唯一的, 所以 $\hat{\alpha} = \alpha^*$.

(2) $G_0(\alpha_0) < 0$. 这时, 我们只需证明算法 3.1 确实能产生序列 $\{\alpha_k\}$. 实际上,

$$\lim_{\alpha\to+\infty} G_0(\alpha) = \lim_{\alpha\to+\infty}\left(C_0\alpha^\gamma + T_0 - \frac{c}{2}\delta^2\right) = +\infty. \tag{3.1.31}$$

由 $G_0(\alpha)$ 的单调性, 即知序列 $\{\alpha_k\}$ 是存在的. 接下来的证明则和 $G_0(\alpha_0) > 0$ 情形下的证明类似, 故略之. □

定理 3.7　如果算法 3.1 在第 k 步有 $G_k(\alpha_k) > 0$, 而在前一步有 $G_{k-1}(\alpha_{k-1}) < 0$, 则 $\alpha_k < 1$. 此时, 可以利用二分法在区间 $[\alpha_{k-1}, \alpha_k]$ 内求解精确 Morozov 偏差方程 $G(\alpha) = 0$.

证明　根据定理条件, 从定理 3.6 的证明中即知 $\alpha_{k-1} < \alpha_k$. 另一方面, 由 $G_k(\alpha)$ 的表达式可得

$$G_k(\alpha_k) = \frac{1}{2}\|x(\alpha_k)\|^2\alpha_k^\gamma + \frac{1}{2}\|Kx(\alpha_k) - y^\delta\|^2 - \frac{c}{2}\delta^2,$$

$$G_{k-1}(\alpha_k) = \frac{1}{2}\|x(\alpha_{k-1})\|^2\alpha_k^\gamma + \frac{1}{2}\|Kx(\alpha_{k-1}) - y^\delta\|^2 - \frac{c}{2}\delta^2.$$

令

$$\varphi_k(\alpha) := \frac{1}{2}\|x(\alpha)\|^2\alpha_k^\gamma + \frac{1}{2}\|Kx(\alpha) - y^\delta\|^2 - \frac{c}{2}\delta^2.$$

结合式 (3.1.6) 和式 (3.1.9) 经简单计算, 可得

$$\varphi_k'(\alpha) = (\alpha_k^\gamma - \alpha)F''(\alpha).$$

若 $\alpha_k \geqslant 1$, 由 $F''(\alpha) < 0$ 即得 $\varphi'(\alpha) < 0, \forall\alpha \in (\alpha_{k-1}, \alpha_k)$. 那么,

$$G_k(\alpha_k) = \varphi(\alpha_k) < \varphi(\alpha_{k-1}) = G_{k-1}(\alpha_k) = 0,$$

这与定理条件相矛盾. 因此, $\alpha_{k-1} < \alpha_k < 1$.

另外, 根据 $G_k(\alpha)$ 的定义, 知 $G(\alpha_{k-1}) = G_{k-1}(\alpha_{k-1}) < 0$, $G(\alpha_k) = G_k(\alpha_k) > 0$. 因此, 我们可以利用二分法在 $[\alpha_{k-1}, \alpha_k]$ 上求解方程 $G(\alpha) = 0$. 实际上, 区间 $[\alpha_{k-1}, \alpha_k]$ 还是精确 Morozov 偏差方程 $G(\alpha) = 0$ 的解所属区间的一个较好估计. □

基于线性模型函数的基本算法 3.1 常常由于某个 α_k 满足 $G_0(\alpha_0) \cdot G_k(\alpha_k) \leqslant 0$ 而终止, 这也在我们的数值例子中得到验证. 也就是说, 它在实际计算中可能无法产生无穷序列 $\{\alpha_k\}$, 使得该序列收敛到精确 Morozov 偏差方程的解. 当然, 由定理 3.6 和定理 3.7 可知, 此时我们可以在 α_{k-1} 与 α_k 之间用二分法来得到 $\alpha_{k+1}, \alpha_{k+2}, \cdots$. 但是, 我们发现直接用二分法, 算法的速度比较慢, 则意味着需要更多的迭代次数才能获得所需精度的正则化参数, 而每次迭代都将解正规方程, 这将大大地提高计算代价. 后面, 我们将提出一种将二分法嵌入到模型函数方法中的改进方案, 从而得到全局收敛的线性模型函数方法, 数值实验表明该改进既能提高精度又兼顾计算效率.

我们还注意到在基于线性模型函数的基本算法 3.1 中, 对于初值 α_0 的选取需保持一种平衡原则. 对于满足 $G_0(\alpha_0) < 0$ 的初值 α_0, 总是能保证 $G_0(\alpha) = 0$ 有解, 即迭代可以进行下去而得到 α_1. 同时, 我们在数值实验时发现这时算法 3.1 更快收敛或者说更快获得所要求的正则化参数. 然而, 我们的代价是一开始就是解更不适定的问题, 这是由初始的正则化参数太小引起的. 实际计算中, 任何一个抽象的线性算子方程都将转化为线性代数方程组来求解. 那么, 从有限维空间说, 由于 α_0 很小, 我们一开始就将处理一个大条件数的线性方程组. 另外, 如果我们选择满足 $G_0(\alpha_0) > 0$ 的初始 α_0, 则近似 Morozov 偏差方程 $G_0(\alpha) = 0$ 可能在 $(0, \alpha_0)$ 内无解. 这时, 算法 3.1 失败, 或者算法不具有收敛性.

事实上, 在有限维空间中, 当 $F(0) < \dfrac{c\delta^2}{2}$ 时, 我们始终可取 $\alpha_0 = 0$. 这是因为 $Kx = y^\delta$ 的最小二乘解 $x^\dagger$ 满足 (Allaire G et al., 2008; 曹志浩, 1999)

$$F(0) = \frac{1}{2}\|Kx^\dagger - y^\delta\|^2 \quad \text{和} \quad K^*Kx^\dagger = K^*y^\delta.$$

虽然, 对于无穷维空间中的不适定方程 (3.1.1), 当 $\alpha = 0$ 时正规方程 (3.1.3) 可能无解. 但是, 在利用计算机求解正规方程 (3.1.3) 时, 必须转化为在有限维空间上进行. 保守地说, 基于线性模型函数的算法 3.1 可以从初始 $\alpha_0 = 0$ 开始迭代, 我们的数值实验也正是这样做的. 为什么是保守地说呢? 因为对于大型线性代数方程组, 由于问题的严重不适定性 (严重不稳定性), 计算机由扰动数据 y^δ 求解方程时无法获得满足 $G_0(0) < 0$ 的最小二乘解. 从这方面说, 我们又需要给出一个适当的 α_0, 最好是 $\alpha_0 > \alpha^*$, α^* 是精确 Morozov 偏差方程的唯一解. 这一问题将在后面的松弛方法和组合算法中得到解决.

2) 基于指数型模型函数 $m_3(\alpha)$ 的基本算法

定理 3.8 如果 α_0 充分小且 $G_0(\alpha_0) > 0$, 则基于指数型模型函数 $m_3(\alpha)$ 的算法 3.2 产生的序列 $\{\alpha_k\}$ 严格单调递减, 且仅有下列结论之一成立.

(1) 该序列是有限的, 即算法 3.2 在某一有限步 k 满足条件 $G_k(\alpha_k) \leqslant 0$ 而终止迭代.

算法 3.2   基于指数型模型函数 $m_3(\alpha)$ 的基本算法

给定 $\alpha_0 > 0$ 且 $G_0(\alpha_0) > 0$ 和 $\varepsilon > 0$, 置 $k = 0$.

Step 1   求解正规方程 $(\alpha_k I + K^* K)x = K^* y^\delta$ 得到 $x(\alpha_k)$.

Step 2   计算参数 $C_k = -\dfrac{e\alpha_k}{2}\|x(\alpha_k)\|^2$, $T_k = \dfrac{1}{2}\|y^\delta\|^2 - \dfrac{1}{2}\|Kx(\alpha_k)\|^2$.

Step 3   令第 k 个模型函数为 $F_k(\alpha) = C_k e^{-\frac{\alpha}{\alpha_k}} + T_k$, 计算

$$G_k(\alpha_k) = F_k(\alpha_k) + (\alpha_k^\gamma - \alpha_k)F_k'(\alpha_k) - \frac{c}{2}\delta^2.$$

Step 4   如果 $G_k(\alpha_k) \leqslant 0$, 则转到 Step 7; 否则

Step 5   求 α_{k+1} 满足近似 Morozov 偏差方程

$$G_k(\alpha) = F_k(\alpha) + (\alpha^\gamma - \alpha)F_k'(\alpha) - \frac{c}{2}\delta^2 = 0.$$

Step 6   如果 $\dfrac{|\alpha_{k+1} - \alpha_k|}{\alpha_{k+1}} < \varepsilon$ 成立, 转到 Step 7; 否则, 置 $k := k+1$ 转到 Step 1.

Step 7   停止迭代, 输出正则化参数 α_{k+1}, 迭代次数 $k+1$.

(2) 该序列是无限的且收敛于吸收 Morozov 偏差方程 (3.1.12) 的唯一解 α^*.

证明   只需证明近似 Morozov 偏差方程的单调性和可解性.

因为

$$F_k(\alpha) = C_k e^{-\frac{\alpha}{\alpha_k}} + T_k$$

和

$$G_k(\alpha) = F_k(\alpha) + (\alpha^\gamma - \alpha)F_k'(\alpha) - \frac{c}{2}\delta^2,$$

其中 $C_k = -\dfrac{e\alpha_k}{2}\|x(\alpha_k)\|^2$, $T_k = \dfrac{1}{2}\|y^\delta\|^2 - \dfrac{1}{2}\|Kx(\alpha_k)\|^2$, 易知当 $\alpha \in (0,1]$ 时, 有 $G_k'(\alpha) > 0$, 即 $G_k(\alpha)$ 在 $\alpha \in (0,1]$ 是严格单调增加的. 又因为 α_k 充分小, 所以有

$$G_k(0) = -\frac{e\alpha_k}{2}\|x(\alpha_k)\|^2 + \frac{1}{2}\|y^\delta\|^2 - \frac{1}{2}\|Kx(\alpha_k)\|^2 - \frac{c}{2}\delta^2$$

$$= F(\alpha_k) - \frac{(e-1)\alpha_k}{2}\|x(\alpha_k)\|^2 - \frac{c}{2}\delta^2 < 0. \tag{3.1.32}$$

因此, 当 $G_k(\alpha_k) > 0$ 时, $G_k(\alpha) = 0$ 是可解的, 即存在唯一的 $\alpha_{k+1} \in (0, \alpha_k)$ 使得 $G_k(\alpha_{k+1}) = 0$. 后续证明与定理 3.6 类似, 故略之.   □

注意到, 算法 3.2 与算法 3.1 的不同之处在于, 算法 3.2 是从满足条件 $G_0(\alpha_0) > 0$ 的初始 α_0 开始迭代的. 这是因为当 $G_0(\alpha_0) < 0$ 时, 我们无法证明算法 3.2 中方程 $G_0(\alpha) = 0$ 的可解性. 自然, 也就不能保证这种情况下算法 3.2 能得到 α_1, 从而产生序列 $\{\alpha_k\}$.

类似地, 我们也可以得到基于第二个指数型模型函数 $m_4(\alpha)$ 的基本算法, 只需将算法 3.2 中的 $F_k(\alpha)$ 用 (3.1.25) 替换掉. 这时,

$$G_k(0) = \frac{1}{2}\|y^\delta\|^2 - \frac{\alpha_k}{2}\|x(\alpha_k)\|^2 - \frac{1}{2}\|Kx(\alpha_k)\|^2 - \frac{c}{2}\delta^2 = F(\alpha_k) - \frac{c}{2}\delta^2. \quad (3.1.33)$$

对比 (3.1.32) 和 (3.1.33), 若要保证当 $G_0(\alpha_0) > 0$ 时 $G_0(0) < 0$, 则 (3.1.33) 要求的 α_0 要比 (3.1.32) 更小, 即基于模型函数 $m_4(\alpha)$ 的基本算法对初始 α_0 的要求比算法 3.2 更苛刻. 在这种意义下, 我们说模型函数 $m_3(\alpha)$ 优于模型函数 $m_4(\alpha)$. 为此, 我们后面只讨论基于指数型模型函数 $m_3(\alpha)$ 的算法, 而不再讨论模型函数 $m_4(\alpha)$ 的算法及其性质.

3) 基于对数型模型函数 $m_5(\alpha)$ 的基本算法

现在我们来考虑对数型模型函数 $m_5(\alpha)$ 的基本算法, 该算法的最大优点是对初值 α_0 选取的自由性, 即对任意 $\alpha_0 > 0$, 算法都能进行下去.

算法 3.3　基于对数型模型函数 $m_5(\alpha)$ 的基本算法

给定 $\alpha_0 > 0$ 和 $\varepsilon > 0$, 置 $k = 0$.

Step 1　求解正规方程 $(\alpha_k I + K^*K)x = K^*y^\delta$ 得到 $x(\alpha_k)$.

Step 2　计算参数 $C_k = \frac{\alpha_k}{2}\|x(\alpha_k)\|^2$, $T_k = \frac{1}{2}\|y^\delta\|^2 - \frac{1}{2}\|Kx(\alpha_k)\|^2 - \frac{\alpha_k}{2}\|x(\alpha_k)\|^2 \cdot \ln(e\alpha_k)$.

Step 3　令第 k 个模型函数为 $F_k(\alpha) = C_k \ln \alpha + T_k$, 计算

$$G_k(\alpha_k) = F_k(\alpha_k) + (\alpha_k^\gamma - \alpha_k)F_k'(\alpha_k) - \frac{c}{2}\delta^2.$$

Step 4　如果 $G_0(\alpha_0)G_k(\alpha_k) \leqslant 0$, 则转到 Step 7; 否则

Step 5　求 α_{k+1} 满足近似 Morozov 偏差方程

$$G_k(\alpha) = F_k(\alpha) + (\alpha^\gamma - \alpha)F_k'(\alpha) - \frac{c}{2}\delta^2 = 0,$$

Step 6　如果 $\dfrac{|\alpha_{k+1} - \alpha_k|}{\alpha_{k+1}} < \varepsilon$ 成立, 转到 Step 7; 否则, 置 $k := k+1$ 转到 Step 1.

Step 7　停止迭代, 输出正则化参数 α_{k+1}, 迭代次数 $k+1$.

定理 3.9　对任意初始 $\alpha_0 > 0$, 基于对数型模型函数 $m_5(\alpha)$ 的基本算法 3.3 产生的序列 $\{\alpha_k\}$ 严格单调的, 且仅有下列结论之一成立.

(1) 该序列是有限的, 即算法 3.3 在某一有限步 k 满足条件 $G_0(\alpha_0)G_k(\alpha_k) \leqslant 0$ 而终止迭代.

(2) 该序列是无限的且收敛于吸收 Morozov 偏差方程 (3.1.12) 的唯一解 α^*.

证明　与定理 3.8 类似, 只需证明近似 Morozov 偏差方程的单调性和可解性. 因为

$$F_k(\alpha) = C_k \ln \alpha + T_k$$

和

$$G_k(\alpha) = F_k(\alpha) + (\alpha^\gamma - \alpha)F_k'(\alpha) - \frac{c}{2}\delta^2,$$

其中 $C_k = \frac{\alpha_k}{2}\|x(\alpha_k)\|^2$, $T_k = \frac{1}{2}\|y^\delta\|^2 - \frac{1}{2}\|Kx(\alpha_k)\|^2 - \frac{\alpha_k}{2}\|x(\alpha_k)\|^2 \ln(e\alpha_k)$, 易知对任意的 $\alpha \in (0, +\infty)$ 和任意的 $\gamma \geqslant 1$, 有

$$G_k'(\alpha) = \gamma\alpha^{\gamma-1}\frac{C_k}{\alpha} - (\alpha^\gamma - \alpha)\frac{C_k}{\alpha^2} = \frac{C_k(\gamma\alpha^\gamma - \alpha^\gamma + \alpha)}{\alpha^2} > 0,$$

且

$$\lim_{\alpha \to 0+} G_k(\alpha) = -\infty, \quad \lim_{\alpha \to +\infty} G_k(\alpha) = +\infty.$$

那么, 存在唯一的 α_{k+1} 使得 $G_k(\alpha_{k+1}) = 0$. 因此, 对数型模型函数的基本算法 3.3 是全局收敛的. □

3.1.5　模型函数方法的改进算法与收敛性

在本小节, 我们给出上一节基本算法的两种改进算法, 一是基于二分法的改进算法, 二是基于松弛 Morozov 偏差方程的改进算法. 基于二分法的改进算法的思路是: 将二分法嵌入到基本算法中去, 不直接利用二分法, 使得算法不会在有限步停止, 从而使得序列 $\{\alpha_k\}$ 是无穷的且收敛到精确 Morozov 偏差方程的唯一解. 这里所指的不会在有限步停止同样是指去掉停止条件 $\frac{|\alpha_{k+1} - \alpha_k|}{\alpha_{k+1}} < \varepsilon$ 后. 基于松弛 Morozov 偏差方程的改进算法主要目的是克服算法的局部稳定性, 即当算法 3.1 和算法 3.2 中所取 α_0 满足 $G_0(\alpha_0) > 0$ 时, 克服方程 $G_0(\alpha) = 0$ 可能的无解性, 但通过松弛策略使得松弛 Morozov 偏差方程始终可解. 下面, 我们仅以线性模型函数为例给出两种改进算法.

我们是来看基于二分法的改进算法. 比较算法 3.1 和算法 3.4, 它们的区别是在第四步算法 3.4 将二分法嵌入到基本算法中去了. 这样就避免了基本算法 3.1 由于条件 $G_0(\alpha_0)G_k(\alpha_k) \leqslant 0$ 成立而致使迭代中断, 从而能获得高精度的正则化参数.

算法 3.4 基于线性模型函数 $m_2(\alpha)$ 和二分法的改进算法

给定 $\alpha_0 > 0$ 和 $\varepsilon > 0$, 置 $k = 0$.

Step 1 求解正规方程 $(\alpha_k I + K^*K)x = K^*y^\delta$ 得到 $x(\alpha_k)$.

Step 2 计算参数 $C_k = \dfrac{1}{2}\|x(\alpha_k)\|^2$, $T_k = \dfrac{1}{2}\|Kx(\alpha_k) - y^\delta\|^2$.

Step 3 令第 k 个模型函数为 $F_k(\alpha) = C_k\alpha + T_k$, 计算

$$G_k(\alpha_k) = F_k(\alpha_k) + (\alpha_k^\gamma - \alpha_k)F_k'(\alpha_k) - \frac{c}{2}\delta^2.$$

Step 4 如果 $G_0(\alpha_0)G_k(\alpha_k) \leqslant 0$, 则 $\alpha_{k+1} := \dfrac{\alpha_{k-1} + \alpha_k}{2}$, 转到 Step 6; 否则

Step 5 求 α_{k+1} 满足近似 Morozov 偏差方程

$$G_k(\alpha) = F_k(\alpha) + (\alpha^\gamma - \alpha)F_k'(\alpha) - \frac{c}{2}\delta^2 = 0.$$

Step 6 如果 $\dfrac{|\alpha_{k+1} - \alpha_k|}{\alpha_{k+1}} < \varepsilon$ 成立, 则停止迭代, 输出正则化参数 α_{k+1}, 迭代次数 $k + 1$; 否则, 置 $k := k + 1$ 转到 Step 1.

定理 3.10 若 α_0 充分小, 即所给的初始值 α_0 使得 $G_0(\alpha) = 0$ 存在唯一解 α_1, 则由算法 3.4 生成的序列 $\{\alpha_k\}$ 存在一个单调收敛于 α^* 的子列, 其中 α^* 是精确 Morozov 偏差方程 (3.1.12) 的唯一解 α^*.

证明 根据定理 3.6 和定理 3.7, 只需证明在算法的某一步出现 $G_{k-1}(\alpha_{k-1}) < 0$ 但 $G_k(\alpha_k) > 0$, 或者 $G_{k-1}(\alpha_{k-1}) > 0$ 但 $G_k(\alpha_k) < 0$ 时, 算法 3.4 能够通过二分法得到一个新的 $\alpha_{k'}$ 使得 $G_{k'}(\alpha_{k'})G_{k-1}(\alpha_{k-1}) > 0$. 为了简单起见, 我们仍然记 $\alpha_{k'}$ 为 α_k.

事实上, 如果 α_k 使得 $G_k(\alpha_k) > 0$ 而 $G_{k-1}(\alpha_{k-1}) < 0$, 我们有 $G(\alpha_k) = G_k(\alpha_k) > 0$ 和 $G(\alpha_{k-1}) = G_{k-1}(\alpha_{k-1}) < 0$. 那么, 由偏差函数 $G(\alpha)$ 的严格单调性即可知存在唯一的 $\bar{\alpha} \in (\alpha_{k-1}, \alpha_k)$ 使得 $G(\bar{\alpha}) = 0$. 又因为二分法得 $\alpha_{k+1} := \dfrac{\alpha_k + \alpha_{k-1}}{2}$, 则经有限步二分后必得到新的 $\alpha_k \in (\alpha_{k-1}, \bar{\alpha}]$ 使得 $G_k(\alpha_k) = G(\alpha_k) \leqslant G(\bar{\alpha}) = 0$. 显然, 这样得到的 $\{\alpha_k\}$ 是单调增加的, 且根据定理 3.6 的证明知该序列是收敛于 α^* 的.

同理, 可证明 $G_{k-1}(\alpha_{k-1}) > 0$ 但 $G_k(\alpha_k) < 0$ 情形下, 序列 $\{\alpha_k\}$ 是单调递减收敛于 α^* 的. $\square$

以上结论表明了, 当 α_0 如定理条件所给时, 算法 3.4 是全局收敛的. 但是, 若

α_0 选取的过大, 则 $G_0(\alpha) = 0$ 可能在 $(0, \alpha_0)$ 内无解, 从而导致算法 3.1 和算法 3.4 失败, 这一问题对于算法 3.3 同样存在. 为此, 文献 (Xie J L et al., 2002) 提出了一种松弛策略来解决这一问题. 不失一般性, 假设 $G_k(\alpha_k) > 0$, 在算法中用 $G_k(\alpha)$ 的松弛形式 (Xie J L et al., 2002)

$$\hat{G}_k(\alpha) = G_k(\alpha) + \lambda_k(G_k(\alpha) - G_k(\alpha_k)) \tag{3.1.34}$$

替代 $G_k(\alpha)$ 本身, 称 $\hat{G}_k(\alpha) = 0$ 为松弛 Morozov 偏差方程. 注意到 $G_k(\alpha) \leqslant G_k(\alpha_k)(\forall \alpha \in (0, \alpha_k])$, 所以式 (3.1.34) 中的第二项的符号完全由 λ_k 决定. 显然 $\hat{G}_k(\alpha_k) = G_k(\alpha_k) > 0$, 我们应当选取松弛因子 λ_k 保证松弛 Morozov 偏差方程

$$\hat{G}_k(\alpha) = 0 \tag{3.1.35}$$

在 $(0, \alpha_k)$ 中有解. 为此, 一种确定松弛因子 λ_k 的策略 (Xie J L et al., 2002) 是: 取 λ_k 满足

$$\hat{G}_k(0) = G_k(0) + \lambda_k(G_k(0) - G_k(\alpha_k)) = -\hat{\sigma}\delta^2, \tag{3.1.36}$$

其中 $\hat{\sigma} \in \left(0, \dfrac{1}{2}\right)$ 是一个任意实数. 根据这一策略, 我们很容易知道

$$\lambda_k = \frac{G_k(0) + \hat{\sigma}\delta^2}{G_k(\alpha_k) - G_k(0)}. \tag{3.1.37}$$

我们知道 $G_k(\alpha)$ 是严格单调增加的且 $G_k'(\alpha) > 0$, 则可得 $1 + \lambda_k > 0$, 这又意味着

$$\hat{G}_k'(\alpha) > 0. \tag{3.1.38}$$

因此, $\hat{G}_k(\alpha)$ 保持了偏差函数 $G(\alpha)$ 的单调性, 且 $\hat{G}_k(\alpha) = 0$ 在 $(0, \alpha_k)$ 内有唯一解.
　　这里, 我们提出一种不同的确定松弛因子 λ_k 的策略, 即取 λ_k 使得

$$\hat{G}_k(0) = -\hat{\sigma}|G_k(0)|, \tag{3.1.39}$$

其中 $\hat{\sigma} \in \left(0, \dfrac{1}{2}\right)$ 是一个任意实数. 从式 (3.1.39), 我们很容易得到

$$\lambda_k = \frac{G_k(0) + \hat{\sigma}|G_k(0)|}{G_k(\alpha_k) - G_k(0)}. \tag{3.1.40}$$

同理, 可得到 $1 + \lambda_k > 0$ 和

$$\hat{G}_k'(\alpha) > 0. \tag{3.1.41}$$

因此, 在我们提出的松弛因子选取策略下, $\hat{G}_k(\alpha)$ 也保持了单调性且松弛偏差方程 $\hat{G}_k(\alpha) = 0$ 在 $(0, \alpha_k)$ 内唯一可解.

现在, 我们通过图形来分析上面两种策略的不同之处和优劣. 在图 3.1 和图 3.2 中, (a) 表示文献 (Xie J L et al., 2002) 提出的松弛策略的结果, 而 (b) 是本书提出的松弛策略的结果. 从图 3.1, 我们可以看出, 两种松弛策略的效率相当.

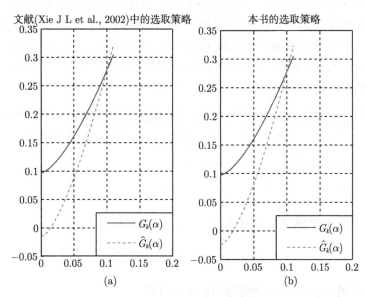

图 3.1 当 $G_k(0) > 0$ 时 $G_k(\alpha)$ 和 $\hat{G}_k(\alpha)$ 的图形, 其中 $\hat{\sigma} = 0.25$

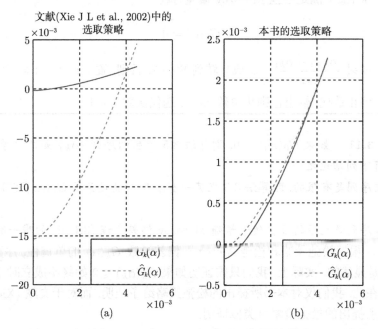

图 3.2 当 $G_k(0) < 0$ 时 $G_k(\alpha)$ 和 $\hat{G}_k(\alpha)$ 的图形, 其中 $\hat{\sigma} = 0.25$

这里的效率是指松弛 Morozov 偏差方程的解越小效率越高, 这样算法的计算机程序将在更少的迭代次数内停止. 此时, 不考虑算法的精度问题. 然而, 从图 3.1 则明显看出, 当 $-\delta^2 \leqslant G_k(0) < 0$ 时, 本书提出的松弛策略的效率要比文献 (Xie J L et al., 2002) 所提出的高得多, 或者说收敛得更快, 即所得到的松弛 Morozov 偏差方程解要小得多; 但若 $G_k(0) \leqslant -\delta^2$, 则情形相反. 根据 (3.1.30) 及 $F(\alpha)$ 的定义可知, 当 $c = 1$ 时对于线性模型函数不会出现 $G_k(0) \leqslant -\delta^2$ 的情况. 后面的数值算例也表明对于指数型模型函数来说, 本书提出的松弛策略收敛得更快. 这一结论为后面的组合线性模型函数方法提供了支撑, 详细讨论见下一小节.

算法 3.5　基于线性模型函数 $m_2(\alpha)$ 和松弛策略的改进算法

给定 $\alpha_0 > 0$ 且 $G_0(\alpha_0) > 0$ 和 $\varepsilon > 0$, 置 $k = 0$.

Step 1　求解正规方程 $(\alpha_k I + K^*K)x = K^*y^\delta$ 得到 $x(\alpha_k)$.

Step 2　计算参数 $C_k = \dfrac{1}{2}\|x(\alpha_k)\|^2$, $T_k = \dfrac{1}{2}\|Kx(\alpha_k) - y^\delta\|^2$.

Step 3　令第 k 个模型函数为 $F_k(\alpha) = C_k\alpha + T_k$, 计算

$$G_k(\alpha_k) = F_k(\alpha_k) + (\alpha_k^\gamma - \alpha_k)F_k'(\alpha_k) - \frac{c}{2}\delta^2.$$

Step 4　如果 $G_k(\alpha_k) \leqslant 0$, 则转到 Step 7; 否则

Step 5　求 α_{k+1} 满足松弛 Morozov 偏差方程

$$\hat{G}_k(\alpha) = 0.$$

Step 6　如果 $\dfrac{|\alpha_{k+1} - \alpha_k|}{\alpha_{k+1}} < \varepsilon$ 成立转到 Step 7; 否则, 置 $k := k + 1$ 转到 Step 1.

Step 7　停止迭代, 输出正则化参数 α_{k+1}, 迭代次数 $k + 1$.

定理 3.11　如果 $G_0(\alpha_0) > 0$, 则算法 3.5 产生的序列 $\{\alpha_k\}$ 是严格单调递减的, 且仅有下列结论之一成立.

(1) 该序列是有限的, 即算法 3.5 在某一有限步 k 满足条件 $G_k(\alpha_k) \leqslant 0$ 而终止迭代.

(2) 该序列是无限的且收敛于精确 Morozov 偏差方程 (3.1.12) 的唯一解 α^*.

证明　根据松弛策略和松弛 Morozov 偏差函数 $\hat{G}_k(\alpha)$ 的单调性, 序列 $\{\alpha_k\}$ 的存在性是显然的. 实际上, 我们只需证明如果 $G_k(\alpha_k) \leqslant 0$ 始终不成立时 $\{\alpha_k\}$ 收敛于 α^*. 在此, 我们仅对本书所提出的松弛策略给予证明, 而对于文献 (Xie J L et al., 2002) 所提出的松弛策略可类似证明.

因此, 我们可设对所有的 k 都有 $G_k(\alpha_k) > 0$, 也就是 $\hat{G}_k(\alpha_k) = G_k(\alpha_k) >$

$0, \forall k$. 由于 $\hat{G}_k(\alpha)$ 的严格单调性, 通过求解松弛 Morozov 偏差方程 (3.1.35) 得到的 α_{k+1} 满足 $\alpha_{k+1} < \alpha_k$. 所以, 序列 $\{\alpha_k\}$ 是严格单调增加的. 另一方面, 有 $G(\alpha_k) = G_k(\alpha_k)$, 所以 $G(\alpha_k) > 0$. 又 $G(\alpha^*) = 0$ 以及 $G(\alpha)$ 的严格单调性, 即知 $\alpha_k > \alpha^*, \forall k$. 因此, 序列 $\{\alpha_k\}$ 是收敛的.

令 $\lim\limits_{k \to \infty} \alpha_k = \hat{\alpha}$. 为了证明 $\hat{\alpha} = \alpha^*$, 我们只需证明 $G(\hat{\alpha}) = 0$. 从 $G(\alpha)$ 和 $G_k(\alpha)$ 的定义, 我们可以推出

$$G(\hat{\alpha}) = \lim_{k \to \infty} G(\alpha_{k+1}) = \lim_{k \to \infty} G_{k+1}(\alpha_{k+1}) = \lim_{k \to \infty} G_k(\alpha_{k+1}). \tag{3.1.42}$$

上式意味着 $\lim\limits_{k \to \infty} (G_k(\alpha_{k+1}) - G_k(\alpha_k)) = 0$. 而 α_{k+1} 满足

$$G_k(\alpha_{k+1}) + \lambda_k(G_k(\alpha_{k+1}) - G_k(\alpha_k)) = 0. \tag{3.1.43}$$

通过直接计算, 可得

$$\lambda_k = \frac{G_k(0) + \hat{\sigma}|G_k(0)|}{G_k(\alpha_k) - G_k(0)} = \frac{(1 + \hat{\sigma}\mathrm{sign}(G_k(0)))\left(T_k - \dfrac{c}{2}\delta^2\right)}{C_k \alpha_k^\gamma},$$

这里 sign 表示符号函数. 根据 C_k 和 T_k 的定义及其连续性, 上式表明当 $\alpha_k \to \hat{\alpha} \in (0,1)$ 时, $\{\lambda_k\}$ 也是收敛的.

现在, 我们可以在 (3.1.43) 两边取极限, 再由 (3.1.42) 即得 $G(\hat{\alpha}) = 0$. □

类似地, 我们可以得到关于指数型模型函数 $m_3(\alpha)$ 和对数型模型函数 $m_5(\alpha)$ 的基于二分法的改进算法. 但是, 我们在数值实验时发现, 是否嵌入二分法对这两种算法 (算法 3.2 和算法 3.3) 来说, 作用不是很明显. 所以, 不再列出. 但是, 二分法对于线性模型函数的作用是非常明显的, 特别是表现在 $G_0(\alpha_0) < 0$ 的情形下, 此时若不用二分法, 算法将在比较少的迭代步数内由于 $G_k(\alpha_k) \geqslant 0$ 而停止, 而此时得到的正则化参数往往比精确解大得多.

同样, 对于指数型模型函数, 可以得到基于松弛策略改进算法. 因为松弛策略解决了算法 3.2 的局部稳定性, 所以它的作用是显然的. 为此, 我们将基于松弛策略和模型函数 $m_3(\alpha)$ 的算法列出, 而收敛性结论与定理 3.11 相同故不再写出. 根据图 3.1 和图 3.2, 我可以知道在基于松弛策略的改进算法 3.5 和改进算法 3.6 中, 算法收敛速度依赖于松弛因子 σ 的大小, 这一结论在数值实验中也得到验证. 当松弛因子偏大时, 停止条件 $G_0(\alpha_0)G_k(\alpha_k) \leqslant 0$ 常常不发生, 且收敛速度慢; 而当松弛因子太小时则可能过早发生, 且导致最后得到的正则化参数远远小于精确 Morozov 偏差方程的精确解, 得不到满意的正则化参数. 但我们需要注意的是, 不能将松弛策略引入到对数型模型函数的算法中去, 这是因为此时 $G_k(0)$ 不存在.

算法 3.6　　基于指数型模型函数 $m_3(\alpha)$ 和松弛策略的改进算法

给定 $\alpha_0 > 0$ 且 $G_0(\alpha_0) > 0$ 和 $\varepsilon > 0$, 置 $k = 0$.

Step 1　求解正规方程 $(\alpha_k I + K^* K) x = K^* y^\delta$ 得到 $x(\alpha_k)$.

Step 2　计算参数 $C_k = -\dfrac{e\alpha_k}{2} \|x(\alpha_k)\|^2$, $T_k = \dfrac{1}{2} \|y^\delta\|^2 - \dfrac{1}{2} \|Kx(\alpha_k)\|^2$.

Step 3　令第 k 个模型函数为 $F_k(\alpha) = C_k e^{-\frac{\alpha}{\alpha_k}} + T_k$, 计算

$$G_k(\alpha_k) = F_k(\alpha_k) + (\alpha_k^\gamma - \alpha_k) F_k'(\alpha_k) - \frac{c}{2}\delta^2.$$

Step 4　如果 $G_k(\alpha_k) \leqslant 0$, 则转到 Step 7; 否则

Step 5　求 α_{k+1} 满足松弛 Morozov 偏差方程

$$\hat{G}_k(\alpha) = 0.$$

Step 6　如果 $\dfrac{|\alpha_{k+1} - \alpha_k|}{\alpha_{k+1}} < \varepsilon$ 成立, 转到 Step 7; 否则, 置 $k := k+1$ 转到 Step 1.

Step 7　停止迭代, 输出正则化参数 α_{k+1}, 迭代次数 $k+1$.

3.1.6　组合模型函数方法

在线性模型函数的改进算法 3.4 中, 我们指出, 对于小规模线性代数方程组或者不适定性不是很严重的问题, 在实际计算时可以取 $\alpha_0 = 0$, 但是这在理论分析中的无穷维空间是不可行的, 同时对于大规模的严重不适定的线性代数方程组也是无法保证的. 另一方面, 当所给迭代初始值 α_0 满足 $G_0(\alpha_0) > 0$ 时, 该算法又是局部稳定的. 为克服局部收敛性, 提出了基于松弛策略的改进算法 3.5. 改进后的算法对于满足 $G_0(\alpha_0) > 0$ 的 α_0 都是可行的, 且最后得到的正则化参数收敛到精确解; 否则会在某一步满足 $G_k(\alpha_k) \leqslant 0$ 而停止, 显然该正则化参数 α_k 可以作为算法 3.4 的初值. 这就是组合算法 3.7 和组合算法 3.8 的设计思想. 显然, 组合算法 3.7 和算法 3.8 是真正意义上全局收敛的, 即算法的迭代初值取 $(0, +\infty)$ 中的任一实数, 算法都将收敛到精确 Morozov 偏差方程的唯一解.

3.1.7　数值算例

这一节将给出两个数值例子来验证所提出的各种模型函数算法的有效性及其各自特点. 第一个数值例子是严重不适定的, 而第二个数值例子是温和不适定的. 计算结果表明新的模型函数算法能获得较好的正则化参数, 特别是基于线性模型函数的算法具有精度高和速度快的优点.

在以下所有数值例子中, Morozov 偏差方程中均取 $c = 1$, 停止准则均取 $\varepsilon =$

算法 3.7 两次线性模型函数的组合算法

给定 $\alpha_0 > 0$ 和 $\varepsilon > 0$, 置 $k = 0$.

if $G_k(\alpha_k) > 0$ **then**

  执行算法 3.5

else

  执行算法 3.4

end if

算法 3.8 线性与双曲型模型函数的组合算法

给定 $\alpha_0 > 0$ 和 $\varepsilon > 0$, 置 $k = 0$.

if $G_k(\alpha_k) > 0$ **then**

  执行文献 (Xie J L et al., 2002) 中的 "双参数算法 III"

else

  执行算法 3.4

end if

10^{-3}. 我们不仅对比了本书所提出的各种算法, 也与文献 (Xie J L et al., 2002) 的 "双参数算法 III" 计算结果进行了对比. 在以下的所有表格中, α_{opt} 代表最优正则化参数, 它是通过二分法由极小化泛函 $\|x(\alpha) - x^*\|_{l^2}$ 得到的 (Kunisch K et al., 1998). α_M 是精确的吸收 Morozov 偏差方程 (3.1.12) 的解. $\alpha_{L1}, \alpha_{L2}, \alpha_{L3}, \alpha_{E1}, \alpha_{E2}, \alpha_{\mathrm{Log}}, \alpha_{\mathrm{hyb1}}, \alpha_{\mathrm{hyb2}}$ 分别代表算法 3.1—算法 3.8 所计算出的正则化参数, 而 $\mathrm{it}_{L1}, \mathrm{it}_{L2}, \mathrm{it}_{L3}, \mathrm{it}_{E1}, \mathrm{it}_{E2}, \mathrm{it}_{\mathrm{Log}}, \mathrm{it}_{\mathrm{hyb1}}, \mathrm{it}_{\mathrm{hyb2}}$ 则分别代表它们对应的迭代次数. α_H 和 it_H 则是分别代表文献 (Xie J L et al., 2002) 中的 "双参数算法 III" 所计算出的正则化参数和迭代次数. $\alpha_{\mathrm{Lcurve}}, \alpha_{\mathrm{GCV}}$ 分别代表由正则化参数选取的 L-曲线方法 (Hansen P C, 1994; Engl H W et al., 1994) 和 GCV 方法 (Hansen P C, 1994) 所得到的正则化参数. "trig=0" 表示算法中的停止条件 $G_0(\alpha_0)G_k(\alpha_k) \leqslant 0$ 发生导致算法终止, 而 "trig=1" 则表示算法中的停止条件 $\dfrac{|\alpha_{k+1} - \alpha_k|}{\alpha_{k+1}} < \varepsilon$ 发生而使得算法终止.

算例 1(Hansen P C, 1994) 考虑第一类具有对称核的 Fredholm 积分方程

$$\int_0^1 \sqrt{s^2 + t^2} f(t)dt = g(s) := \frac{1}{3}\left((1+s^2)^{\frac{3}{2}} - s^3\right), \quad s \in [0,1]. \tag{3.1.44}$$

方程 (3.1.44) 的精确解是 $f(t) = t$. 我们通过下述方式来获得模拟的测量数据 $g^\delta(s)$, 即

$$g^\delta(s) = g(s) + \hat{\delta}R(s), \tag{3.1.45}$$

其中 $\hat{\delta}$ 为误差水平, $R(s)$ 是符合标准正态分布的随机函数. 这是一个严重不适定问题, 即它的小奇异值不满足 Picard 条件. 图 3.3 是方程离散后得到的线性代数方程组的奇异值特性, 其中 (a) 表示右端项为精确数据 $b = \{g(s_j)\}$ 时 $|u_i^{\mathrm{T}} b|/\sigma_i$ 的变化情况, (b) 表示右端项为扰动数据 $b = \{g^\delta(s_j)\}$ 时 $|u_i^{\mathrm{T}} b^{\hat{\delta}}|/\sigma_i$ 的变化情况, 其中误差水平为 $\hat{\delta} = 0.01$. 可以看出 $|u_i^{\mathrm{T}} b|/\sigma_i$ 和 $|u_i^{\mathrm{T}} b^{\hat{\delta}}|/\sigma_i$ 都不随着 $\sigma_i \to 0$ 而递减, 即不满足离散 Picard 条件, 所以该问题是严重不适定的. 方程 (3.1.44) 中积分是采取数值积分的中点公式在区间 $[0,1]$ 的 256 个等分区间上计算的.

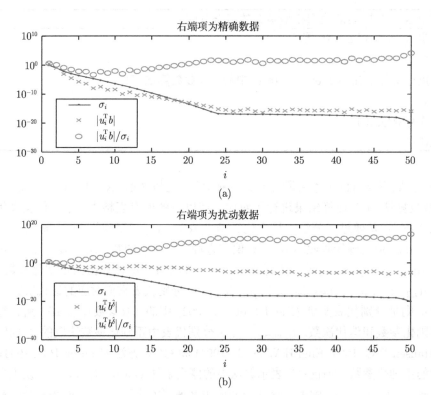

图 3.3   方程 (3.1.44) 的不适定程度

本书所提出的各种模型函数算法和 "双参数算法 III" (Xie J L et al., 2002) 计算出的正则化参数结果见表 3.1—表 3.3, 其中算法的迭代初始值取 $\alpha_0 = 0$, $\alpha_0 = 0.1$ 或者更大的 α_0. 值得注意的是, 组合算法 3.7 对于任意的初值 $\alpha_0 > 0$ 都是收敛的, 这在表 3.1 中得到体现; 而组合算法 3.8 则不然, 表 3.1 表明 $\alpha_0 = 0.3$ 是收敛的, 但在实验中 $\alpha_0 = 0.4$ 时则算法失败, 即此时 "双参数算法 III" 无解.

表 3.1　算例 1 中正则化参数的计算结果, 其中在吸收 Morozov 偏差方程中吸收系数 $\gamma = 1.5$, 松弛策略采用本书提出的方法, 且松弛因子取 $\hat{\sigma} = 0.25$

α_0	$\hat{\delta}$	0.005	0.01	0.05	0.1
	α_{opt}	4.4203e−005	1.0190e−004	1.7783e−003	3.5511e−003
	α_M	3.0944e−005	7.4037e−005	5.4745e−004	1.2268e−003
0	α_{L1}	5.1311e−005	7.2147e−005	6.6557e−004	1.6219e−003
	it_{L1}	3	4	4	4
	trig	0	1	0	0
0	α_{L2}	3.0131e−005	7.3269e−005	5.4219e−004	1.2236e−003
	it_{L2}	9	11	12	12
	trig	1	1	1	1
0.1	α_{L3}	1.2060e−005	5.2558e−005	5.1881e−004	4.7190e−004
	it_{L3}	5	4	3	3
	trig	0	0	0	0
0.1	α_{E1}	3.4270e−005	7.9083e−005	5.5801e−004	1.2398e−003
	it_{E1}	433	300	114	72
	trig	1	1	1	1
0.1	α_{E2}	3.1696e−005	7.5147e−005	5.4938e−004	1.2285e−003
	it_{E2}	147	101	37	23
	trig	1	1	1	1
0.1	α_{Log}	3.4266e−005	7.9040e−005	5.5827e−004	1.2399e−003
	$\mathrm{it}_{\mathrm{Log}}$	437	304	116	74
	trig	1	1	1	1
5	α_{hyb1}	3.0949e−005	7.4047e−005	5.4755e−004	1.2271e−003
	$\mathrm{it}_{\mathrm{hyb1}}$	23	22	17	17
0.3	α_{hyb2}	3.0949e−005	7.4046e−005	5.4729e−004	1.2266e−003
	$\mathrm{it}_{\mathrm{hyb2}}$	19	18	15	12
0.1	α_H	1.5008e−005	4.0854e−005	5.1939e−004	6.2282e−004
	it_H	4	3	3	2
	trig	0	0	0	0
	α_{Lcurve}	6.8409e−003	1.0416e−002	6.1073e−002	1.3058e−001
	α_{GCV}	8.7879e−003	1.1921e−002	2.3013e−002	3.1984e−002

表 3.2　算例 1 中两种松弛策略的比较, 其中 $\gamma = 1.5$, 松弛因子取 $\hat{\sigma} = 0.25$. $\alpha_H^z, \alpha_{E2}^z$ 代表文献 (Xie J L et al., 2002) 中方法的计算结果, $\alpha_H^m, \alpha_{E2}^m$ 代表本书方法的计算结果

α_0	$\hat{\delta}$	0.005	0.01	0.05	0.1
	α_{opt}	4.4203e−005	1.0190e−004	1.7783e−003	3.5511e−003
	α_M	3.0944e−005	7.4037e−005	5.4745e−004	1.2268e−003
0.1	α_{L3}^m	1.2060e−005	5.2558e−005	5.1881e−004	4.7190e−004
	it_{L3}^m	5	4	3	3
	trig	0	0	0	0
0.1	α_{L3}^z	3.6303e−005	8.8008e−005	6.5330e−004	1.4676e−003
	it_{L3}^z	286	291	294	304
	trig	1	1	1	1
0.1	α_{E2}^m	3.1696e−005	7.5147e−005	5.4938e−004	1.2285e−003
	it_{E2}^m	147	101	37	23
	trig	1	1	1	1
0.1	α_{E2}^z	3.5899e−005	8.6889e−005	6.4407e−004	1.4439e−003
	it_{E2}^z	275	280	279	286
	trig	1	1	1	1
0.1	α_H^m	1.5008e−005	4.0854e−005	5.1939e−004	6.2282e−004
	it_H^m	4	3	3	2
	trig	0	0	0	0
0.1	α_H^z	3.6348e−005	8.8085e−005	6.5483e−004	1.4718e−003
	it_H^z	286	292	296	307
	trig	1	1	1	1

表 3.3　不同误差 $\hat{\delta}$ 和松弛因子 $\hat{\sigma}$ 下算法 3.6 的计算结果, 其中 $\gamma = 1.5$, $\alpha_0 = 0.1$

$\hat{\sigma}$	$\hat{\delta}$	0.005	0.01	0.05	0.1
0.01	α_{E2}	3.0944e−005	7.2361e−005	3.6006e−004	8.5474e−004
	it_{E2}	10	6	3	2
	trig	1	0	0	0
0.1	α_{E2}	3.1214e−005	7.4408e−005	5.4784e−004	1.2269e−003
	it_{E2}	70	48	17	10
	trig	1	1	1	1
0.25	α_{E2}	3.1696e−005	7.5147e−005	5.4938e−004	1.2285e−003
	it_{E2}	147	101	37	23
	trig	1	1	1	1

对于这个严重的不适定问题 (3.1.44), f 的重建效果见图 3.4. 从图 3.4 可以看出, 对于较小的误差水平 $\hat{\delta}$, 线性模型函数的基本算法 3.1 的相对误差 $\dfrac{\|f - f^{\hat{\delta}, \alpha}\|_{l^2}}{\|f\|_{l^2}}$ 接近最优.

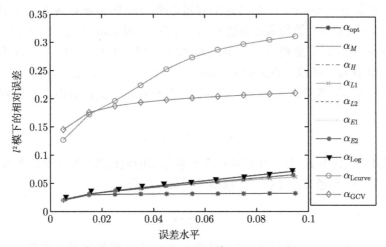

图 3.4 不同正则化参数得到的相对误差 $\dfrac{\|f - f^{\hat{\delta}, \alpha}\|_{l^2}}{\|f\|_{l^2}}$ 和误差水平 $\hat{\delta}$ 的关系图, $\gamma = 1.5$

在图 3.5 中, 我们给出了不同的吸收系数 γ 下正则化参数 α 和误差水平 δ 之间的关系, 其中正则化参数是由基于线性模型函数的改进算法 3.4 计算得到. 实际上, 本书的其他算法也有类似的结果. 从这个例子, 可以看出较大的吸收系数 γ 更接近最优.

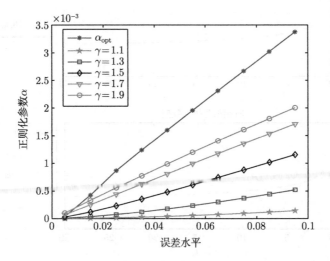

图 3.5 算法 3.4 在不同吸收系数 γ 和不同误差水平下的正则化参数 (算例 1)

算例 2   考虑积分方程

$$z(h) = 2 \int_0^h \sqrt{2g(h-y)} f(y) dy, \quad h \in [0,1], \tag{3.1.46}$$

其中重力常数 $g = 9.80 \text{ms}^{-2}$. 所考虑的问题是从 $z(h)$ 的测量数据重建 $f(y)$.

由图 3.6 可知该问题是满足离散 Picard 条件的. 我们取 $f(y) = e^{-y}(2\pi \cos(\pi y) + (\pi^2 - 1)\sin(\pi y))$, 而测量数据 $z(h)$ 由方程 (3.1.46) 模拟得到, 即 $n = 256$ 等分区间 $[0,1]$ 然后计算每个离散节点上的值 $z(h_i), i = 1, 2, \cdots, n$. 这里在计算 $z(h_i)$ 时, 我们首先以步长 $\dfrac{1}{5n}$ 等分区间 $[0, h_i]$, 然后利用复化梯形公式计算出 $z(h_i)$. 再按下述方式

$$z^\delta(h_i) = z(h_i) + \hat{\delta} R_i$$

加入随机误差, 其中 R_i 是一个服从标准正态分布的随机数. 为避免反演问题陷阱, 我们以步长 $\dfrac{1}{2n}$ 离散方程 (3.1.46) 成线性代数方程组

$$Af = z, \tag{3.1.47}$$

其中 A 是一个 $n \times 2n$ 的矩阵, f, z 分别是 $2n$ 和 n 维的向量. 本算例的计算结果列于表 3.4 和表 3.5. 从表中可以看出, 我们提出的算法是有效的. 考虑到正则化参数的精度和迭代步数, 进一步可以看出基于线性模型函数的改进算法 3.4 是最好的.

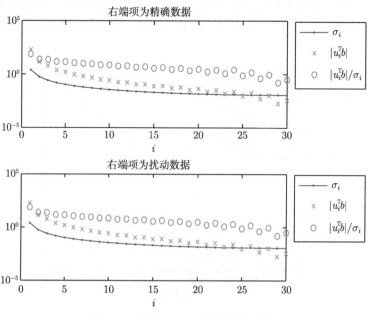

图 3.6   方程 (3.1.46) 的不适定程度

表 3.4 算例 2 中正则化参数的计算结果, 其中在吸收 Morozov 偏差方程中吸收系数 $\gamma = 1.3$, 且在计算 α_H, α_{E2} 时松弛因子取 $\hat{\sigma} = 0.25$

α_0	$\hat{\delta}$	0.005	0.01	0.05	0.1
	α_{opt}	4.8955e−005	1.1344e−004	7.3513e−004	1.4111e−003
	α_M	5.2333e−006	1.1775e−005	7.3321e−005	1.5895e−004
0	α_{L1}	7.5061e−006	1.1912e−005	1.1663e−004	2.4631e−004
	it$_{L1}$	2	3	3	3
	trig	0	0	0	0
0	α_{L2}	5.2327e−006	1.1728e−005	7.3309e−005	1.5879e−004
	it$_{L2}$	9	6	10	12
	trig	1	1	1	1
0.1	α_{L3}	7.1988e−008	1.8860e−006	6.1029e−005	5.3776e−005
	it$_{L3}$	3	3	2	2
	trig	0	0	0	0
0.1	α_{E1}	5.3478e−006	1.1973e−005	7.3985e−005	1.5996e−004
	it$_{E1}$	183	145	85	68
	trig	1	1	1	1
0.1	α_{E2}	4.9136e−006	7.9364e−006	5.7860e−005	6.9301e−005
	it$_{E2}$	5	5	3	3
	trig	0	0	1	1
0.1	α_{Log}	5.3447e−006	1.1972e−005	7.3925e−005	1.5993e−004
	it$_{\mathrm{Log}}$	188	149	89	71
	trig	1	1	1	1
5.0	α_{hyb1}	5.2344e−006	1.1777e−005	7.3295e−005	1.5889e−004
	it$_{\mathrm{hyb1}}$	18	18	16	18
1.7	α_{hyb2}	5.2345e−006	1.1770e−005	7.3338e−005	1.5889e−004
	it$_{\mathrm{hyb2}}$	16	15	13	14
0.1	α_H	9.6629e−007	3.6891e−006	2.0273e−005	4.2483e−006
	it$_H$	3	3	2	2
	trig	0	0	0	0
	α_{Lcurve}	1.9837e−003	2.4281e−003	9.2029e−003	1.6474e−002
	α_{GCV}	4.5374e−003	7.2800e−003	1.9290e−002	2.9160e−002

表 3.5 算例 2 中两种松弛策略的比较, 其中 $\gamma = 1.3$, 松弛因子取 $\hat{\sigma} = 0.25$. $\alpha_H^z, \alpha_{E2}^z$ 代表文献 (Xie J L et al., 2002) 中方法的计算结果, $\alpha_H^m, \alpha_{E2}^m$ 代表本书方法的计算结果

α_0	$\hat{\delta}$	0.005	0.01	0.05	0.1
	α_{opt}	4.8955e−005	1.1344e−004	7.3513e−004	1.4111e−003
	α_M	5.2333e−006	1.1775e−005	7.3321e−005	1.5895e−004
0.1	α_{L3}^m	7.1988e−008	1.8860e−006	6.1029e−005	5.3776e−005
	it$_{L3}^m$	3	3	2	2
	trig	0	0	0	0
0.1	α_{L3}^z	5.2334e−006	1.1778e−005	7.3466e−005	1.5952e−004
	it$_{L3}^z$	5	8	18	25
	trig	1	1	1	1
0.1	α_{E2}^m	4.9136e−006	7.9364e−006	5.7860e−005	6.9301e−005
	it$_{E2}^m$	5	5	3	3
	trig	0	0	1	1
0.1	α_{E2}^z	5.2335e−006	1.1779e−005	7.3476e−005	1.5949e−004
	it$_{E2}^z$	5	8	18	25
	trig	1	1	1	1
0.1	α_H^m	9.6629e−007	3.6891e−006	2.0273e−005	4.2483e−006
	it$_H^m$	3	3	2	2
	trig	0	0	0	0
0.1	α_H^z	5.2334e−006	1.1778e−005	7.3466e−005	1.5952e−004
	it$_H^z$	5	8	18	25
	trig	1	1	1	1

　　从表 3.1—表 3.5 可以看出, 本书所提出的算法是有效的, 特别是基于线性模型函数算法 3.1、改进算法 3.4 以及组合算法 3.7, 不管是从收敛速度还是从精度来看, 它们都是非常好的. 表 3.2 和表 3.5 表明了本书所提出的松弛策略使得算法收敛得更快, 非常适用于为改进算法 3.4 提供初值, 同时还显示出来本书所提出的松弛策略是自适应的, 即随着误差水平的提高所需迭代步数反而呈下降趋势, 这其中的原因正如图 3.2 所示. 但是, 文献 (Xie J L et al., 2002) 提出的策略随着误差水平的提高, 迭代步数则是递增的. 从这些方面, 可以说我们提出的松弛策略优于文献 (Xie J L et al., 2002) 的策略. 表 3.2 显示参数 $\hat{\sigma}$ 对松弛算法的速度是有显著影响的, 它越小算法的速度越快, 但精度越差. 最后, 值得提出的是组合算法 3.7 具有非常好的优越性, 因为它是真正意义上全局收敛的. 在一般反演问题研究中, 数值模拟算例的规模往往不大, 所以可以采用组合算法 3.7, 而无须考虑迭代初值等问题.

图 3.4 和图 3.7 表明基于模型函数的正则化参数能够很好地重建反演问题的解. 图 3.5 和图 3.8 则显示出在吸收 Morozov 偏差原则中吸收系数 γ 有着重要的影响, 较大的吸收系数比较小的好.

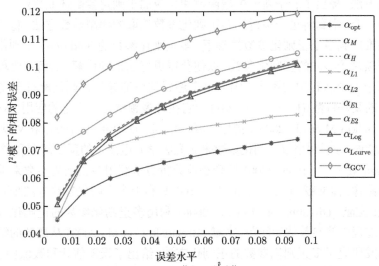

图 3.7 不同正则化参数得到的相对误差 $\dfrac{\|f - f^{\hat{\delta},\alpha}\|_{l^2}}{\|f\|_{l^2}}$ 和误差水平 $\hat{\delta}$ 的关系图, $\gamma = 1.3$

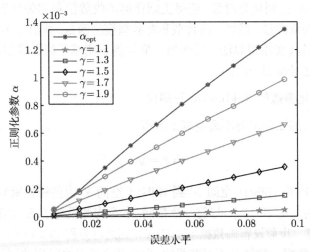

图 3.8 算法 3.4 在不同吸收系数 γ 和不同误差水平下的正则化参数 (算例 2)

3.2　多正则化参数选取的模型函数方法

上一节讨论了线性不适定问题的 Tikhonov 正则化方法中的正则化参数选取的模型函数方法, 提出了若干新的模型函数和相应的正则化参数选取算法, 但正则化参数只有一个. 本章将进一步讨论多正则化参数选取的模型函数方法, 将单参数的模型函数推广到多个正则化参数情形下. 多正则化参数的 Tikhonov 正则化方法对多个惩罚项赋予不同的正则化参数, 以便获得更好的正则化解, 从而克服单正则化参数只赋予一个惩罚项的不足 (因为单个惩罚项可能导致正则化解过于光滑而不能保持解的某些特性)(Lu S et al., 2011). 它在许多领域有着广泛的应用 (Xu P L et al., 2006; Belkin M et al., 2006), 例如文献 (Brooks D H et al., 1999) 和文献 (Belkin M et al., 2006) 分别利用双正则化参数来研究医学心电图中的反演问题和学习问题; 文献 (Belge M et al., 1998, 2000) 结合小波分析方法利用多正则化参数来重建被噪声污染的图像; 而文献 (Doicu A et al., 2005) 则利用多正则化参数方法来研究大气遥感问题; 文献 (Düvelmeyer D et al., 2006) 利用多正则化参数的正则化方法研究跳跃扩散过程中的参数估计问题; 文献 (Brezinski C et al., 2003) 从离散的线性代数方程组出发研究了多正则化参数的正则化方法, 给出了误差估计和数值例子. 在上述研究中, 多正则化参数大多是利用 L-曲面方法 (Belge M et al., 2002) 来确定的.

本节主要研究多正则化参数选取的模型函数方法 (Wang Z, 2012), 以双正则化参数的 Tikhonov 正则化为对象, 获得正则化解的收敛性和相关性质, 构造两个正则化参数选取的双曲型、线性、指数型和对数型模型函数, 并给出多正则化参数的模型函数算法及其实用型算法. 后面的数值算例表明基于线性模型函数与指数型模型函数的算法是值得采用的.

3.2.1　多正则化参数的 Tikhonov 正则化

本节主要目的还是求解不适定算子方程

$$Kx = y, \tag{3.2.1}$$

其中 $K: X \to Y$ 是 Hilbert 空间 X 到 Hilbert 空间 Y 上的线性紧算子, 其上的范数和内积均记为 $\|\cdot\|$ 和 $(\cdot, \cdot)$. 与前一章相同, 本章均假设算子 K 是单的, 且 $K(X)$ 在 Y 中稠密. 进一步假设精确数据 $y \in K(X)$, 则此时方程 (3.2.1) 存在唯一解 $\hat{x}$. 实际应用中, 精确数据 y 往往是不可获得的, 取而代之的是含噪声的测量数据 $y^\delta \in Y$, 且 $\|y - y^\delta\| \leqslant \delta$. 多正则化参数的 Tikhonov 正则化方法是指极小化泛函

$$J(\alpha, \beta_1, \beta_2, \cdots, \beta_k; x) = \alpha \|x\|^2 + \sum_{j=1}^{k} \beta_j \|H_j x\|^2 + \|Kx - y^\delta\|^2, \tag{3.2.2}$$

所得极小元称为不适定方程 (3.2.1) 的正则化解, 记为 $x(\alpha, \beta_1, \cdots, \beta_k)$, 其中 α, β_j, $j = 1, 2, \cdots, k$ 是正则化参数.

本章主要考虑 $k = 1$ 的情形, 即定义不适定算子方程 (3.2.1) 的正则化解为泛函

$$J(\alpha, \beta; x) = \alpha\|x\|^2 + \beta\|Hx\|^2 + \|Kx - y^\delta\|^2 \tag{3.2.3}$$

的极小元, 记为 $x(\alpha, \beta)$, 其中 H 是 Hilbert 空间 X 上的有界线性算子, 且满足: ① H 是自共轭的, 即 $(Hx, z) = (x, Hz)$, $\forall x, z \in X$; ② H 及其自共轭算子 H^* 的定义域 $\mathcal{D}(H_j)$ 和 $\mathcal{D}(H_j^*)$ 在 X 中稠密. 之所以定义方程 (3.2.1) 的正则化解为泛函 (3.2.3) 的极小元, 而不是定义为单正则化参数泛函 (2.2.3) 的极小元, 这其中的另一种解释是知道了解的先验信息, 即预知了方程 (3.2.1) 的解是属于 H 的核空间.

定理 3.12 设 K 和 H 如上所述, 对给定的正则化参数 $\alpha > 0$ 和 $\beta > 0$, 双正则化参数的正则化泛函 $J(\alpha, \beta; x)$ 存在唯一的极小元 $x(\alpha, \beta) \in X$, 且该极小元 $x(\alpha, \beta)$ 是正则化方程

$$(\alpha I + \beta H^2 + K^*K)x = K^*y^\delta \tag{3.2.4}$$

的唯一解, 这里 I 是单位算子.

证明 设 $\{x_n\}$ 是 Hilbert 空间 X 中泛函 $J(\alpha, \beta; x)$ 的极小化序列, 即

$$J(\alpha, \beta; x_n) \to J_0 := \inf_{x \in X} J(\alpha, \beta; x).$$

下证 $\{x_n\}$ 是一个 Cauchy 序列. 事实上, 直接计算可得

$$\begin{aligned} J(\alpha, \beta; x_n) + J(\alpha, \beta; x_m) = {}& 2J\left(\alpha, \beta; \frac{1}{2}(x_n + x_m)\right) + \frac{1}{2}\|K(x_n - x_m)\|^2 \\ & + \frac{\beta}{2}\|H(x_n - x_m)\|^2 + \frac{\alpha}{2}\|x_n - x_m\|^2 \\ \geqslant {}& 2J_0 + \frac{\alpha}{2}\|x_n - x_m\|^2. \end{aligned}$$

注意到上述不等式的左边当 $n, m \to +\infty$ 时趋于 $2J_0$, 所以 $\{x_n\}$ 是个 Cauchy 序列. 又 X 是 Hilbert 空间, 自然 $\{x_n\}$ 是在 X 中收敛的. 设 $x(\alpha, \beta) = \lim_{n \to +\infty} x_n$, 且 $x(\alpha, \beta) \in X$. 由泛函 $J(\alpha, \beta; x)$ 的连续性, 可得

$$J_0 = J(\alpha, \beta; x(\alpha, \beta)) = \lim_{n \to +\infty} J(\alpha, \beta; x_n),$$

即证明了极小元 $x(\alpha, \beta)$ 的存在性.

接下来, 证明 $x(\alpha, \beta)$ 是正则化方程 (3.2.4) 的唯一解. 对任意 $x \in X$, 直接计算有

$$\begin{aligned} J(\alpha, \beta; x) - J(\alpha, \beta; x(\alpha, \beta)) = {}& 2\Re(\alpha x(\alpha, \beta) + H^2 x(\alpha, \beta) + K^*(Kx(\alpha, \beta) - y^\delta), x - x(\alpha, \beta)) \\ & + \alpha\|x - x(\alpha, \beta)\|^2 + \beta\|H(x - x(\alpha, \beta))\|^2 + \|K(x - x(\alpha, \beta))\|^2. \end{aligned}$$

已知 $x(\alpha,\beta)$ 是泛函 $J(\alpha,\beta;x)$ 的极小元, 令 $x = x(\alpha,\beta) + tz, z \in X, t > 0$ 代入上述等式, 得

$$0 \leqslant 2t\Re(\alpha x(\alpha,\beta) + H^2 x(\alpha,\beta) + K^*(Kx(\alpha,\beta) - y^\delta), z) + t^2\alpha\|z\|^2$$
$$+ t^2\beta\|Hz\|^2 + t^2\|Kz\|^2.$$

上式两边除以 t 并让 $t \to 0$, 则得 $\Re(\alpha x(\alpha,\beta) + H^2 x(\alpha,\beta) + K^*(Kx(\alpha,\beta) - y^\delta), z) \geqslant 0$. 由 z 的任意性, 即得 $\alpha x(\alpha,\beta) + H^2 x(\alpha,\beta) + K^*(Kx(\alpha,\beta) - y^\delta) = 0$. 反之, 如果 $x(\alpha,\beta)$ 满足正则化方程 (3.2.4), 则由上式可得 $J(\alpha,\beta;x) \geqslant J(\alpha,\beta;x(\alpha,\beta)), \forall x \in X$, 即 $x(\alpha,\beta)$ 是 $J(\alpha,\beta;x)$ 的极小元.

最后, 只需证明方程 (3.2.4) 的解是唯一的. 实际上, 根据 Riesz 第三定理 (刘继军, 2005) , 只需证明

$$(\alpha I + \beta H^2 + K^*K)x(\alpha,\beta) = 0$$

只有平凡解. 在上述齐次方程两边用 $x(\alpha,\beta)$ 作内积, 得

$$\alpha\|x(\alpha,\beta)\|^2 + \beta\|Hx(\alpha,\beta)\|^2 + \|Kx(\alpha,\beta)\|^2 = 0,$$

即 $\|x(\alpha,\beta)\| = 0$. 所以, 方程 (3.2.4) 的解是唯一的. □

定理 3.13　设 $K\hat{x} = y, \hat{x} \in X, y \in Y, y^\delta \in Y$ 且 $\|y - y^\delta\| \leqslant \delta < \|y^\delta\|$, $x(\alpha,\beta)$ 是方程 $Kx = y^\delta$ 的正则化解, 又设存在 $w \in Y$ 使得 $\hat{x} = K^*w \in K^*(Y)$, 且算子 H 与 K 可交换或者 $\hat{x} \in \ker\{H\}$. 则对于正则化参数 $\alpha \sim \delta, \beta \sim \delta$, 有

$$\|x(\alpha,\beta) - \hat{x}\| = O\left(\sqrt{\delta}\right)$$

和

$$\|Hx(\alpha,\beta) - H\hat{x}\| = O\left(\sqrt{\delta}\right).$$

证明　因为 $x(\alpha,\beta)$ 是 $J(\alpha,\beta;x)$ 的极小元, 且 $\|y - y^\delta\| \leqslant \delta$, 所以

$$\alpha\|x(\alpha,\beta)\|^2 + \beta\|Hx(\alpha,\beta)\|^2 + \|Kx(\alpha,\beta) - y^\delta\|^2 \leqslant \delta^2 + \alpha\|\hat{x}\|^2 + \beta\|H\hat{x}\|^2.$$

因此,

$$\|K(\alpha,\beta) - y^\delta\|^2 + \alpha\|x(\alpha,\beta) - \hat{x}\|^2 + \beta\|Hx(\alpha,\beta) - H\hat{x}\|^2$$
$$\leqslant \delta^2 + \alpha(\|x(\alpha,\beta) - \hat{x}\|^2 + \|\hat{x}\|^2 - \|x(\alpha,\beta)\|^2) + \beta(\|Hx(\alpha,\beta) - H\hat{x}\|^2$$
$$+ \|H\hat{x}\|^2 - \|Hx(\alpha,\beta)\|^2)$$
$$\leqslant \delta^2 + 2\alpha\Re(\hat{x}, \hat{x} - x(\alpha,\beta)) + 2\beta\Re(H\hat{x}, H(\hat{x} - x(\alpha,\beta)))$$
$$= \delta^2 + 2\alpha\Re(w, y - Kx(\alpha,\beta)) + 2\beta\Re(H^2w, (y - Kx(\alpha,\beta)))$$
$$\leqslant \delta^2 + (2\alpha\|w\| + 2\beta\|H^2w\|)\delta + (2\alpha\|w\| + 2\beta\|H^2w\|)\|Kx(\alpha,\beta) - y^\delta\|,$$

若 $\hat{x} \in \ker\{H\}$ 时, 上述第二个不等式最后一项为零. 上述结论即为

$$\|K(\alpha,\beta) - y^\delta\|^2 + \alpha\|x(\alpha,\beta) - \hat{x}\|^2 + \beta\|Hx(\alpha,\beta) - H\hat{x}\|^2$$
$$\leqslant \delta^2 + (2\alpha\|w\| + 2\beta\|H^2w\|)\delta + (2\alpha\|w\| + 2\beta\|H^2w\|)\|Kx(\alpha,\beta) - y^\delta\|. \quad (3.2.5)$$

那么,

$$\|K(\alpha,\beta) - y^\delta\|^2 \leqslant \delta^2 + (2\alpha\|w\| + 2\beta\|H^2w\|)\delta$$
$$+ (2\alpha\|w\| + 2\beta\|H^2w\|)\|Kx(\alpha,\beta) - y^\delta\|. \quad (3.2.6)$$

当 $a, b, c \geqslant 0$ 时, 由 $a^2 \leqslant ab + c^2$ 即可知 $a \leqslant b + c$, 则 (3.2.6) 意味着

$$\|K(\alpha,\beta) - y^\delta\| \leqslant \sqrt{\delta^2 + (2\alpha\|w\| + 2\beta\|H^2w\|)\delta} + (2\alpha\|w\| + 2\beta\|H^2w\|).$$

注意到式 (3.2.5), 再结合上述不等式可得

$$\|x(\alpha,\beta) - \hat{x}\| \leqslant \frac{\sqrt{\delta^2 + (2\alpha\|w\| + 2\beta\|H^2w\|)\delta} + (2\alpha\|w\| + 2\beta\|H^2w\|)}{\sqrt{\alpha}}$$

和

$$\|Hx(\alpha,\beta) - H\hat{x}\| \leqslant \frac{\sqrt{\delta^2 + (2\alpha\|w\| + 2\beta\|H^2w\|)\delta} + (2\alpha\|w\| + 2\beta\|H^2w\|)}{\sqrt{\beta}}.$$

显然, 当 $\alpha \sim \delta, \beta \sim \delta$ 时即有定理结论成立. $\qquad\square$

定理 3.14 设线性算子 $K: X \to Y$ 是紧而单的, 且 $K(X)$ 在 Y 中稠密, $y^\delta \in Y$ 且 $\|y - y^\delta\| \leqslant \delta$, $x(\alpha,\beta)$ 是方程 $Kx = y^\delta$ 的正则化解, 则 $x(\alpha,\beta)$ 和 $Hx(\alpha,\beta)$ 连续依赖于 α 和 β, 且有

(1) 映射 $(\alpha,\beta) \mapsto \|x(\alpha,\beta)\|$ 是关于 α 单调非增的, 且 $\lim\limits_{\alpha \to +\infty} \|x(\alpha,\beta)\| = 0$; 映射 $(\alpha,\beta) \mapsto \|Hx(\alpha,\beta)\|$ 是关于 β 单调非增的, 且 $\lim\limits_{\beta \to +\infty} \|Hx(\alpha,\beta)\| = 0$.

(2) $Kx(\alpha,\beta) - y^\delta$ 连续依赖于 α 和 β, 且

$$\lim_{\alpha \to 0, \beta \to 0} Kx(\alpha,\beta) = y^\delta.$$

(3) $\lim\limits_{\alpha \to 0, \beta \to 0} \alpha\|x(\alpha,\beta)\|^2 = 0, \quad \lim\limits_{\alpha \to 0, \beta \to 0} \beta\|Hx(\alpha,\beta)\|^2 = 0.$

证明 因为 $x(\alpha,\beta)$ 是 (3.2.4) 的唯一解, 所以对于任意的 $\alpha_1, \alpha_2 > 0$ 和 $\beta_1, \beta_2 > 0$ 可得

$$\alpha_1[x(\alpha_1,\beta_1) - x(\alpha_2,\beta_2)] + \beta_1 H^2[x(\alpha_1,\beta_1) - x(\alpha_2,\beta_2)] + K^*K[x(\alpha_1,\beta_1) - x(\alpha_2,\beta_2)]$$
$$+ (\alpha_1 - \alpha_2)x(\alpha_2,\beta_2) + (\beta_1 - \beta_2)H^2x(\alpha_2,\beta_2) = 0.$$

上式两边同时用 $x(\alpha_1,\beta_1) - x(\alpha_2,\beta_2)$ 作内积, 得

$$
\begin{aligned}
&\alpha_1\|x(\alpha_1,\beta_1) - x(\alpha_2,\beta_2)\|^2 \\
&\leqslant (\alpha_2 - \alpha_1)(x(\alpha_2,\beta_2), x(\alpha_1,\beta_1) - x(\alpha_2,\beta_2)) \\
&\quad + (\beta_2 - \beta_1)(H^2 x(\alpha_2,\beta_2), x(\alpha_1,\beta_1) - x(\alpha_2,\beta_2)) \\
&\leqslant \left[|\alpha_2 - \alpha_1|\|x(\alpha_2,\beta_2)\| + |\beta_2 - \beta_1|\|H^2 x(\alpha_2,\beta_2)\|\right] \|x(\alpha_1,\beta_1) - x(\alpha_2,\beta_2)\|, \quad (3.2.7)
\end{aligned}
$$

则

$$
\alpha_1\|x(\alpha_1,\beta_1) - x(\alpha_2,\beta_2)\| \leqslant |\alpha_2 - \alpha_1|\|x(\alpha_2,\beta_2)\| + |\beta_2 - \beta_1|\|H^2 x(\alpha_2,\beta_2)\|,
$$

即证得 $x(\alpha,\beta)$ 关于 α 和 β 是连续的.

又有

$$
\begin{aligned}
&\beta_1\|Hx(\alpha_1,\beta_1) - Hx(\alpha_2,\beta_2)\|^2 \\
&\leqslant (\alpha_2 - \alpha_1)(x(\alpha_2,\beta_2), x(\alpha_1,\beta_1) - x(\alpha_2,\beta_2)) \\
&\quad + (\beta_2 - \beta_1)(H^2 x(\alpha_2,\beta_2), x(\alpha_1,\beta_1) - x(\alpha_2,\beta_2)) \\
&\leqslant |\alpha_2 - \alpha_1|\|x(\alpha_2,\beta_2)\|\|x(\alpha_1,\beta_1) - x(\alpha_2,\beta_2)\| \\
&\quad + |\beta_2 - \beta_1|\|Hx(\alpha_2,\beta_2)\|\|Hx(\alpha_1,\beta_1) - Hx(\alpha_2,\beta_2)\|, \quad (3.2.8)
\end{aligned}
$$

又根据 "当 $a,b,c \geqslant 0$ 时, 由 $a^2 \leqslant ab + c^2$ 可知 $a \leqslant b + c$", 则上式可得

$$
\begin{aligned}
\|Hx(\alpha_1,\beta_1) - Hx(\alpha_2,\beta_2)\| &\leqslant \frac{|\beta_2 - \beta_1|\|Hx(\alpha_2,\beta_2)\|}{\beta_1} \\
&\quad + \sqrt{\frac{|\alpha_2 - \alpha_1|\|x(\alpha_2,\beta_2)\|\|x(\alpha_1,\beta_1) - x(\alpha_2,\beta_2)\|}{\beta_1}},
\end{aligned}
$$

由 $x(\alpha,\beta)$ 的连续性, 即知 $Hx(\alpha,\beta)$ 连续依赖于 α 和 β.

(1) 当 $\alpha_1 < \alpha_2, \beta_1 = \beta_2 = \beta$ 时, 从式 (3.2.7) 可知

$$
(\alpha_2 - \alpha_1)(x(\alpha_2,\beta), x(\alpha_1,\beta) - x(\alpha_2,\beta)) \geqslant 0.
$$

因此, $\|x(\alpha_2,\beta)\| \leqslant \|x(\alpha_1,\beta)\|$. 同理, 可证当 $\beta_1 < \beta_2$ 时有 $\|Hx(\alpha,\beta_2)\| \leqslant \|Hx(\alpha,\beta_1)\|$.

因为 $x(\alpha,\beta)$ 是 (3.2.3) 的极小元, 所以有

$$
\alpha\|x(\alpha,\beta)\|^2 \leqslant J(\alpha,\beta;x(\alpha,\beta)) \leqslant J(\alpha,\beta;0) = \|y^\delta\|^2
$$

和

$$
\beta\|Hx(\alpha,\beta)\|^2 \leqslant J(\alpha,\beta;x(\alpha,\beta)) \leqslant J(\alpha,\beta;0) = \|y^\delta\|^2.
$$

从上述两个不等式即得

$$\lim_{\alpha \to +\infty} \|x(\alpha,\beta)\| = 0, \quad \lim_{\beta \to +\infty} \|Hx(\alpha,\beta)\| = 0.$$

(2) 由于 $x(\alpha,\beta)$ 连续依赖于 α 和 β, 所以 $Kx(\alpha,\beta)-y^\delta$ 关于 α 和 β 连续. 又因为 $K(X)$ 在 Y 中稠密, 所以对任意的 $\varepsilon > 0$ 存在 $x^* \in X$ 使得 $\|Kx^* - y^\delta\|^2 \leqslant \varepsilon^2/3$. 选取 α_0, β_0, 使得 $\alpha_0\|x^*\|^2 \leqslant \varepsilon^2/3, \beta_0\|Hx^*\|^2 \leqslant \varepsilon^2/3$. 因此, 对任意的 $\alpha < \alpha_0, \beta < \beta_0$, 有

$$\|Kx(\alpha,\beta) - y^\delta\|^2 \leqslant J(\alpha,\beta; x(\alpha,\beta)) \leqslant J(\alpha,\beta; x^*) \leqslant \varepsilon^2,$$

即

$$\lim_{\alpha \to 0, \beta \to 0} Kx(\alpha,\beta) = y^\delta.$$

(3) 根据 (2) 的证明可知对任意的 $\alpha < \alpha_0, \beta < \beta_0$, 有

$$\alpha\|x(\alpha,\beta)\|^2 \leqslant J(\alpha,\beta; x(\alpha,\beta)) \leqslant J(\alpha,\beta; x^*) \leqslant \varepsilon^2$$

和

$$\beta\|Hx(\alpha,\beta)\|^2 \leqslant J(\alpha,\beta; x(\alpha,\beta)) \leqslant J(\alpha,\beta; x^*) \leqslant \varepsilon^2.$$

因此, $\lim\limits_{\alpha \to 0, \beta \to 0} \alpha\|x(\alpha,\beta)\|^2 = 0, \lim\limits_{\alpha \to 0, \beta \to 0} \beta\|Hx(\alpha,\beta)\|^2 = 0.$ □

性质 3.15(Lu S et al., 2011) 在定理 3.14 的条件下, 正则化解 $x(\alpha,\beta)$ 分别关于 α 和 β 无穷次可微, 且偏导数 $w := \dfrac{\partial^n}{\partial \alpha^n} x(\alpha,\beta) \in X$ 满足

$$\alpha w + \beta H^2 w + K^* K w = -n\frac{\partial^{n-1}}{\partial \alpha^{n-1}} x(\alpha,\beta), \quad n = 1,2,\cdots; \tag{3.2.9}$$

而偏导数 $z := \dfrac{\partial^n}{\partial \beta^n} x(\alpha,\beta) \in X$ 则满足

$$\alpha z + \beta H^2 z + K^* K z = -n\frac{\partial^{n-1}}{\partial \beta^{n-1}} x(\alpha,\beta), \quad n = 1,2,\cdots. \tag{3.2.10}$$

3.2.2 正则化参数选取的偏差原理与模型函数方法

下面, 我们讨论 (3.2.3) 的正则化参数 α, β 的后验选取问题, 即基于 Morozov 偏差原理的多正则化参数选取的模型函数方法.

多个正则化参数选取的吸收 Morozov 偏差原理为· 选取正则化参数 α 和 β 满足

$$\|Kx(\alpha,\beta) - y^\delta\|^2 + \alpha^\gamma\|x(\alpha,\beta)\|^2 + \beta^\kappa\|Hx(\alpha,\beta)\|^2 - c\delta^2 = 0, \tag{3.2.11}$$

其中 $c \geqslant 1$ 为一常数, $\gamma > 1$ 和 $\kappa > 1$ 为吸收系数. 我们称按 (3.2.11) 确定正则化参数 α 和 β 的方法为吸收 Morozov 偏差原理; 而当 (3.2.11) 左边只保留第一项时,

称为标准的 Morozov 偏差原理. 显然, 对于 $\alpha, \beta \in (0,1)$, 当 $\gamma = +\infty$ 或 $\kappa = +\infty$ 中之一成立时, 则得到与 (3.2.11) 不同的另两个吸收 Morozov 偏差原理, 即选取正则化参数 α 和 β 使得

$$\|Kx(\alpha, \beta) - y^\delta\|^2 + \alpha^\gamma \|x(\alpha, \beta)\|^2 - c\delta^2 = 0 \qquad (3.2.12)$$

或

$$\|Kx(\alpha, \beta) - y^\delta\|^2 + \beta^\kappa \|Hx(\alpha, \beta)\|^2 - c\delta^2 = 0 \qquad (3.2.13)$$

成立.

定理 3.16　在定理 3.14 的条件下, 且 $c\delta^2 < \|y^\delta\|^2$, 吸收的 Morozov 偏差方程 (3.2.11) 至少存在一个解.

根据定理 3.14, 定理 3.16 的结论是显然的. 遗憾的是, 对于吸收 Morozov 偏差原理我们未能获得正则化解 $x(\alpha, \beta)$ 的最优阶估计. 然而, 对于满足标准的 Morozov 偏差原理的正则化解, 文献 (Lu S et al., 2011) 给出了解 $x(\alpha, \beta)$ 的最优阶估计. 为此, 我们需对算子 $H : X \to X$ 的光滑性作进一步假设 (Lu S et al., 2011). 设 $\{X_r\}$ 为算子 H 诱导出的 Hilbert 空间序列, 即 X_r 是 $\mathcal{D}(H^r)$ 关于范数 $\|x\|_r = \|H^r x\|$ 完备化的 Hilbert 空间, 其中 $r \in \mathbb{R}$.

假设 I　对任意的 $x \in X$, 存在常数 m 和 a 使得

$$m\|H^{-a}x\| \leqslant \|Kx\|. \qquad (3.2.14)$$

假设 II　存在常数 M 和 p 使得

$$\hat{x} \in W_{M,p} := \{x \in X \mid \|x\|_p \leqslant M\}, \qquad (3.2.15)$$

即存在 $v \in X$ 且 $\|x\| \leqslant M$ 使得 $\hat{x} = H^{-p}v$.

假设 I 被称为联系条件, 它刻画了算子 K 相对于算子 H^{-1} 的光滑性; 而假设 II 则刻画了原始解 $\hat{x}$ 的先验信息.

定理 3.17(Lu S et al., 2011)　设 $K\hat{x} = y$, $x \in X$, $y \in Y$, $y^\delta \in Y$ 且 $\|y - y^\delta\| \leqslant \delta$, $x(\alpha, \beta)$ 是方程 $Kx = y^\delta$ 的正则化解, 且满足标准的 Morozov 偏差原理, 在假设 I 和假设 II 成立的条件下, 对于 $p \in [1, a]$ 有

$$\|x(\alpha, \beta) - \hat{x}\| \leqslant (2E)^{a/(a+p)} \left(\frac{(\sqrt{c}+1)\delta}{m} \right)^{p/(p+a)} = O(\delta^{p/(p+a)}). \qquad (3.2.16)$$

定义

$$F(\alpha, \beta) := J(\alpha, \beta; x(\alpha, \beta)) = \alpha\|x(\alpha, \beta)\|^2 + \beta\|Hx(\alpha, \beta)\|^2 + \|Kx(\alpha, \beta) - y^\delta\|^2,$$

称 $F(\alpha, \beta)$ 为正则化泛函 $J(\alpha, \beta; x)$ 的最优函数.

引理 3.18 (Lu S et al., 2011)   最优函数 $F(\alpha,\beta)$ 的一阶偏导为

$$\frac{\partial F(\alpha,\beta)}{\partial \alpha} = \|x(\alpha,\beta)\|^2, \quad \frac{\partial F(\alpha,\beta)}{\partial \beta} = \|Hx(\alpha,\beta)\|^2.$$

根据偏差方程 (3.2.13) 和引理 3.18, 偏差方程 (3.2.11) 可写成 $F(\alpha,\beta)$ 的形式, 即 (3.2.11) 变形为

$$G(\alpha,\beta) := F(\alpha,\beta) - (\alpha - \alpha^\gamma)\frac{\partial F(\alpha,\beta)}{\partial \alpha} - (\beta - \beta^\kappa)\frac{\partial F(\alpha,\beta)}{\partial \beta} - c\delta^2 = 0. \quad (3.2.17)$$

显然, 上述方程关于 α,β 是非线性的, 且 $F(\alpha,\beta)$ 是没有显式的表达式. 为此, 用一个简单的且有显式表达式的函数来近似 $F(\alpha,\beta)$, 并称该近似函数为 $F(\alpha,\beta)$ 的模型函数. 将偏差方程中的 $F(\alpha,\beta)$ 用它的模型函数替换后, 得到近似 Morozov 偏差方程, 从而可以显式地或迭代地求解出正则化参数, 即求解近似偏差方程

$$m(\alpha,\beta) - (\alpha - \alpha^\gamma)\frac{\partial m(\alpha,\beta)}{\partial \alpha} - (\beta - \beta^\kappa)\frac{\partial m(\alpha,\beta)}{\partial \beta} - c\delta^2 = 0. \quad (3.2.18)$$

注意到 (3.2.4) 两边用 $x(\alpha,\beta)$ 作内积, 得

$$\alpha\|x(\alpha,\beta)\|^2 + \beta\|Hx(\alpha,\beta)\|^2 + \|Kx(\alpha,\beta)\|^2 = (y^\delta, Kx(\alpha,\beta)),$$

经计算可得

$$\begin{aligned}
F(\alpha,\beta) &= \alpha\|x(\alpha,\beta)\|^2 + \beta\|Hx(\alpha,\beta)\|^2 + (Kx(\alpha,\beta) - y^\delta, Kx(\alpha,\beta) - y^\delta)\\
&= \alpha\|x(\alpha,\beta)\|^2 + \beta\|Hx(\alpha,\beta)\|^2 + \|Kx(\alpha,\beta)\|^2 + \|y^\delta\|^2 - 2(y^\delta, Kx(\alpha,\beta))\\
&= \|y^\delta\|^2 - \|Kx(\alpha,\beta)\|^2 - \alpha\|x(\alpha,\beta)\|^2 - \beta\|Hx(\alpha,\beta)\|^2. \quad (3.2.19)
\end{aligned}$$

因此, $F(\alpha,\beta)$ 满足偏微分方程

$$F(\alpha,\beta) = \|y^\delta\|^2 - \|Kx(\alpha,\beta)\|^2 - \alpha\frac{\partial F}{\partial \alpha} - \beta\frac{\partial F}{\partial \beta}. \quad (3.2.20)$$

将 $\|Kx(\alpha,\beta)\|^2$ 近似为 $T\|x(\alpha,\beta)\|^2$, 基于 (3.2.19), (3.2.20) 和引理 3.18, 文献 (Lu S et al., 2011) 获得了下述模型函数:

$$m(\alpha,\beta) = \|y^\delta\|^2 + \frac{C}{\alpha + T} + \frac{D}{\beta}, \quad (3.2.21)$$

其中 C,D,T 为待定参数. 根据模型函数 $m(\alpha,\beta)$ 的表达式, 也称其为双曲型模型函数. 实际上, 正则化参数选取的模型函数方法是在迭代过程中利用模型函数 $m(\alpha,\beta)$

来逐次逼近 $F(\alpha, \beta)$ 的. 这体现在参数 C, D, T 是随着迭代而变化的, 即在迭代中参数 C, D, T 满足方程

$$\begin{cases} m(\alpha, \beta)|_{\alpha=u, \beta=v} = F(\alpha, \beta)|_{\alpha=u, \beta=v}, \\ \dfrac{\partial m(\alpha, \beta)}{\partial \alpha}\bigg|_{\alpha=u, \beta=v} = \dfrac{\partial F(\alpha, \beta)}{\partial \alpha}\bigg|_{\alpha=u, \beta=v}, \\ \dfrac{\partial m(\alpha, \beta)}{\partial \beta}\bigg|_{\alpha=u, \beta=v} = \dfrac{\partial F(\alpha, \beta)}{\partial \beta}\bigg|_{\alpha=u, \beta=v}, \end{cases} \tag{3.2.22}$$

其中 u, v 是算法迭代中正则化参数 α, β 的近似值. 这意味着参数 C, D, T 是依赖于 u, v 的, 为此我们重新记模型函数 (3.2.21) 中的参数 C, D, T 分别为 $C_1 := C_1(u, v), D_1 := D_1(u, v)$ 和 $T_1 := T_1(u, v)$, 并将双曲型模型函数 (3.2.21) 记为

$$\text{双曲型模型函数 I: } m_1(\alpha, \beta) = \|y^\delta\|^2 + \frac{C_1}{\alpha + T_1} + \frac{D_1}{\beta}, \tag{3.2.23}$$

其中 C_1, D_1, T_1 由 (3.2.22) 确定, 且

$$C_1 = C_1(u, v) = -\frac{\left[\|Kx(u, v)\|^2 + u\|x(u, v)\|^2\right]^2}{\|x(u, v)\|^2},$$

$$D_1 = D_1(u, v) = -u^2\|Hx(u, v)\|^2, \quad T_1 = T_1(u, v) = \frac{\|Kx(u, v)\|^2}{\|x(u, v)\|^2},$$

与上一章推导单个正则化参数的模型函数类似, 基于 (3.2.19) 和引理 3.18, 我们不但得到了另一个双曲型模型函数, 而且得到了双正则化参数的线性模型函数、指数型模型函数和对数型模型函数, 它们分别是

$$\text{双曲型模型函数II: } m_2(\alpha, \beta) = T_2 + \frac{C_2}{\alpha} + \frac{D_2}{\beta}, \tag{3.2.24}$$

$$\text{线性模型函数: } m_3(\alpha, \beta) = T_3 + C_3\alpha + D_3\beta, \tag{3.2.25}$$

$$\text{指数型模型函数: } m_4(\alpha, \beta) = T_4 + C_4 e^{-\frac{\alpha}{u}} + D_4 e^{-\frac{\beta}{v}}, \tag{3.2.26}$$

$$\text{对数型模型函数: } m_5(\alpha, \beta) = T_5 + C_5 \ln\alpha + D_5 \ln\beta, \tag{3.2.27}$$

其中 $C_i = C_i(u, v), D_i = D_i(u, v), T_i = T_i(u, v), i = 2, 3, 4, 5$ 为待定参数. 实际上, 在条件 (3.2.22) 中将 $m(\alpha, \beta)$ 换成 $m_i(\alpha, \beta), i = 2, 3, 4, 5$ 后经简单计算, 即可得

$$C_2 = -u^2\|x(u, v)\|^2, \quad D_2 = -v^2\|Hx(u, v)\|^2, \quad T_2 = \|y^\delta\|^2 - \|Kx(u, v)\|^2,$$

$$C_3 = \|x(u, v)\|^2, \qquad D_3 = \|Hx(u, v)\|^2, \qquad T_3 = \|Kx(u, v) - y^\delta\|^2,$$

$$C_4 = -eu\|x(u, v)\|^2, \quad D_4 = -ev\|Hx(u, v)\|^2, \quad T_4 = \|y^\delta\|^2 - \|Kx(u, v)\|^2,$$

$$C_5 = u\|x(u, v)\|^2, \qquad D_5 = v\|Hx(u, v)\|^2, \qquad T_5 = F(u, v) - C_5 \ln u - D_5 \ln v.$$

直接验证, 可知模型函数 $m_i(\alpha, \beta), i = 1, 2, \cdots, 5$ 有下述性质.

性质 3.19 对于 $\alpha \in (0, +\infty), \beta \in (0, +\infty)$, 模型函数的一阶偏导和二阶偏导满足

$$\frac{\partial m_i}{\partial \alpha} > 0, \quad \frac{\partial^2 m_i}{\partial \alpha^2} \leqslant 0; \quad \frac{\partial m_i}{\partial \beta} \geqslant 0, \quad \frac{\partial^2 m_i}{\partial \beta^2} \leqslant 0; \quad \frac{\partial^2 m_i}{\partial \alpha \partial \beta} = \frac{\partial^2 m_i}{\partial \beta \partial \alpha} = 0.$$

将模型函数 $m_i(\alpha, \beta)$ 代入 (3.2.17), 则得到局部近似 Morozov 偏差方程

$$G_i(\alpha, \beta) := m_i(\alpha, \beta) - (\alpha - \alpha^\gamma) \frac{\partial m_i(\alpha, \beta)}{\partial \alpha} - (\beta - \beta^\kappa) \frac{\partial m_i(\alpha, \beta)}{\partial \beta} - c\delta^2 = 0. \quad (3.2.28)$$

选取正则化参数的模型函数算法即在算法的迭代中解近似的 Morozov 偏差方程 (3.2.28), 得到正则化参数的近似值并记为 (α_k, β_k), 然后更新模型函数中的参数, 即更新近似的 Morozov 偏差方程, 不断重复上述步骤, 从而得到满足要求的正则化参数. 接下来, 我们给出一种多正则化参数选取的模型函数算法.

算法 3.9　多正则化参数的模型函数算法

给定 $\alpha_0 > 0, \beta_0 > 0, \varepsilon_1, \varepsilon_2 > 0$, 置 $k = 0$.

Step 1　解正则化方程 $(\alpha_k I + \beta_k H^2 + K^* K)x = K^* y^\delta$ 得到 $x(\alpha_k, \beta_k)$.

Step 2　选取一模型函数 $m_i(\alpha, \beta)$ 并计算参数 $C_i(\alpha_k, \beta_k), D_i(\alpha_k, \beta_k), T_i(\alpha_k, \beta_k)$.

Step 3　计算 $G_i(\alpha_k, \beta_k)$. 如果 $G_i(\alpha_0, \beta_0)G_i(\alpha_k, \beta_k) \leqslant 0$ 则转到 Step 8;
　　　　否则, 解近似 Morozov 偏差方程 $G_i(\alpha, \beta_k) = 0$ 得到 α_{k+1}.

Step 4　解正则化方程 $(\alpha_{k+1} I + \beta_k H^2 + K^* K)x = K^* y^\delta$ 得到 $x(\alpha_{k+1}, \beta_k)$.

Step 5　由 $x(\alpha_{k+1}, \beta_k)$ 计算参数 $C_i(\alpha_{k+1}, \beta_k), D_i(\alpha_{k+1}, \beta_k), T_i(\alpha_{k+1}, \beta_k)$.

Step 6　计算 $G_i(\alpha_{k+1}, \beta_k)$. 如果 $G_i(\alpha_0, \beta_0)G_i(\alpha_{k+1}, \beta_k) \leqslant 0$ 则转到 Step 8;
　　　　否则, 解近似 Morozov 偏差方程 $G_i(\alpha_{k+1}, \beta) = 0$ 得到 β_{k+1}.

Step 7　如果 $\dfrac{|\alpha_{k+1} - \alpha_k|}{\alpha_{k+1}} < \varepsilon_1$ 和 $\dfrac{|\beta_{k+1} - \beta_k|}{\beta_{k+1}} < \varepsilon_2$ 成立, 转到 Step 8;

　　　　否则, 置 $k := k + 1$ 转到 Step 1.

Step 8　停止迭代, 输出正则化参数 $\alpha_{k+1}, \beta_{k+1}$.

定理 3.20 当 $\alpha \in (0, 1), \beta \in (0, 1), \gamma > 1, \kappa > 1$ 时, 有

(1) 当 (α_k, β_k) 满足 $G(\alpha_k, \beta_k) > 0$, 而 α_{k+1} 是 $G_i(\alpha, \beta_k) = 0$ 的解时, 则 $\alpha_{k+1} < \alpha_k$;

(2) 当 (α_{k+1}, β_k) 满足 $G(\alpha_{k+1}, \beta_k) > 0$, 而 β_{k+1} 是 $G_i(\alpha_{k+1}, \beta) = 0$ 的解时, 则 $\beta_{k+1} < \beta_k$.

证明　(1) 首先, 注意到 $G_i(\alpha_k, \beta_k) = G(\alpha_k, \beta_k) > 0$. 记

$$f(\alpha) := G_i(\alpha, \beta_k) = m_i(\alpha, \beta_k) - (\alpha - \alpha^\gamma) \frac{\partial m_i(\alpha, \beta_k)}{\partial \alpha} - (\beta_k - \beta_k^\kappa) \frac{\partial m_i(\alpha, \beta_k)}{\partial \beta} - c\delta^2,$$

则根据模型函数的性质 3.19 得

$$f'(\alpha) = \gamma \alpha^{\gamma-1} \frac{\partial m_i(\alpha,\beta_k)}{\partial \alpha} - (\alpha - \alpha^\gamma)\frac{\partial^2 m_i(\alpha,\beta_k)}{\partial \alpha^2} > 0,$$

即函数 $f(\alpha)$ 是单调增加的. 又 $f(\alpha_{k+1}) = G_i(\alpha_{k+1},\beta_k) = 0$ 且 $f(\alpha_k) = G_i(\alpha_k,\beta_k) > 0$, 所以 $\alpha_{k+1} < \alpha_k$.

(2) 同理, 令 $g(\beta) := G_i(\alpha_{k+1},\beta)$, 可知 $g'(\beta) \geqslant 0$, 即可证得 $\beta_{k+1} < \beta_k$. $\square$

根据定理 3.20 的结论和证明过程, 以及注意到 Morozov 偏差方程 $G(\alpha,\beta) = 0$ 的解是不唯一的, 容易得到以下推论.

推论 3.21 设 $G(\alpha^*,\beta^*) = 0$, $\alpha \in (0,1)$, $\gamma > 1$, 且 $G(\alpha_0,\beta^*) > 0$, 若在算法 3.9 中固定 $\beta = \beta^*$, 且不考虑停止条件 $\frac{|\alpha_{k+1}-\alpha_k|}{\alpha_{k+1}} < \varepsilon_1$ 和 $\frac{|\beta_{k+1}-\beta_k|}{\beta_{k+1}} < \varepsilon_2$, 则仅有下列结论之一成立.

(1) 算法 3.9 将在有限步停止, 即存在某个 α_k 使得 $G_i(\alpha_k,\beta^*) \leqslant 0$;

(2) 算法 3.9 将得到一个收敛的无穷序列 $\{\alpha_k\}$, 若记 $\{\alpha_k\}$ 的极限为 $\alpha^\diamond$, 则 $G(\alpha^\diamond,\beta^*) = 0$.

推论 3.22 设 $G(\alpha^*,\beta^*) = 0$, $\beta \in (0,1)$, $\kappa > 1$, 且 $G(\alpha^*,\beta_0) > 0$, 若在算法 3.9 中固定 $\alpha = \alpha^*$, 且不考虑停止条件 $\frac{|\alpha_{k+1}-\alpha_k|}{\alpha_{k+1}} < \varepsilon_1$ 和 $\frac{|\beta_{k+1}-\beta_k|}{\beta_{k+1}} < \varepsilon_2$, 则仅有下列结论之一成立.

(1) 算法 3.9 将在有限步停止, 即存在某个 β_k 使得 $G_i(\alpha^*,\beta_k) \leqslant 0$;

(2) 算法 3.9 将得到一个收敛的无穷序列 $\{\beta_k\}$, 若记 $\{\beta_k\}$ 的极限为 $\beta^\diamond$, 则 $G(\alpha^*,\beta^\diamond) = 0$.

根据定理 3.20 的证明, 以及 $\|x(\alpha,\beta)\|, \|Kx(\alpha,\beta)\|, \|Hx(\alpha,\beta)\|$ 的连续性即可证明推论 3.21 和推论 3.22. 由定理 3.20 想到的另一个问题是: α_{k+1} 和 β_{k+1} 的存在性, 即 $G_i(\alpha,\beta_k) = 0$ 和 $G_i(\alpha_{k+1},\beta) = 0$ 是否有解. 下面, 我们以双曲模型函数 II(3.2.24) 和线性模型函数 (3.2.25) 为例, 来说明近似 Morozov 偏差方程的可解性.

对于双曲模型函数 II(3.2.24) 有

$$G_2(\alpha,\beta_k) = m_2(\alpha,\beta_k) + \frac{1-\alpha^{\gamma-1}}{\alpha}C_2 + \frac{1-\beta_k^{\kappa-1}}{\beta_k}D_2 - c\delta^2$$
$$= T_2 + \frac{2-\alpha^{\gamma-1}}{\alpha}C_2 + \frac{2-\beta_k^{\kappa-1}}{\beta_k}D_2 - c\delta^2.$$

因为 $C_2 < 0$, 所以 $\lim_{\alpha\to 0} G_2(\alpha,\beta_k) = -\infty$. 又根据定理 3.20 的证明知 $G_2(\alpha,\beta_k)$ 是严格单调增加的, 所以当 $G(\alpha_k,\beta_k) > 0$ 时方程 $G_2(\alpha,\beta_k) = 0$ 有唯一解. 同理, 可证明在 $G(\alpha_{k+1},\beta_k) > 0$ 的条件下方程 $G_2(\alpha_{k+1},\beta) = 0$ 也是有唯一解的.

对于线性模型函数 (3.2.25) 有

$$G_3(\alpha, \beta_k) = m_3(\alpha, \beta_k) - (\alpha - \alpha^\gamma)\|x(\alpha_k, \beta_k)\|^2 - (\beta_k - \beta_k^\kappa)\|Hx(\alpha_k, \beta_k)\|^2 - c\delta^2$$
$$= \|Kx(\alpha, \beta_k) - y^\delta\|^2 + \alpha^\gamma\|x(\alpha_k, \beta_k)\|^2 + \beta_k^\kappa\|Hx(\alpha_k, \beta_k)\|^2 - c\delta^2.$$

根据定理 3.14 以及 $m_3(\alpha_k, \beta_k) = F(\alpha_k, \beta_k)$, 可知当 α_k, β_k 充分小时才有 $G_3(0, \beta_k) < 0$. 又 $G_3(\alpha, \beta_k)$ 是严格单调增加的, 故局部近似 Morozov 偏差方程 $G_3(\alpha, \beta_k) = 0$ 有唯一解. 同理, 可证明当 α_{k+1} 和 β_k 充分小时, Morozov 偏差方程 $G_3(\alpha_{k+1}, \beta) = 0$ 也有解.

上述分析表明: 当 $G(\alpha_k, \beta_k) > 0$ 时, 双曲模型函数 II 的近似 Morozov 偏差方程 $G_2(\alpha, \beta_k) = 0$ 始终存在唯一解, 即算法 3.9 是可执行的, 这时我们称算法 3.9 是全局收敛的; 但是, 当 $G(\alpha_k, \beta_k) > 0$ 时, 线性模型函数的局部近似偏差方程 $G_3(\alpha_k, \beta_k) = 0$ 只有 α_k, β_k 充分小时才可能有唯一解, 否则偏差方程在区间 $(0,1)$ 内可能无解, 故称此时的算法 3.9 是局部收敛的. 进一步分析, 可知基于双曲模型函数 I 的算法 3.9 是局部收敛的, 因为此时虽然局部近似 Morozov 偏差方程关于 β 是全局性但关于 α 是局部可解的; 可知基于指数型模型函数的算法 3.9 是局部收敛的; 可知基于对数型模型函数的算法 3.9 是全局收敛的.

为了克服上述提到的局部收敛性的缺陷, 我们引进如下松弛近似 Morozov 偏差方程

$$\hat{G}_i(\alpha, \beta) := G_i(\alpha, \beta) + \lambda[G_i(\alpha, \beta) - G_i(\alpha_k, \beta_k)] = 0, \qquad (3.2.29)$$

其中 λ 是使 $\hat{G}_i(0, \beta_k) = -\hat{\sigma}|G_i(0, \beta_k)|, \hat{\sigma} \in (0, 1)$ (或者 $\hat{G}_i(\alpha_{k+1}, 0) = -\hat{\sigma}|G_i(\alpha_{k+1}, 0)|$) 成立的待定参数, 即

$$\lambda = \frac{G_i(0, \beta_k) + \hat{\sigma}|G_i(0, \beta_k)|}{G_i(\alpha_k, \beta_k) - G_i(0, \beta_k)} \quad \left(\text{或者 } \lambda = \frac{G_i(\alpha_{k+1}, 0) + \hat{\sigma}|G_i(\alpha_{k+1}, 0)|}{G_i(\alpha_{k+1}, \beta_k) - G_i(\alpha_{k+1}, 0)}\right).$$

对于双曲模型函数和对数模型函数而言, 由于 α 或者 β 不能为零, 则此时它们不能利用上述松弛近似 Morozov 偏差方程. 根据 $G_i(\alpha, \beta)$ 分别关于两个变量的单调递增性, 知 $1 + \lambda > 0$. 所以, $\hat{G}_i(\alpha, \beta)$ 分别关于 α 和 β 也是单调递增的. 因此当 $\hat{G}_i(\alpha_k, \beta_k) = G_i(\alpha_k, \beta_k) > 0$ 时 $\hat{G}_i(\alpha, \beta_k) = 0$ 总是可解的; 当 $\hat{G}_i(\alpha_{k+1}, \beta_k) = G_i(\alpha_{k+1}, \beta_k) > 0$ 时 $\hat{G}_i(\alpha_{k+1}, \beta) = 0$ 也总是可解的. 根据以上分析, 即得到改进的多正则化参数的模型函数算法 3.10.

定理 3.23 当 $\alpha \in (0, 1), \beta \in (0, 1), \gamma > 1, \kappa > 1$ 时, 有

(1) 当 (α_k, β_k) 满足 $G(\alpha_k, \beta_k) > 0$, 而 α_{k+1} 是 $\hat{G}_i(\alpha, \beta_k) = 0$ 的解时, 则 $\alpha_{k+1} < \alpha_k$;

(2) 当 (α_{k+1}, β_k) 满足 $G(\alpha_{k+1}, \beta_k) > 0$, 而 β_{k+1} 是 $\hat{G}_i(\alpha_{k+1}, \beta) = 0$ 的解时, 则 $\beta_{k+1} < \beta_k$.

算法 3.10   改进的多正则化参数的模型函数算法

给定 $\alpha_0 > 0, \beta_0 > 0, \varepsilon_1, \varepsilon_2 > 0$, 置 $k = 0$;

Step 1   解正则化方程 $(\alpha_k I + \beta_k H^2 + K^* K)x = K^* y^\delta$ 得 $x(\alpha_k, \beta_k)$.

Step 2   选取一模型函数 $F_i(\alpha, \beta)$ 并计算参数 $C_i(\alpha_k, \beta_k)$, $D_i(\alpha_k, \beta_k)$, $T_i(\alpha_k, \beta_k)$.

Step 3   计算 $G_i(\alpha_k, \beta_k)$. 如果 $G_i(\alpha_0, \beta_0) G_i(\alpha_k, \beta_k) \leqslant 0$, 则转到 Step 8;
　　　　　否则, 解松弛近似 Morozov 偏差方程 $\hat{G}_i(\alpha, \beta_k) = 0$ 得 α_{k+1}.

Step 4   解正则化方程 $(\alpha_{k+1} I + \beta_k H^2 + K^* K)x = K^* y^\delta$ 得 $x(\alpha_{k+1}, \beta_k)$.

Step 5   由 $x(\alpha_{k+1}, \beta_k)$ 计算参数 $C_i(\alpha_{k+1}, \beta_k)$, $D_i(\alpha_{k+1}, \beta_k)$, $T_i(\alpha_{k+1}, \beta_k)$.

Step 6   计算 $G_i(\alpha_{k+1}, \beta_k)$. 如果 $G_i(\alpha_0, \beta_0) G_i(\alpha_{k+1}, \beta_k) \leqslant 0$, 则转到 Step 8;
　　　　　否则, 解松弛 Morozov 偏差方程 $\hat{G}_i(\alpha_{k+1}, \beta) = 0$ 得 β_{k+1}.

Step 7   如果 $\dfrac{|\alpha_{k+1} - \alpha_k|}{\alpha_{k+1}} < \varepsilon_1$ 和 $\dfrac{|\beta_{k+1} - \beta_k|}{\beta_{k+1}} < \varepsilon_2$ 成立, 转到 Step 8;
　　　　　否则, 置 $k := k + 1$ 转到 Step 1.

Step 8   停止迭代, 输出正则化参数 $\alpha_{k+1}, \beta_{k+1}$.

推论 3.24   设 $G(\alpha^*, \beta^*) = 0$, $\alpha \in (0, 1)$, $\gamma > 1$, 且 $G(\alpha_0, \beta^*) > 0$, 若在算法 3.10 中固定 $\beta = \beta^*$, 且不考虑停止条件 $\dfrac{|\alpha_{k+1} - \alpha_k|}{\alpha_{k+1}} < \varepsilon_1$ 和 $\dfrac{|\beta_{k+1} - \beta_k|}{\beta_{k+1}} < \varepsilon_2$, 则仅有下列结论之一成立.

(1) 算法 3.10 将在有限步停止, 即存在某个 α_k 使得 $G_i(\alpha_k, \beta^*) \leqslant 0$;

(2) 算法 3.10 将得到一个收敛的无穷序列 $\{\alpha_k\}$, 若记 $\{\alpha_k\}$ 的极限为 $\alpha^\diamond$, 则 $G(\alpha^\diamond, \beta^*) = 0$.

推论 3.25   设 $G(\alpha^*, \beta^*) = 0$, $\beta \in (0, 1)$, $\kappa > 1$, 且 $G(\alpha^*, \beta_0) > 0$, 若在算法 3.10 中固定 $\alpha = \alpha^*$, 且不考虑停止条件 $\dfrac{|\alpha_{k+1} - \alpha_k|}{\alpha_{k+1}} < \varepsilon_1$ 和 $\dfrac{|\beta_{k+1} - \beta_k|}{\beta_{k+1}} < \varepsilon_2$, 则仅有下列结论之一成立.

(1) 算法 3.10 将在有限步停止, 即存在某个 β_k 使得 $G_i(\alpha^*, \beta_k) \leqslant 0$;

(2) 算法 3.10 将得到一个收敛的无穷序列 $\{\beta_k\}$, 若记 $\{\beta_k\}$ 的极限为 $\beta^\diamond$, 则 $G(\alpha^*, \beta^\diamond) = 0$.

上述结论的证明与定理 3.20 和定理 3.11 的证明类似, 故略之.

在算法 3.9 和算法 3.10 中, 每一次循环需要解两次正则化方程, 显然它的计算量是非常大的. 能否在算法的循环中少解一次正则化方程, 又能保证算法的有效性呢? 为此, 文献 (Lu S et al., 2011) 建议正则化参数 α 的更新方式采用 $\alpha_{k+1} = \omega \alpha_k$, 而 β 的更新方式不变, 其中 $\omega \in (0, 1)$ 是一常数. 采用该策略后, 由算法 3.9 和算法 3.10 分别得到对应的算法 3.11 和算法 3.12, 我们称它们为实用型的算法. 显然, 也可以互换 α 和 β 的更新方式, 但数值实验表明采用 $\alpha_{k+1} = \omega \alpha_k$ 而 β 的更新方式不变的策略更为稳定而有效. 在后面的数值算例中, 我们均采用实用型的算法进行计算. 根据定理 3.16 和偏差函数 $G(\alpha, \beta)$ 分别关于变量 α 与 β 的单调性, 易知下述实用型算法是确实可行的.

算法 3.11　实用型多正则化参数的模型函数算法

给定 $\alpha_0 > 0, \beta_0 > 0, \varepsilon_1, \varepsilon_2 > 0, \omega \in (0, 1)$, 置 $k = 0$.

Step 1　解正则化方程 $(\alpha_k I + \beta_k H^2 + K^* K) x = K^* y^\delta$ 得 $x(\alpha_k, \beta_k)$.

Step 2　选取一模型函数 $F_i(\alpha, \beta)$ 并计算参数 $C_i(\alpha_k, \beta_k), D_i(\alpha_k, \beta_k), T_i(\alpha_k, \beta_k)$.

Step 3　计算 $G_i(\alpha_k, \beta_k)$. 如果 $G_i(\alpha_0, \beta_0) G_i(\alpha_k, \beta_k) \leqslant 0$, 则转到 Step 7; 否则

Step 4　解近似 Morozov 偏差方程 $G_i(\alpha_k, \beta) = 0$ 得 β_{k+1}.

Step 5　$\alpha_{k+1} = \omega \alpha_k$.

Step 6　如果 $\dfrac{|\alpha_{k+1} - \alpha_k|}{\alpha_{k+1}} < \varepsilon_1$ 和 $\dfrac{|\beta_{k+1} - \beta_k|}{\beta_{k+1}} < \varepsilon_2$ 成立, 转到 Step 7;
　　　　否则, 置 $k := k + 1$ 转到 Step 1.

Step 7　停止迭代, 输出正则化参数 $\alpha_{k+1}, \beta_{k+1}$.

算法 3.12　实用型改进的多正则化参数的模型函数算法

给定 $\alpha_0 > 0, \beta_0 > 0, \varepsilon_1, \varepsilon_2 > 0, \omega \in (0, 1)$, 置 $k = 0$.

Step 1　解正则化方程 $(\alpha_k I + \beta_k H^2 + K^* K) x = K^* y^\delta$ 得 $x(\alpha_k, \beta_k)$.

Step 2　选取一模型函数 $F_i(\alpha, \beta)$ 并计算参数 $C_i(\alpha_k, \beta_k), D_i(\alpha_k, \beta_k), T_i(\alpha_k, \beta_k)$.

Step 3　计算 $G_i(\alpha_k, \beta_k)$. 如果 $G_i(\alpha_0, \beta_0) G_i(\alpha_k, \beta_k) \leqslant 0$, 则转到 Step 7; 否则

Step 4　解松弛 Morozov 偏差方程 $\hat{G}_i(\alpha_k, \beta) = 0$ 得 β_{k+1}.

Step 5　$\alpha_{k+1} = \omega \alpha_k$.

Step 6　如果 $\dfrac{|\alpha_{k+1} - \alpha_k|}{\alpha_{k+1}} < \varepsilon_1$ 和 $\dfrac{|\beta_{k+1} - \beta_k|}{\beta_{k+1}} < \varepsilon_2$ 成立, 转到 Step 7;
　　　　否则, 置 $k := k + 1$ 转到 Step 1.

Step 7　停止迭代, 输出正则化参数 $\alpha_{k+1}, \beta_{k+1}$.

3.2.3　数值算例

为验证所提出的多正则化参数选取的模型函数算法, 以及验证吸收相容性原理的稳健性, 我们选用文献 (Hansen P C, 1994) 中的三个例子以及它们的离散程序 foxgood(n), ilaplace$(n, 1)$, shaw(n), 即本章的算例 1、算例 2 和算例 3. 实际上, 它们均可归结为第一类 Fredholm 积分方程

$$\int_a^b K(s,t)f(t)dt = g(s), \quad s \in [a,b]. \tag{3.2.30}$$

数值模拟时, 方程 (3.2.30) 将离散成线性代数方程组 $Ax = b$, 然后经多正则化参数的 Tikhonov 正则化方法求解得到正则化解 $x(\alpha,\beta)$; 而右端项 b 是由给定的 $f(t)$ 离散后 (记为 $x^\dagger$) 由 $b = Ax^\dagger$ 得到的. 误差数据 $b^\delta = b + \delta e$, 其中 $\delta = \hat{\delta}\|Ax^\dagger\|$, e 是一正态分布的随机向量, $\hat{\delta}$ 是数据 b^δ 的相对误差水平. 根据多正则化参数的 Tikhonov 正则化方法, 需求解正则化方程

$$(\alpha I + \beta D + A^{\mathrm{T}}A)x = A^{\mathrm{T}}b^\delta, \tag{3.2.31}$$

其中 I 是单位矩阵, 而

$$D = \begin{bmatrix} 1 & -1 & 0 & \cdots & 0 & 0 \\ -1 & 2 & -1 & \cdots & 0 & 0 \\ \vdots & \vdots & \ddots & \ddots & \vdots & \vdots \\ 0 & 0 & \cdots & -1 & 2 & -1 \\ 0 & 0 & \cdots & 0 & -1 & 1 \end{bmatrix}$$

是一 $n \times n$ 的矩阵, 这时相当于算子 $H = \sqrt{D}$. 实际上, 这体现了要求正则化解的一阶导数的范数也需较小. 事实上 $D = L^{\mathrm{T}} * L$, 其中 L 是一阶导数的离散矩阵, 即

$$L = \begin{bmatrix} 1 & -1 & & & \\ & 1 & -1 & & \\ & & \ddots & \ddots & \\ & & & 1 & -1 \end{bmatrix}.$$

数值模拟时, 正则化参数 α 和 β 的初值分别取 0.1 和 0.2, $\varepsilon_1 = 0.01, \varepsilon_2 = 0.01$, 偏差方程中 $c = 1$. 算法之间的比较指标选用 "迭代次数" 和 "正则化解的相对误差" 两项, 其中表 3.6—表 3.14 中的 "相对误差" 即为正则化解的相对误差 $\dfrac{\|x(\alpha,\beta) - x^\dagger\|}{\|x^\dagger\|}$.

算例 1(Hansen P C, 1994) 算例 foxgood(n), 即求解积分方程

$$\int_0^1 \sqrt{s^2 + t^2}f(t)dt = \frac{1}{3}\left((1+s^2)^{\frac{3}{2}} - s^3\right), \quad s \in [0,1]. \tag{3.2.32}$$

取 $f(t) = t$, $n = 256$ 在不同的误差水平下进行数值模拟, 不同算法的计算结果见表 3.6, 表 3.9 以及表 3.12.

算例 2 (Hansen P C, 1994)　　算例 ilaplace(n, 1), 即求解

$$\int_0^\infty \exp(-st) f(t) dt = \frac{1}{s + 1/2}, \quad s \in [0, \infty). \tag{3.2.33}$$

取 $f(t) = \exp(-t/2)$, $n = 100$ 在不同的误差水平下进行数值模拟, 计算结果见表 3.7, 表 3.10 和表 3.13.

算例 3 (Hansen P C, 1994)　　算例 shaw(n), 即求解

$$\int_{-\pi/2}^{\pi/2} (\cos(s) + \cos(t))^2 \left(\frac{\sin(u)}{u} \right)^2 f(t) = g(s), \tag{3.2.34}$$

其中 $u = \pi(\sin(s) + \sin(t))$. 取 $f(t) = 2\exp(-6(t-0.8)^2) + \exp(-2(t+0.5)^2)$, $n = 256$ 在不同的误差水平下进行数值模拟, 不同算法的计算结果见表 3.8, 表 3.11 以及表 3.14.

需特别说明的是: 对以上三个算例进行数值模拟时, 算法 3.11 中选取双曲型模型函数 II (3.2.24) 的计算结果和选取双曲型模型函数 I (3.2.23) 的是完全相同, 故不再列出; 而算法 3.11 选取对数模型函数 (3.2.27) 的计算结果较差, 所以也不予列出.

表 3.6　对于算例 1, 算法 3.11 中选取双曲型模型函数 (3.2.23) 的计算结果 ($n = 256$)

$\hat{\delta}$	γ, κ	α	β	迭代次数	停止条件	相对误差
	$\gamma = \kappa = \infty$	7.8886e−032	0	100	最大步数	8.5078e+000
	$\gamma = \kappa = 1.5$	4.8828e−005	5.2154e−009	11	$G_k < 0$	4.6871e−002
	$\gamma = 6.5, \kappa = 1.5$	9.7656e−005	1.4156e−008	10	$G_k < 0$	2.2217e−002
0.01	$\gamma = 1.5, \kappa = 6.5$	4.8828e−005	5.2154e−009	11	$G_k < 0$	4.6871e−002
	$\gamma = \kappa = 6.5$	9.7656e−005	1.4156e−008	10	$G_k < 0$	2.2217e−002
	$\gamma = 6.5, \kappa = 2.5$	9.7656e−005	1.4156e−008	10	$G_k < 0$	2.2217e−002
	$\gamma = 6.5, \kappa = 3.5$	9.7656e−005	1.4156e−008	10	$G_k < 0$	2.2217e−002
	$\gamma = \kappa = \infty$	7.8886e−032	0	100	最大步数	4.2539e+001
	$\gamma = \kappa = 1.5$	1.9531e−004	2.0862e−008	9	$G_k < 0$	9.1801e−002
	$\gamma = 6.5, \kappa = 1.5$	3.9063e−004	5.6624e−008	8	$G_k < 0$	4.0464e−002
0.05	$\gamma = 1.5, \kappa = 6.5$	1.9531e−004	2.0862e−008	9	$G_k < 0$	9.1801e−002
	$\gamma = \kappa = 6.5$	3.9063e−004	5.6624e−008	8	$G_k < 0$	4.0464e−002
	$\gamma = 6.5, \kappa = 2.5$	3.9063e−004	5.6624e−008	8	$G_k < 0$	4.0464e−002
	$\gamma = 6.5, \kappa = 3.5$	3.9063e−004	5.6624e−008	8	$G_k < 0$	4.0464e−002

表 3.7   对于算例 2, 算法 3.11 中选取双曲型模型函数 (3.2.23) 的计算结果 ($n = 100$)

$\hat{\delta}$	γ, κ	α	β	迭代次数	停止条件	相对误差
	$\gamma = \kappa = \infty$	1.5625e−003	5.3184e−002	6	$G_k < 0$	1.3102e−002
	$\gamma = \kappa = 1.5$	3.9063e−004	2.4634e−007	8	$G_k < 0$	1.3164e−001
	$\gamma = 6.5, \kappa = 1.5$	5.1699e−027	1.2078e−002	84	$G_k < 0$	1.8296e−002
0.01	$\gamma = 1.5, \kappa = 6.5$	3.9063e−004	1.6187e−007	8	$G_k < 0$	1.3170e−001
	$\gamma = \kappa = 6.5$	1.5625e−003	5.3185e−002	6	$G_k < 0$	1.3102e−002
	$\gamma = 6.5, \kappa = 2.5$	7.8125e−004	5.0063e−002	7	$G_k < 0$	1.1402e−002
	$\gamma = 6.5, \kappa = 3.5$	1.5625e−003	5.2940e−002	6	$G_k < 0$	1.3114e−002
	$\gamma = \kappa = \infty$	1.2500e−002	7.8457e−002	3	$G_k < 0$	5.1174e−002
	$\gamma = \kappa = 1.5$	3.1250e−003	2.4912e−006	5	$G_k < 0$	1.6274e−001
	$\gamma = 6.5, \kappa = 1.5$	1.2500e−002	5.0140e−002	3	$G_k < 0$	5.9671e−002
0.05	$\gamma = 1.5, \kappa = 6.5$	3.1250e−003	1.6154e−006	5	$G_k < 0$	1.6281e−001
	$\gamma = \kappa = 6.5$	1.2500e−002	7.8458e−002	3	$G_k < 0$	5.1174e−002
	$\gamma = 6.5, \kappa = 2.5$	1.2500e−002	7.5181e−002	3	$G_k < 0$	5.1942e−002
	$\gamma = 6.5, \kappa = 3.5$	1.2500e−002	7.8135e−002	3	$G_k < 0$	5.1249e−002

表 3.8   对于算例 3, 算法 3.11 中选取双曲型模型函数 (3.2.23) 的计算结果 ($n = 256$)

$\hat{\delta}$	γ, κ	α	β	迭代次数	停止条件	相对误差
	$\gamma = \kappa = \infty$	7.8125e−004	2.3341e−135	7	$G_k < 0$	7.8412e−002
	$\gamma = \kappa = 1.5$	1.9531e−004	2.2817e−008	9	$G_k < 0$	6.0765e−002
	$\gamma = 6.5, \kappa = 1.5$	7.8125e−004	2.3148e−007	7	$G_k < 0$	7.8412e−002
0.01	$\gamma = 1.5, \kappa = 6.5$	1.9531e−004	2.3190e−008	9	$G_k < 0$	6.0765e−002
	$\gamma = \kappa = 6.5$	7.8125e−004	2.0012e−007	7	$G_k < 0$	7.8412e−002
	$\gamma = 6.5, \kappa = 2.5$	7.8125e−004	2.0012e−007	7	$G_k < 0$	7.8412e−002
	$\gamma = 6.5, \kappa = 3.5$	7.8125e−004	2.0012e−007	7	$G_k < 0$	7.8412e−002
	$\gamma = \kappa = \infty$	1.2500e−002	7.2766e−010	3	$G_k < 0$	1.4910e−001
	$\gamma = \kappa = 1.5$	3.1250e−003	3.7402e−007	5	$G_k < 0$	1.2236e−001
	$\gamma = 6.5, \kappa = 1.5$	1.2500e−002	3.1572e−006	3	$G_k < 0$	1.4910e−001
0.05	$\gamma = 1.5, \kappa = 6.5$	3.1250e−003	3.7700e−007	5	$G_k < 0$	1.2236e−001
	$\gamma = \kappa = 6.5$	1.2500e−002	4.5817e−006	3	$G_k < 0$	1.4910e−001
	$\gamma = 6.5, \kappa = 2.5$	1.2500e−002	4.5817e−006	3	$G_k < 0$	1.4910e−001
	$\gamma = 6.5, \kappa = 3.5$	1.2500e−002	4.5817e−006	3	$G_k < 0$	1.4910e−001

表 3.9 对于算例 1, 算法 3.12 中选取线性模型函数 (3.2.25) 的计算结果 $(n = 256)$

$\hat{\delta}$	γ, κ	α	β	迭代次数	停止条件	相对误差
	$\gamma = \kappa = \infty$	—	—	—	—	—
	$\gamma = \kappa = 1.5$	4.8828e−005	1.6861e−006	11	$G_k < 0$	4.6870e−002
	$\gamma = 6.5, \kappa = 1.5$	9.7656e−005	3.3721e−006	10	$G_k < 0$	2.2218e−002
0.01	$\gamma = 1.5, \kappa = 6.5$	7.8886e−032	2.8461e−003	100	最大步数	2.9857e−002
	$\gamma = \kappa = 6.5$	7.8886e−032	2.8461e−003	100	最大步数	2.9857e−002
	$\gamma = 6.5, \kappa = 2.5$	9.7656e−005	3.1926e−004	10	$G_k < 0$	2.2185e−002
	$\gamma = 6.5, \kappa = 3.5$	4.8828e−005	1.2731e−003	11	$G_k < 0$	3.5645e−002
	$\gamma = \kappa = \infty$	—	—	—	—	—
	$\gamma = \kappa = 1.5$	1.9531e−004	1.3488e−005	9	$G_k < 0$	9.1798e−002
	$\gamma = 6.5, \kappa = 1.5$	3.9063e−004	3.5969e−005	8	$G_k < 0$	4.0463e−002
0.05	$\gamma = 1.5, \kappa = 6.5$	7.8886e−032	4.9699e−003	100	最大步数	2.8342e−002
	$\gamma = \kappa = 6.5$	7.8886e−032	4.9699e−003	100	最大步数	2.8342e−002
	$\gamma = 6.5, \kappa = 2.5$	3.9063e−004	1.1566e−003	8	$G_k < 0$	4.0320e−002
	$\gamma = 6.5, \kappa = 3.5$	3.9063e−004	5.0552e−003	8	$G_k < 0$	3.6656e−002

表 3.10 对于算例 2, 算法 3.12 中选取线性模型函数 (3.2.25) 的计算结果 $(n = 100)$

$\hat{\delta}$	γ, κ	α	β	迭代次数	停止条件	相对误差
	$\gamma = \kappa = \infty$	—	—	—	—	—
	$\gamma = \kappa = 1.5$	3.9063e−004	3.4094e−005	8	$G_k < 0$	1.1332e−001
	$\gamma = 6.5, \kappa = 1.5$	1.5625e−003	1.8663e−004	6	$G_k < 0$	1.1445e−001
0.01	$\gamma = 1.5, \kappa = 6.5$	3.9063e−004	2.7593e−002	8	$G_k < 0$	1.5456e−002
	$\gamma = \kappa = 6.5$	1.5625e−003	4.5275e−002	6	$G_k < 0$	1.3802e−002
	$\gamma = 6.5, \kappa = 2.5$	3.1250e−003	7.6623e−003	5	$G_k < 0$	4.2926e−002
	$\gamma = 6.5, \kappa = 3.5$	3.1250e−003	1.9941e−002	5	$G_k < 0$	2.8228e−002
	$\gamma = \kappa = \infty$	—	—	3	—	—
	$\gamma = \kappa = 1.5$	3.1250e−003	8.7483e−004	5	$G_k < 0$	1.2489e−001
	$\gamma = 6.5, \kappa = 1.5$	1.2500e−002	4.7510e−003	3	$G_k < 0$	1.1879e−001
0.05	$\gamma = 1.5, \kappa = 6.5$	3.1250e−003	5.7993e−002	5	$G_k < 0$	5.1221e−002
	$\gamma = \kappa = 6.5$	1.2500e−002	9.5153e−002	3	$G_k < 0$	4.7389e−002
	$\gamma = 6.5, \kappa = 2.5$	1.2500e−002	2.6910e−002	3	$G_k < 0$	7.2338e−002
	$\gamma = 6.5, \kappa = 3.5$	1.2500e−002	4.9825e−002	3	$G_k < 0$	5.9795e−002

表 3.11　对于算例 3, 算法 3.12 中选取线性模型函数 (3.2.25) 的计算结果 ($n = 256$)

$\hat{\delta}$	γ, κ	α	β	迭代次数	停止条件	相对误差
	$\gamma = \kappa = \infty$	—	—	—	—	—
	$\gamma = \kappa = 1.5$	1.9531e−004	1.3478e−005	9	$G_k < 0$	6.0756e−002
	$\gamma = 6.5, \kappa = 1.5$	7.8125e−004	1.0304e−004	7	$G_k < 0$	7.8431e−002
0.01	$\gamma = 1.5, \kappa = 6.5$	2.4414e−005	1.0244e−002	12	$G_k < 0$	8.4338e−002
	$\gamma = \kappa = 6.5$	7.8125e−004	1.0244e−002	12	$G_k < 0$	8.4338e−002
	$\gamma = 6.5, \kappa = 2.5$	7.8125e−004	2.1995e−003	7	$G_k < 0$	7.8992e−002
	$\gamma = 6.5, \kappa = 3.5$	7.8125e−004	8.0065e−003	7	$G_k < 0$	8.5293e−002
	$\gamma = \kappa = \infty$	—	—	5	—	—
	$\gamma = \kappa = 1.5$	3.1250e−003	9.3761e−004	5	$G_k < 0$	1.2245e−001
	$\gamma = 6.5, \kappa = 1.5$	1.2500e−002	7.9345e−003	3	$G_k < 0$	1.4922e−001
0.05	$\gamma = 1.5, \kappa = 6.5$	1.5625e−003	4.5275e−002	6	$G_k < 0$	1.3781e−001
	$\gamma = \kappa = 6.5$	1.2500e−002	9.5153e−002	3	$G_k < 0$	1.5209e−001
	$\gamma = 6.5, \kappa = 2.5$	1.2500e−002	2.8957e−002	3	$G_k < 0$	1.4960e−001
	$\gamma = 6.5, \kappa = 3.5$	1.2500e−002	5.0340e−002	3	$G_k < 0$	1.5076e−001

表 3.12　对于算例 1, 算法 3.12 中选取指数型模型函数 (3.2.26) 的计算结果 ($n = 256$)

$\hat{\delta}$	γ, κ	α	β	迭代次数	停止条件	相对误差
	$\gamma = \kappa = \infty$	9.7656e−005	4.9834e−006	10	$G_k < 0$	2.2218e−002
	$\gamma = \kappa = 1.5$	4.8828e−005	1.4971e−006	11	$G_k < 0$	4.6870e−002
	$\gamma = 6.5, \kappa = 1.5$	9.7656e−005	2.9940e−006	10	$G_k < 0$	2.2218e−002
0.01	$\gamma = 1.5, \kappa = 6.5$	4.8828e−005	2.4921e−006	11	$G_k < 0$	4.6870e−002
	$\gamma = \kappa = 6.5$	9.7656e−005	4.9843e−006	10	$G_k < 0$	2.2218e−002
	$\gamma = 6.5, \kappa = 2.5$	9.7656e−005	7.6232e−006	10	$G_k < 0$	2.2219e−002
	$\gamma = 6.5, \kappa = 3.5$	4.8828e−005	7.5573e−006	10	$G_k < 0$	2.2219e−002
	$\gamma = \kappa = \infty$	3.9063e−004	6.3788e−005	8	$G_k < 0$	4.0463e−002
	$\gamma = \kappa = 1.5$	1.9531e−004	1.1977e−005	9	$G_k < 0$	9.1798e−002
	$\gamma = 6.5, \kappa = 1.5$	3.9063e−004	3.1936e−005	8	$G_k < 0$	4.0463e−002
0.05	$\gamma = 1.5, \kappa = 6.5$	1.9531e−004	1.9937e−005	9	$G_k < 0$	9.1796e−002
	$\gamma = \kappa = 6.5$	3.9063e−004	6.3798e−005	8	$G_k < 0$	4.0463e−002
	$\gamma = 6.5, \kappa = 2.5$	3.9063e−004	6.5051e−005	8	$G_k < 0$	4.0463e−002
	$\gamma = 6.5, \kappa = 3.5$	3.9063e−004	6.4489e−005	8	$G_k < 0$	4.0463e−002

表 3.13 对于算例 2, 算法 3.12 中选取指数型模型函数 (3.2.26) 的计算结果 $(n = 100)$

$\hat{\delta}$	γ, κ	α	β	迭代次数	停止条件	相对误差
	$\gamma = \kappa = \infty$	1.5625e−003	9.5898e−005	6	$G_k < 0$	1.2462e−001
	$\gamma = \kappa = 1.5$	3.9063e−004	2.3569e−005	8	$G_k < 0$	1.1827e−001
	$\gamma = 6.5, \kappa = 1.5$	1.5625e−003	6.3058e−005	6	$G_k < 0$	1.2892e−001
0.01	$\gamma = 1.5, \kappa = 6.5$	3.9063e−004	3.5792e−005	8	$G_k < 0$	1.1257e−001
	$\gamma = \kappa = 6.5$	1.5625e−003	9.5908e−005	6	$G_k < 0$	1.2462e−001
	$\gamma = 6.5, \kappa = 2.5$	1.5625e−003	1.0540e−004	6	$G_k < 0$	1.2344e−001
	$\gamma = 6.5, \kappa = 3.5$	1.5625e−003	9.6302e−005	6	$G_k < 0$	1.2457e−001
	$\gamma = \kappa = \infty$	1.2500e−002	5.2085e−003	3	$G_k < 0$	1.1618e−001
	$\gamma = \kappa = 1.5$	3.1250e−003	4.9864e−004	5	$G_k < 0$	1.3660e−001
	$\gamma = 6.5, \kappa = 1.5$	1.2500e−002	1.9154e−003	3	$G_k < 0$	1.4121e−001
0.05	$\gamma = 1.5, \kappa = 6.5$	3.1250e−003	8.4308e−004	5	$G_k < 0$	1.2571e−001
	$\gamma = \kappa = 6.5$	1.2500e−002	5.2085e−003	3	$G_k < 0$	1.1618e−001
	$\gamma = 6.5, \kappa = 2.5$	1.2500e−002	5.1587e−003	3	$G_k < 0$	1.1645e−001
	$\gamma = 6.5, \kappa = 3.5$	1.2500e−002	5.2260e−003	3	$G_k < 0$	1.1608e−001

表 3.14 对于算例 3, 算法 3.12 中选取指数型模型函数 (3.2.26) 的计算结果 $(n = 256)$

$\hat{\delta}$	γ, κ	α	β	迭代次数	停止条件	相对误差
	$\gamma = \kappa = \infty$	7.8125e−004	1.6977e−004	7	$G_k < 0$	7.8444e−002
	$\gamma = \kappa = 1.5$	1.9531e−004	1.1954e−005	9	$G_k < 0$	6.0757e−002
	$\gamma = 6.5, \kappa = 1.5$	7.8125e−004	8.9450e−005	7	$G_k < 0$	7.8428e−002
0.01	$\gamma = 1.5, \kappa = 6.5$	1.9531e−004	1.9899e−005	9	$G_k < 0$	6.0752e−002
	$\gamma = \kappa = 6.5$	7.8125e−004	1.6979e−004	7	$G_k < 0$	7.8444e−002
	$\gamma = 6.5, \kappa = 2.5$	7.8125e−004	1.7200e−004	7	$G_k < 0$	7.8444e−002
	$\gamma = 6.5, \kappa = 3.5$	7.8125e−004	1.7070e−004	7	$G_k < 0$	7.8444e−002
	$\gamma = \kappa = \infty$	1.2500e−002	9.6333e−003	3	$G_k < 0$	1.4925e−001
	$\gamma = \kappa = 1.5$	3.1250e−003	7.2584e−003	5	$G_k < 0$	1.2243e−001
	$\gamma = 6.5, \kappa = 1.5$	1.2500e−002	5.8117e−003	3	$G_k < 0$	1.4919e−001
0.05	$\gamma = 1.5, \kappa = 6.5$	3.1250e−003	1.3212e−003	5	$G_k < 0$	1.2248e−001
	$\gamma = \kappa = 6.5$	1.2500e−002	9.6341e−003	3	$G_k < 0$	1.4925e−001
	$\gamma = 6.5, \kappa = 2.5$	1.2500e−002	9.8096e−003	3	$G_k < 0$	1.4925e−001
	$\gamma = 6.5, \kappa = 3.5$	1.2500e−002	9.7348e−003	3	$G_k < 0$	1.4925e−001

通过以上分析和表 3.6—表 3.14 中的计算结果, 可得如下结论.

(1) 双曲模型函数 I(3.2.23) 和双曲模型函数 II(3.2.24) 的计算结果是相同; 但如果采用算法 3.9, 双曲模型函数 II(3.2.24) 是全局收敛的, 而双曲模型函数 I(3.2.23) 在更新正则化参数 α 时是局部收敛的.

(2) 从表 3.6—表 3.14 可以看出, 吸收 Morozov 偏差原理具有更好的稳定性. 当取吸收系数 $\gamma = 6.5, \kappa = 6.5$ 甚至更大时, 吸收 Morozov 偏差原理相当于标准 Morozov 偏差原理; 而当 $\gamma = 6.5, \kappa = 2.5$ 或者 $\gamma = 6.5, \kappa = 3.5$ 时, 计算结果更为稳定且正则化解的相对误差小, 因此可作为最佳选择.

(3) 基于线性模型函数 (3.2.25) 的算法 3.12 在与基于双曲模型函数、指数模型函数模型函数的实用算法比较时, 虽然算法的速度上差不多, 但是所得正则化参数 β 的值大得多, 且正则化解有相同水平的误差. 这意味着基于线性模型函数的算法 3.12 能得到更好的正则化参数. 事实上, 太小的 β 极可能导致数值不稳定. 表 3.6 中 $\gamma = \infty, \kappa = \infty$ 的计算结果就是由于 β 快速趋于零而导致求解失败. 因此, 基于线性模型函数 (3.2.25) 的算法 3.12 是值得选用的方法之一.

(4) 从算例 1 和算例 3 来看, 基于指数型模型函数 (3.2.26) 的算法 3.12 也是值得选用的方法之一, 但它对算例 2 的表现较差.

3.3   小   结

本章首先研究了单正则化参数选取的模型函数方法, 对最优函数 $F(\alpha)$ 的不同假设下, 提出了一些新的模型函数, 即线性模型函数、指数型模型函数和对数型模型函数. 基于这些新的模型函数和吸收的 Morozov 偏差原则, 建立正则化参数选取的模型函数基本算法、改进算法以及组合算法等, 其中部分算法是真正具有全局收敛性的. 这些新模型函数和算法是模型函数方法 (Kunisch K et al., 1998; Xie J L et al., 2002) 的进一步推广. 另外, 我们也可以将松弛类的模型函数算法与 Newton 型的迭代法结合起来, 为它们提供初值.

随后, 在 3.2 节中将模型函数方法推广到多个正则化参数的选取问题中, 且以双正则化参数的 Tikhonov 正则化为具体研究对象, 得到了正则化解的收敛性和相关性质, 构造出了两个正则化参数选取的双曲型、线性、指数型和对数型模型函数, 并给出了多正则化参数的模型函数算法及其实用型算法. 数值算例表明基于线性模型函数与指数型模型函数的双正则化参数选取算法是值得采用的. 显然, 关于双正则化参数的分析与结论可直接推广到 (3.2.2) 中更多个正则化参数的选取问题上.

第4章　抛物型方程与方程组中点污染源的数值反演

众所周知, 环境污染是关系到人类可持续发展的关键问题, 而其中水污染问题更应该值得特别关注. 本章所考虑的反演问题模型直接来源于流域水污染问题, 主要考虑如何识别流域中的点污染源的反演问题 (王泽文等, 2006, 2008; Wang Z et al., 2012; Wang Z, 2009), 其数学模型表现为抛物型方程或方程组的源项反演. 源项反演问题来源于工程科学中的许多领域, 旨在从某些测量数据出发探测出未知源项, 即未知的源项强度或位置. 一般来说, 从实际含误差的测量数据来重建未知源项是不适定的. 我们首先考虑的单个抛物型方程模型下的污染源的识别问题, 然后再进一步考虑污染源识别的抛物方程组模型.

4.1　抛物型方程中点污染源的数值反演

4.1.1　问题的描述

考虑到污染物在水中的扩散作用、水的流动作用和流域水系的自净作用, 则流域中污染物浓度 $u(x,t)$ 的控制方程为一维线性抛物型方程

$$\mathbb{L}[u](x,t) := \frac{\partial u}{\partial t} - D\frac{\partial^2 u}{\partial x^2} + V\frac{\partial u}{\partial x} + Ru = F(x,t), \quad x \in \Omega, 0 < t < T, \quad (4.1.1)$$

其中 $\Omega \subset \mathbb{R}^1$ 是所考虑的区域, D 是扩散系数, V 是水的流速, R 是描述流域系统自净能力的系数, 而 $F(x,t)$ 是产生污染 $u(x,t)$ 的源项.

实际上, 除了源项 $F(x,t)$ 会影响污染物浓度 $u(x,t)$ 外, 污染物的初始分布和所考察的区域 Ω 边界处的污染物浓度状态也将影响 Ω 内的污染物的浓度, 即影响方程 (4.1.1) 的解. 在此, 我们假设污染的初始状态为

$$u(x,0) = \varphi(x), \quad x \in \Omega. \quad (4.1.2)$$

如果我们所关心的水污染区域是有限的, 即 $\Omega = (0, l)$, 且取下述 Neumann 边界条件

$$\frac{\partial u}{\partial x}(0,t) = 0, \quad \frac{\partial u}{\partial x}(l,l) = 0, \quad 0 < t < T. \quad (4.1.3)$$

该边界条件意味着在远离污染源的地方, 污染物浓度 $u(x,t)$ 基本保持不变. 另一方面, 当所考察的流域足够长时, 我们可以令 $\Omega = (-\infty, \infty)$. 在这种情况下, $u(x,t)$ 的定解问题则是抛物型方程 Cauchy 问题, 自然 $u(x,t)$ 在无穷远处趋于零.

综上所述, 污染物在流域中的变化规律可归结为如下初边值问题

$$\begin{cases} \mathbb{L}[u](x,t) = F(x,t), & x \in \Omega,\, 0 < t < T, \\ \mathbb{B}[u] = 0, & x \in \partial\Omega,\, 0 < t < T, \\ u(x,0) = \varphi(x), & x \in \Omega, \end{cases} \qquad (4.1.4)$$

其中 $u(x,t)$ 是污染物浓度, 当 $\Omega = (0,l)$ 时边界条件是 (4.1.3), 而当 $\Omega = (-\infty,\infty)$ 时则表示在无穷远处趋于零. 对于给定的初始条件 φ 和源项 F, 定解问题 (4.1.4) 在适当的函数空间中是适定的. 例如, 当 $\varphi(x) \in L^2(0,l)$ 和 $F \in L^{2,1}((0,l) \times (0,T))$ 时, 定解问题 (4.1.4) 存在唯一解 $u \in W_2^{1,0}((0,l) \times (0,T)) := L^2((0,T); W_2^1(0,l))$. 这就是所谓的正演问题.

这里所考虑的反演问题是: 由区域内两个点 $a,b \in \Omega$ 处所给的测量数据 $\{u(a,t), u(b,t) : 0 < t < T\}$ 反演源项 $F(x,t)$. 显然, 所给的两个点处的测量数据是不可能反演一般源项 $F(x,t)$ 的. 为了克服这一困难, 许多学者在一些先验假设条件下得到源项的反演是可行的, 见文献 (Cannon J R, 1986; Cannon J R et al., 1998; Yamamoto M, 1993, 1994; Hettlich F et al., 2001; Choulli M et al., 2004; Badia A El et al., 2005) 及其参考文献. 例如, Cannon 利用谱理论研究了与时间无关的源项 $F(x,t) = f(x)$; 对于 $F(x,t) = \alpha(t)f(x)$ 形式的源项, 在已知 $\alpha \in C^1[0,T]$ 且 $f \in L^2$ 的条件下文献 (Yamamoto M, 1993, 1994) 建立了反演 $f \in L^2$ 的条件稳定性; Hettlich 和 Rundell (2001) 则考虑了二维热传导方程的源项 $F(x,t) = \chi_D(x)$ 的反演问题, 这里 D 是圆盘的一个子集, 证明 D 可以由边界上两个点的热流唯一识别. Choulli 和 Yamamoto (2004) 由边界测量数据识别源项 $F(x_1,x_2,t) = \sigma(t)f(x_1,x_2)$ 的唯一性和条件稳定性.

本章假设 $F(x,t)$ 是个点源的形式, 即

$$F(x,t) = \lambda(t)\delta(x - s),$$

其中 $s \in \Omega$ 代表点源的位置, $\lambda(t) \in L^2[0,T]$ 表示源项的强度且符合 $\lambda(t) \equiv 0, T^* < t < T$. 该源项是由流域中的排污点相对于流域长度来说可以忽略不计抽象而来, 而条件 $\lambda(t) \equiv 0, T^* < t < T$ 则表示从某个时刻 T^* 开始停止了排放. 因此, 本章所考虑的源项反演问题即确定 $(s, \lambda(t))$. 但是, 文献 (Badia A El et al., 2005) 是在齐次边界条件 $u(0,t) = 0, u_x(l,t) = 0$ 和零初始条件 $\varphi(x) = 0$ 下考虑了有限域内的源项反演问题. 从实际应用上来看, 这意味着上游某个点的污染浓度为零, 这也许对于零初始是可能的. 然而, 如果河流在所考察的一开始即被污染, 也就是初始条件 $\varphi(x) \neq 0$, 则条件 $u(0,t) = 0$ 不成立. 这更符合目前环境污染的实际情况, 此时选取边界条件 (4.1.3) 更为恰当. 另一方面, 如果所考察的流域 Ω 足够长且污染源的排

污强度很强, 这时将问题抽象为无穷区域 $\Omega = \mathbb{R}^1$ 的模型更佳. 这就是我们研究该问题的主要出发点.

为了能实现源项的反演, 需进一步假设两个测量点 a, b 分别选择在源的上游和下游各一个点, 即 $a < s < b$. 因此, 我们所考虑的反演问题归结为: 由测量数据

$$\{u(a,t), u(b,t) : 0 < t < T, a < s < b\}$$

和定解问题 (4.1.4) 来反演点源 $F(x,t) = \lambda(t)\delta(x - s)$, 即识别点源的位置 s 和反演点源强度 $\lambda(t)$.

4.1.2 源项反演的唯一性

经函数代换

$$u(x,t) = w(x,t)e^{\frac{V}{2D}x - (\frac{V^2}{4D} + R)t}, \tag{4.1.5}$$

定解问题 (4.1.4) 变换为

$$\begin{cases} \dfrac{\partial w}{\partial t} - D\dfrac{\partial^2 w}{\partial x^2} = F(x,t)e^{-\frac{V}{2D}x + (\frac{V^2}{4D} + R)t}, & x \in \Omega,\ 0 < t < T, \\ \mathbb{B}'[w](x,t) = 0, & x \in \partial\Omega,\ 0 < t < T, \\ w(x,0) = \varphi(x)e^{-\frac{V}{2D}x}, & x \in \Omega, \end{cases} \tag{4.1.6}$$

其中边界条件 $\mathbb{B}'[w] = 0$ 在 $\Omega = (0, l)$ 时表现为

$$\frac{\partial w(0,t)}{\partial x} + \frac{V}{2D}w(0,t) = \frac{\partial w(l,t)}{\partial x} + \frac{V}{2D}w(l,t) = 0, \quad 0 < t < T, \tag{4.1.7}$$

或表示在无穷远急降而趋于零 ($\Omega = \mathbb{R}^1$).

引理 4.1 设 x_0, τ 满足 $0 \leqslant x_0 \leqslant l$ 和 $0 \leqslant \tau \leqslant t_0 < t_1 < +\infty$, 且 $w(x,t)$ 满足

$$\begin{cases} \dfrac{\partial w}{\partial t} = D\dfrac{\partial^2 w}{\partial x^2}, & x \in (0,l),\ \tau < t < t_1, \\ \dfrac{\partial w(0,t)}{\partial x} + \dfrac{V}{2D}w(0,t) = 0, & \tau < t < t_1, \\ \dfrac{\partial w(l,t)}{\partial x} + \dfrac{V}{2D}w(l,t) = 0, & \tau < t < t_1, \\ w(x,\tau) \in L^2(0,l). \end{cases} \tag{4.1.8}$$

如果当 $t \in (t_0, t_1)$ 时 $w(x_0,t) \equiv 0$, 且 $\tan\dfrac{n\pi}{l}x_0 \neq \dfrac{2Dn\pi}{Vl}$, $n = 1, 2, \cdots$, 则 $w(x,\tau) = 0$, $x \in (0, l)$.

证明 根据分离变量法令 $w(x,t) = X(x)T(t)$, 并定义

$$\frac{T'(t)}{T(t)} \equiv \frac{DX''(x)}{X(x)} :\equiv -\mu,$$

则我们得到一个 Sturm-Liouville 特征值问题

$$\begin{cases} DX''(x) + \mu X(x) = 0, \quad 0 < x < l, \\ X'(0) + \dfrac{V}{2D}X(0) = X'(l) + \dfrac{V}{2D}X(l) = 0. \end{cases} \tag{4.1.9}$$

该特征值问题的特征值和特征函数系为

$$\begin{cases} \mu_0 = -\dfrac{V^2}{4D}, \ X_0(x) = e^{-\frac{V}{2D}x}, \\ \mu_n = D\left(\dfrac{n\pi}{l}\right)^2, \ X_n(x) = \cos\left(\dfrac{n\pi}{l}x\right) - \dfrac{V}{2D}\dfrac{l}{n\pi}\sin\left(\dfrac{n\pi}{l}x\right), \quad n = 1,2,3,\cdots. \end{cases} \tag{4.1.10}$$

因此, 定解问题 (4.1.8) 的解可以表示为

$$w(x,t) = C_0 e^{\frac{V^2}{4D}t} X_0(x) + \sum_{n=1}^{\infty} C_n e^{-D(\frac{n\pi}{l})^2 t} X_n(x), \quad 0 < x < l, \ 0 < t < t_1, \tag{4.1.11}$$

其中

$$C_0 = \frac{V}{D(1 - e^{-\frac{V}{D}l})} e^{-\frac{V^2}{4D}\tau} \int_0^l w(x,\tau) X_0(x) dx,$$

$$C_n = \frac{2}{\left[1 + \left(\dfrac{V}{2D}\right)^2 \left(\dfrac{l}{n\pi}\right)^2\right] l} e^{D(\frac{n\pi}{l})^2 \tau} \int_0^l w(x,\tau) X_n(x) dx, \quad n = 1,2,3,\cdots.$$

根据条件 $w(x_0, t) = 0, t \in (t_0, t_1)$, 我们有

$$C_0 X_0(x_0) + \sum_{n=1}^{\infty} C_n e^{-(D(\frac{n\pi}{l})^2 + \frac{V^2}{4D})t} X_n(x_0) \equiv 0, \quad t \in (t_0, t_1).$$

考虑下述复变量函数

$$\Phi(z) := C_0 X_0(x_0) + \sum_{n=1}^{\infty} C_n e^{-(D(\frac{n\pi}{l})^2 + \frac{V^2}{4D})z} X_n(x_0).$$

显然, 对任意 $\alpha > 0$, 函数 $\Phi(z)$ 在区域 $\Re(z) \geqslant \alpha$ 内是解析的, 这里 $\Re(z)$ 表示复数 z 的实部. 由于在区域 $\{0 < t_0 < \Re(z) < t_1, \Im(z) = 0\}$ 内有 $\Phi(z) \equiv 0$ ($\Im(z)$ 表示复数 z 的虚部), 根据解析函数延拓的唯一性定理 (张锦豪等, 2001) 则得 $\Phi(z) \equiv 0, \Re(z) \geqslant \alpha > 0$. 因此,

$$C_0 X_0(x_0) + \sum_{n=1}^{\infty} C_n e^{-(D(\frac{n\pi}{l})^2 + \frac{V^2}{4D})t} X_n(x_0) = 0, \quad t \in (\alpha, +\infty).$$

上述等式两边取极限 $t \to +\infty$, 我们可得

$$C_0 = 0, \quad C_n \left[\cos\left(\frac{n\pi}{l}x_0\right) - \frac{V}{2D}\frac{l}{n\pi}\sin\left(\frac{n\pi}{l}x_0\right) \right] = 0.$$

再利用条件 $\tan\frac{n\pi}{l}x_0 \neq \frac{2Dn\pi}{Vl}$, $n = 1, 2, \cdots$, 我们有

$$C_n = \frac{2}{\left[1 + \left(\frac{V}{2D}\right)^2\left(\frac{l}{n\pi}\right)^2\right]l} e^{D\left(\frac{n\pi}{l}\right)^2\tau} \int_0^l w(x,\tau)X_n(x)dx = 0, \quad n = 1, 2, \cdots.$$

因为特征函数系 $\{X_n(x), n = 0, 1, 2, \cdots\}$ 在 $L^2(0,l)$ 空间中是完备的, 所以在 $L^2(0,l)$ 意义下有 $w(x,\tau) = 0$. □

注 4.2 因为 $\tan\frac{n\pi}{l}x_0 \neq \frac{2Dn\pi}{Vl}, n = 1, 2, \cdots$ 对于 $x_0 = 0$ 或者 $x_0 = l$ 总是成立的, 则上述引理在假设 $w(0,t) \equiv 0, t \in (t_0, t_1)$ 或 $w(l,t) \equiv 0, t \in (t_0, t_1)$ 下同样成立.

注 4.3 集合 $X := \left\{x \left| \tan\frac{n\pi}{l}x \neq \frac{2D}{V}\frac{n\pi}{l}, n = 1, 2, \cdots\right.\right\}$ 的测度等于 1. 实际上, 至多只有一个点 x_0 使得 $\forall n_0$ 成立, $\tan\frac{n_0\pi}{l}x = \frac{2D}{V}\frac{n_0\pi}{l}$.

基于变换 (4.1.5) 和引理 4.1, 很容易得到下述结论成立.

定理 4.4 设 $\Omega = (0,l)$ 和 $T^* < T$, $u(x,t)$ 满足

$$\begin{cases} \mathbb{L}[u](x,t) = 0, & x \in \Omega, t \in (T^*, T), \\ \mathbb{B}[u] = 0, & x \in \partial\Omega, t \in (T^*, T), \\ u(x,T^*) \in L^2(\Omega). \end{cases} \quad (4.1.12)$$

则以下结论成立.

(1) 如果 $u(b,t) = 0, t \in (T^*, T)$, 其中观测点 $b \in \Omega$ 使得 $\tan\frac{n\pi}{l}b \neq \frac{2Dn\pi}{Vl}$, $n = 1, 2, \cdots$ 成立, 则在 $L^2(\Omega)$ 意义下 $u(x,T^*) = 0$;

(2) 如果 $u(0,t) = 0, t \in (T^*, T)$ 或者 $u(l,t) = 0, t \in (T^*, T)$, 则在 $L^2(\Omega)$ 意义下有 $u(x,T^*) = 0$.

接下来, 我们考虑问题 (4.1.4) 中的源项识别的唯一性问题. 设 $u_i(x,t)$, $i = 1, 2$ 是定解问题

$$\begin{cases} \mathbb{L}[u](x,t) = \lambda_i(t)\delta(x - s_i), & x \in \Omega, 0 < t < T, \\ \mathbb{B}[u] = 0, & x \in \partial\Omega, 0 < t < T, \\ u(x,0) = \varphi(x), & x \in \Omega \end{cases} \quad (4.1.13)$$

的解, 其中 Ω 是 $(0,l)$ 或者是 $\mathbb{R}^1$. 我们所考虑的反演问题的唯一性结论即为以下定理所述.

定理 4.5　设 $F_i(x,t) = \lambda_i(t)\delta(x - s_i)$，其中 $s_i \in (a,b) \subset \Omega$，$\lambda_i(t) \in L^2(0,T)$ 且 $\lambda_i(t) = 0$，$T^* < t < T$. 当 $\Omega = (0,l)$ 时，还需假设 $\tan\dfrac{n\pi}{l}b \neq \dfrac{2Dn\pi}{Vl}$，$n = 1,2,\cdots$. 那么 $\{u_1(a,t) = u_2(a,t), u_1(b,t) = u_2(b,t)|\ 0 < t < T\}$ 则意味着 $s_1 = s_2$ 和在 $L^2(0,T)$ 意义下有 $\lambda_1(t) = \lambda_2(t)$.

证明　令 $v = u_2 - u_1$. 那么 $v(x,t)$ 满足定解问题

$$\begin{cases} \mathbb{L}[v](x,t) = \lambda_2(t)\delta(x - s_2) - \lambda_1(t)\delta(x - s_1), & x \in \Omega, 0 < t < T, \\ \mathbb{B}[v] = 0, & x \in \partial\Omega, 0 < t < T, \\ v(x,0) = 0, & x \in \Omega. \end{cases} \quad (4.1.14)$$

定理条件 $u_1(a,t) = u_2(a,t), u_1(b,t) = u_2(b,t)$ 则变为

$$v(a,t) = v(b,t) = 0, \quad 0 < t < T.$$

第一步，在 $\Omega\backslash(a,b) \times (0,T)$ 内考虑 $v(x,t)$. 此时，$v(x,t)$ 满足

$$\begin{cases} \mathbb{L}[v](x,t) = 0, & x \in \Omega\backslash(a,b), 0 < t < T, \\ \mathbb{B}[v] = 0, & x \in \partial\Omega, 0 < t < T, \\ v(x,0) = 0, & x \in \Omega, \end{cases} \quad (4.1.15)$$

这里 (4.1.15) 的方程右端之所以为齐次是由于 $0 < a < s_i < b < l, i = 1,2$. 因为 $v(a,t) = v(b,t) = 0$，所以很容易从定解问题 (4.1.15) 得到

$$v(x,t) = 0, \quad (x,t) \in \Omega\backslash(a,b) \times (0,T).$$

又因为 $v(x,t)$ 是关于 x 二次可微的，所以

$$\frac{\partial v(a,t)}{\partial x} = \frac{\partial v(b,t)}{\partial x} = 0, \quad t \in (0,T) \quad (4.1.16)$$

和

$$v(x,T^*) = 0, \quad x \in \Omega\backslash(a,b). \quad (4.1.17)$$

第二步，在 $(a,b) \times (T^*,T)$ 内考虑 $v(x,t)$. 因为 $\lambda_i(t) = 0, T^* < t < T$ 和结果 (4.1.16)，所以有

$$\begin{cases} \mathbb{L}[v](x,t) = 0, & x \in (a,b), T^* < t < T, \\ \dfrac{\partial v(a,t)}{\partial x} = \dfrac{\partial v(b,t)}{\partial x} = 0. & T^* < t < T, \\ v(x,T^*) \in L^2, & x \in (a,b). \end{cases} \quad (4.1.18)$$

在定理 4.4 中的第二结论中用 (a,b) 替换掉 $(0,l)$，那么对于问题 (4.1.18)，由条件 $v(a,t) = 0, t \in (T^*,T)$ 或者条件 $v(b,t) = 0, t \in (T^*,T)$ 可得

$$v(x, T^*) = 0, \quad x \in (a, b). \tag{4.1.19}$$

结合 (4.1.19) 和 (4.1.17) 两式, 即可得 $v(x, T^*) = 0, x \in \Omega$.

第三步, 在 $(a, b) \times (0, T^*)$ 内考虑 $v(x, t)$. 这时 $v(x, t)$ 满足

$$\begin{cases} \mathbb{L}[v](x, t) = \lambda_2(t)\delta(x - s_2) - \lambda_1(t)\delta(x - s_1), & x \in (a, b), 0 < t < T^*, \\ \dfrac{\partial v(a, t)}{\partial x} = \dfrac{\partial v(b, t)}{\partial x} = 0, & 0 < t < T^*, \\ v(a, t) = v(b, t) = 0, & 0 < t < T^*, \\ v(x, 0) = 0, & x \in (a, b). \end{cases} \tag{4.1.20}$$

设 $r_i, i = 1, 2$ 是特征方程 $-Dr^2 - Vr + R = 0$ 的解. 问题 (4.1.20) 中的方程两边同乘以 $e^{r_i x}$, 则得

$$\int_a^b \int_0^{T^*} \mathbb{L}[v](x, t)e^{r_i x}dtdx = e^{r_i s_2}\int_0^{T^*}\lambda_2(t)dt - e^{r_i s_1}\int_0^{T^*}\lambda_1(t)dt, \quad i = 1, 2. \tag{4.1.21}$$

对上式的左边进行分部积分, 并利用零边界条件 $v(a, t) = v(b, t) = 0$ 和由第一步和第二步得到的 $v(x, 0) = v(x, T^*) = 0$, 则由 (4.1.21) 可得

$$\bar{\lambda}_2 e^{r_1 s_2} = \bar{\lambda}_1 e^{r_1 s_1}, \quad \bar{\lambda}_2 e^{r_2 s_2} = \bar{\lambda}_1 e^{r_2 s_1},$$

其中 $\bar{\lambda} = \displaystyle\int_0^{T^*}\lambda(t)dt$. 又因为 $r_1 \neq r_2$ 和 $\bar{\lambda}_i > 0$, 所以证得

$$s_1 = s_2, \quad \bar{\lambda}_1 = \bar{\lambda}_2.$$

第四步, 记 $s = s_1 = s_2$, 并引进变换 $v(x, t) = w(x, t)e^{\frac{V}{2D}x - (\frac{V^2}{4D} + R)t}$. 那么 $v(x, t)$ 是 (4.1.14) 的解当且仅当 $w(x, t)$ 是以下定解问题的解

$$\begin{cases} \dfrac{\partial w}{\partial t} - D\dfrac{\partial^2 w}{\partial x^2} = (\lambda_2(t) - \lambda_1(t))\delta(x - s)e^{-\frac{V}{2D}x + (\frac{V^2}{4D} + R)t}, & x \in \Omega, 0 < t < T, \\ \mathbb{B}'[w] = 0, & x \in \partial\Omega, 0 < t < T, \\ w(x, 0) = 0, & x \in \Omega. \end{cases} \tag{4.1.22}$$

根据 (4.1.11) 以及 Duhamel 齐次化原理, 问题 (4.1.22) 的解可表示为

$$w(x, t) = e^{-\frac{V}{2D}s}\int_0^t e^{(\frac{V^2}{4D} + R)\tau}(\lambda_2(\tau) - \lambda_1(\tau))K(x, t - \tau)d\tau, \tag{4.1.23}$$

其中当 $\Omega = (0, l)$ 时 $K(x, t)$ 为

$$K(x, t) = \frac{VX_0(s)}{D(1 - e^{-\frac{V}{D}l})}e^{\frac{V^2}{4D}t}X_0(x) + \sum_{n=1}^{\infty}\frac{2X_n(s)}{\left[1 + \left(\frac{V}{2D}\right)^2\left(\frac{l}{n\pi}\right)^2\right]l}e^{-D(\frac{n\pi}{l})^2 t}X_n(x),$$

$$\tag{4.1.24}$$

而当 $\Omega = (-\infty, +\infty)$ 时 $K(x,t)$ 则为

$$K(x,t) = \frac{1}{2\sqrt{D\pi t}} e^{-\frac{|x-s|^2}{4Dt}}. \tag{4.1.25}$$

因为 $v(b,t) = 0$, 则从 (4.1.23) 即可得

$$\int_0^t e^{(\frac{V^2}{4D}+R)\tau} (\lambda_2(\tau) - \lambda_1(\tau)) K(b, t-\tau) d\tau = 0.$$

根据 L^1 上函数的 Titchmarsh 卷积定理 (Titchmarsh E C, 1939), 函数 $\lambda_2(t) - \lambda_1(t)$ 和函数 $K(b,t)$ 必分别在 $(0, T')$ 和 $(0, T'')$ 中的一个中为零, 其中 $T' + T'' \geqslant T$.

下面, 我们将证明对任意的 $T'' > 0$, 函数 $K(b,t) = 0$ 不可能成立. 显然, 当 $\Omega = (-\infty, +\infty)$ 时, 从表达式 (4.1.25) 即可得 $K(b,t) \not\equiv 0, t \in (0, +\infty)$. 当 $\Omega = (0, l)$ 时, 如果对某个 $T'' > 0$ 有 $K(b,t) = 0$, 那么根据解析函数延拓的唯一性定理可知 $K(b,t) = 0, t \in (0, +\infty)$. 根据式 (4.1.24), 那么对于 $n = 1, 2, \cdots$, 有

$$\left[\cos\left(\frac{n\pi}{l}s\right) - \frac{V}{2D}\frac{l}{n\pi}\sin\left(\frac{n\pi}{l}s\right) \right]\left[\cos\left(\frac{n\pi}{l}b\right) - \frac{V}{2D}\frac{l}{n\pi}\sin\left(\frac{n\pi}{l}b\right) \right] = 0.$$

注意到 $\tan\frac{n\pi}{l}b \neq \frac{2D}{V}\frac{n\pi}{l}, n = 1, 2, \cdots$, 则有

$$\cos\left(\frac{n\pi}{l}s\right) - \frac{V}{2D}\frac{l}{n\pi}\sin\left(\frac{n\pi}{l}s\right) = 0, \quad \forall\, n = 1, 2, \cdots,$$

其中 $0 < a < s < b < l$. 这是显然不可能的. 事实上, $\exists n \geqslant 1$ 使得 $\frac{1}{n+1} \leqslant \frac{b}{l} < \frac{1}{n}$, $\tan\frac{n\pi}{l}s < 0$. 所以, 证得当 $\Omega = (0, l)$ 时也有 $K(b,t) \not\equiv 0, t \in (0, +\infty)$.

因此, 根据 Titchmarsh 卷积定理 (Titchmarsh E C, 1939) 证得了在 L^2 意义下有 $\lambda_1(t) = \lambda_2(t), t \in (0, T)$. $\square$

4.1.3   源项反演的局部 Lipschitz 稳定性

源项反演的稳定性是指在反演源项 $F(x,t)$ 时, 它对测量数据的 $\{u(a,t), u(b,t) | 0 < t < T, 0 < a < b < l\}$ 的连续依赖性. 在此, 我们给出识别源项 $F(x,t) = \lambda(t)\delta(x-s)$ 的位置 s 和强度 $\lambda(t)$ 的局部 Lipschitz 稳定性.

令

$$M = \{(\lambda(t), s) \in L^2(0, T) \times (a, b) \mid \lambda(t) \geqslant 0, \text{且 } \lambda(t) = 0, \forall t \geqslant T^*\}.$$

设 $(\lambda, s) \in M$ 和 $(\mu, \tau) \in M$, 对充分小的 h 有 $(\lambda + h\mu, s + h\tau) \in M$, 那么关于 $(\lambda + h\mu, s + h\tau)$ 的源项则为

$$F^h(x,t) = (\lambda(t) + h\mu(t))\delta(x - (s + h\tau)).$$

对 $F^h(x,t)$ 关于 h 作 Taylor 展开, 则存在 $|\theta| < 1$ 使得

$$F^h(x,t) = F(x,t) + h\widehat{F}(x,t) + h^2\widetilde{F}(x,t),$$

其中

$$F(x,t) = \lambda(t)\delta(x-s), \quad \widehat{F}(x,t) = \mu(t)\delta(x-s) - \lambda(t)\tau\delta'(x-s),$$

$$\widetilde{F}(x,t) = -\mu(t)\tau\delta'(x-(s+\theta h\tau)) + \frac{1}{2}\left(\lambda(t) + \theta h\mu(t)\right)\tau^2\delta''(x-(s+\theta h\tau)).$$

设 $u^h(x,t)$ 是问题 (4.1.4) 关于源项 $F^h(x,t)$ 的解. 因此,

$$u^h(x,t) = u(x,t) + hu(x,t;\widehat{F}) + h^2u(x,t;\widetilde{F}),$$

其中 $u(x,t;\widehat{F})$ 和 $u(x,t;\widetilde{F})$ 是以下定解问题分别关于源项 $F(x,t) = \widehat{F}(x,t)$ 和 $F(x,t) = \widetilde{F}(x,t)$ 的解.

$$\begin{cases} \mathbb{L}[u](x,t) = F(x,t), & x \in \Omega, 0 < t < T, \\ \mathbb{B}[u] = 0, & x \in \partial\Omega, 0 < t < T, \\ u(x,0) = 0, & x \in \Omega. \end{cases} \tag{4.1.26}$$

定理 4.6 (局部 Lipschitz 稳定性) 如果 $(\mu(t),\tau) \neq (0,0)$, 则

$$\lim_{h\to 0}\frac{u^h(a,t) - u(a,t)}{h} = u(a,t;\widehat{F}), \quad \lim_{h\to 0}\frac{u^h(b,t) - u(b,t)}{h} = u(b,t;\widehat{F}),$$

且 $(u(a,t;\widehat{F}), u(b,t;\widehat{F})) \neq (0,0)$.

证明 显然, 根据 Taylor 展开有

$$\lim_{h\to 0}\frac{u^h(a,t) - u(a,t)}{h} = u(a,t;\widehat{F}), \quad \lim_{h\to 0}\frac{u^h(b,t) - u(b,t)}{h} = u(b,t;\widehat{F}).$$

下面, 只需证 $(u(a,t;\widehat{F}), u(b,t;\widehat{F})) \neq (0,0)$. 若 $(u(a,t;\widehat{F}), u(b,t;\widehat{F})) = (0,0)$, 则从引理 4.1 和定理 4.5 的证明中可得

$$u(x,T^*;\widehat{F}) = 0, \forall x \in \Omega \quad \text{和} \quad \frac{\partial u(a,t,\widehat{F})}{\partial x} = \frac{\partial u(b,t;\widehat{F})}{\partial x} = 0, \forall t \in (0,T^*).$$

在 (4.1.26) 中取 $F(x,t) = \widehat{F}(x,t)$, 按照定理 4.5 中的证明方法, 方程两边同乘以 $v_i(x) = e^{r_i x}$ 后关于 x 和 t 在 $(a,b) \times (0,T^*)$ 上积分, 则有 $(\mu(t),\tau) = (0,0)$. 显然, 这与定理的条件相矛盾. 因此, $(u(a,t;\widehat{F}), u(b,t;\widehat{F})) \neq (0,0)$. $\qquad\square$

4.1.4　源项反演的算法

下面, 我们给出反演源项 $(s, \lambda(t))$ 的算法. 我们的反演算法直接来源于问题唯一性的证明过程, 且将 $\Omega = (0, l)$ 和 $\Omega = (-\infty, +\infty)$ 两种情形统一在一个算法中. 算法的输入数据均为 $\{u(a, t), u(b, t) \mid t \in [0, T], a < s < b\}$. 详细算法步骤如下.

第一步, 计算 $u(x, T^*)$, $x \in (a, b)$ 和 $\dfrac{\partial u(a, t)}{\partial x}, \dfrac{\partial u(b, t)}{\partial x}$, $t \in (0, T)$.

首先, 利用数据 $\{u(b, t) : 0 < t < T\}$ 根据定解问题

$$
\begin{cases}
\mathbb{L}[u](x, t) = 0, & x \in \Omega,\ T^* < t < T, \\
\mathbb{B}[u] = 0, & x \in \partial\Omega,\ T^* < t < T
\end{cases}
\tag{4.1.27}
$$

来计算出 $u(x, T^*), x \in \Omega$, 其中方程右端项为零的原因是 $\lambda(t) = 0, T^* < t < T$. 这也是一个经典的反演问题, 可利用正则化方法求解, 参见文献 (Denisov A M, 1999; Isakov V, 1998; 刘继军, 2005; Hasanov A et al., 2001).

其次, 对于有限域 $\Omega = (0, l)$, 由已知的 $u(a, t)$ 和

$$
\begin{cases}
\mathbb{L}[u](x, t) = 0, & 0 < x < a, 0 < t < T, \\
\dfrac{\partial u(0, t)}{\partial x} = 0, & 0 < t < T, \\
u(x, 0) = \varphi(x), & 0 < x < a
\end{cases}
\tag{4.1.28}
$$

计算 $\dfrac{\partial u(a, t)}{\partial x}$; 或者对于 $\Omega = (-\infty, +\infty)$, 则由已知的 $u(a, t)$ 和

$$
\begin{cases}
\mathbb{L}[u](x, t) = 0, & -\infty < x < a, 0 < t < T, \\
u(x, 0) = \varphi(x), & -\infty < x < a
\end{cases}
\tag{4.1.29}
$$

来计算 $\dfrac{\partial u(a, t)}{\partial x}$. 这里方程右端项为零则是因为 $a < s$. 类似地, 可计算出 $\dfrac{\partial u(b, t)}{\partial x}$. 在数值实验中, 我们采用抛物型方程经典的显示格式 (孙志忠, 2012) 来计算正演问题 (4.1.28) 和 (4.1.29). 而对于导数 $\dfrac{\partial u(x, t)}{\partial x}\Big|_{x=a, b}, 0 \leqslant t \leqslant T^*$, 则采用高精度的差商格式

$$
\begin{aligned}
\frac{\partial u(x, t_j)}{\partial x} &= \frac{u_{x+h, j} - u_{x, j}}{h} - \frac{h}{2k}(u_{x, j+1} - u_{x, j}) \\
&\quad - \frac{h}{6k}(u_{x+h, j+1} - u_{x+h, j} - u_{x, j+1} + u_{x, j}) + O(h^4),
\end{aligned}
\tag{4.1.30}
$$

其中 $u_{x, j} := u(x, t_j)$, $k = \Delta t$ 和 $h = \Delta x$ 分别是时间步长和空间步长.

第二步, 识别源项位置 s.

为了识别源项位置, 我们不但需要测量数据 $u(a, t), u(b, t)$, 而且需要第一步计

算出的 $u(x, T^*), \dfrac{\partial u(a,t)}{\partial x}, \dfrac{\partial u(b,t)}{\partial x}$. 考虑问题

$$\begin{cases} \mathbb{L}[u](x,t) = \lambda(t)\delta(x-s), & x \in \Omega, \ 0 < t < T^*, \\ \mathbb{B}[u] = 0, & x \in \partial\Omega, \ 0 < t < T^*, \\ u(x,0) = \varphi(x), & x \in \Omega. \end{cases} \qquad (4.1.31)$$

在 (4.1.31) 中的方程两边同乘以 $e^{r_ix}, i = 1,2$, 并在 $[a,b] \times [0,T^*]$ 上关于 x 和 t 积分, 则有

$$\bar{\lambda}e^{r_is} = \int_a^b [u(x,T^*) - \varphi(x)]e^{r_ix}dx - D\int_0^{T^*} \left[e^{r_ix}\frac{\partial u(x,t)}{\partial x}\right]_a^b dt$$

$$+ D\int_0^{T^*} [r_iu(x,t)e^{r_ix}]_a^b dt + V\int_0^{T^*} [u(x,t)e^{r_ix}]_a^b dt, \quad i = 1,2. \qquad (4.1.32)$$

其中 $[f]_a^b = f(b) - f(a)$. 将上面两个等式相减, 得

$$s = \frac{1}{r_1 - r_2}\ln\frac{M_1}{M_2}, \qquad (4.1.33)$$

其中 $M_i, i = 1,2$ 是 (4.1.32) 的右端.

注 4.7 当 $\Omega = (0,l)$ 时, 对 (4.1.31) 的方程在 $[0,l] \times [0,T^*]$ 上关于 x 和 t 积分, 与 (4.1.32) 类似可得

$$\bar{\lambda}e^{r_is} = \int_0^l [u(x,T^*) - \varphi(x)]e^{r_ix}dx + D\int_0^{T^*} [r_iu(x,t)e^{r_ix}]_0^l dt + V\int_0^{T^*} [u(x,t)e^{r_ix}]_0^l dt,$$

其中 $u(0,t)$ 和 $u(l,t)$ 可由 $u(a,t), u(b,t)$ 和相应的定解问题求得.

第三步, 反演源项强度 $\lambda(t)$.

情形 A: $\Omega = (0,l)$.

根据 (4.1.11) 和 (4.1.23), 问题 (4.1.4) 的解为

$$u(x,t) = (w_1(x,t) + w_2(x,t))e^{\frac{V}{2D}x - (\frac{V^2}{4D}+R)t}, \qquad (4.1.34)$$

这里

$$w_1(x,t) = C_0 e^{\frac{V^2}{4D}t}X_0(x) + \sum_{n=1}^{\infty} C_n e^{-D(\frac{n\pi}{l})^2 t}X_n(x),$$

$$w_2(x,t) = \int_0^t e^{(\frac{V^2}{4D}+R)\tau}\lambda(\tau)K(x,t-\tau)d\tau,$$

其中的系数为

$$C_0 = \frac{V}{D(1 - e^{-\frac{V}{D}l})}\int_0^l \varphi(x)e^{-\frac{V}{2D}x}X_0(x)dx,$$

$$C_n = \frac{2}{\left[1+\left(\dfrac{V}{2D}\right)^2\left(\dfrac{l}{n\pi}\right)^2\right]l}\int_0^l \varphi(x)e^{-\frac{V}{2D}x}X_n(x)dx,$$

$$K(x,t) = \frac{V}{D(1-e^{-\frac{V}{D}l})}e^{-\frac{V}{2D}s}X_0(s)e^{\frac{V^2}{4D}t}X_0(x)$$

$$+\sum_{n=1}^{\infty}\frac{2}{\left[1+\left(\dfrac{V}{2D}\right)^2\left(\dfrac{l}{n\pi}\right)^2\right]l}e^{-\frac{V}{2D}s}X_n(s)e^{-D(\frac{n\pi}{l})^2t}X_n(x).$$

重新整理, 得

$$g(x,t) = \int_0^t e^{(\frac{V^2}{4D}+R)\tau}\lambda(\tau)K(x,t-\tau)d\tau, \tag{4.1.35}$$

其中 $g(x,t) = u(x,t)e^{-\frac{V}{2D}x+(\frac{V^2}{4D}+R)t}-w_1(x,t)$. 因此, 我们可以从 (4.1.35) 由 $g(b,t)$ 反演出源项强度 $\lambda(t)$, 这里 $g(b,t)$ 是由 $u(b,t)$ 计算所得.

情形 B: $\Omega = (-\infty, +\infty)$.

这时, 根据抛物型方程的基本解的方法, 问题 (4.1.4) 的解为

$$u(x,t) = e^{\frac{Vx}{2D}-(\frac{V^2}{4D}+R)t}\left(\frac{1}{2\sqrt{D\pi t}}\int_{-\infty}^{+\infty}\varphi(y)e^{-\frac{|x-y|^2}{4Dt}-\frac{Vy}{2D}}dy\right.$$

$$\left.+\frac{1}{2\sqrt{D\pi}}\int_0^t\frac{\lambda(\tau)e^{-\frac{Vs}{2D}+(\frac{V^2}{4D}+R)\tau}}{\sqrt{t-\tau}}e^{-\frac{|x-s|^2}{4D(t-\tau)}}d\tau\right). \tag{4.1.36}$$

整理后, 上式可以写成

$$g(x,t) = \int_0^t e^{(\frac{V^2}{4D}+R)\tau}\lambda(\tau)K(x,t-\tau)d\tau, \quad x\in\mathbb{R}^1, \tag{4.1.37}$$

其中

$$g(x,t) = u(x,t)e^{-\frac{V}{2D}x+(\frac{V^2}{4D}+R)t}-\frac{1}{2\sqrt{D\pi t}}\int_{-\infty}^{+\infty}\varphi(y)e^{-\frac{|x-y|^2}{4Dt}-\frac{Vy}{2D}}dy,$$

$$K(x,t) = \frac{e^{-\frac{Vs}{2D}}}{2\sqrt{D\pi t}}e^{-\frac{|x-s|^2}{4Dt}}.$$

同样, 我们可以利用数据 $g(b,t)$ 重建出源项强度 $\lambda(t)$. 值得注意的是, 不管是 (4.1.35) 还是 (4.1.37) 都是第一类 Volterra 积分方程, 其中积分核是 $K(x,t-\tau)|_{x=a,b}$. 众所周知, 求解第一类 Volterra 积分方程是不适定的, 因此求解时需要正则化策略.

4.1.5 数值算例

算例 1 一个经典的水污染模型的源项反演.

在本小节, 我们选取一个经典水污染模型 (Roldao J S F et al., 1991) 来验证算法的有效性. 我们取河道长度为 $l = 1000$m, $T = 3.6$h, $T^* = 3$h, 扩散系数 $D = 29$ m^{2}s^{-1}, 水的流速 $V = 0.66$ms^{-1}, 自净系数为 $R = 1.01 \times 10^{-5}$ s. 初始污染为

$$\varphi(x) = 5 + 0.1 \times e^{-10^{-4}(x-500)^2}.$$

设源项位置 $s = 400$m 和源项强度为

$$\lambda(t) = \sum_{k=1}^{3} \alpha_k e^{-\beta_k(t-\tau_k)^2},$$

其中的参数为 $\alpha_1 = 12, \alpha_2 = 20, \alpha_3 = 16, \beta_1 = 10^{-6}, \beta_2 = 2 \times 10^{-6}, \beta_3 = 10^{-6}, \tau_1 = 2500s, \tau_2 = 6000s, \tau_3 = 9000$s. 测量点选取 $a = 200$m 和 $b = 600$m.

为利用上面提出的针对 $\Omega = (0, l)$ 反演算法, 我们将 $(0, l) \times (0, T^*)$ 区域变换为 $(0, 1) \times (0, 1)$. 相应地, 反演问题模型为

$$\begin{cases} \dfrac{\partial u}{\partial t} - D_1 \dfrac{\partial^2 u}{\partial x^2} + V_1 \dfrac{\partial u}{\partial x} + R_1 u = T^* \lambda_1(t) \delta(x - s_1), & 0 < x < 1, \ 0 < t < T_1, \\ \dfrac{\partial u(0, t)}{\partial x} = \dfrac{\partial u(1, t)}{\partial x} = 0. & 0 < t < T_1, \\ u(x, 0) = 5 + 0.1 \times e^{-100(x-0.5)^2}, & 0 < x < 1. \end{cases} \quad (4.1.38)$$

其中 $D_1 = 0.3132, V_1 = 7.128, R_1 = 0.10908, T_1 = \dfrac{T}{T^*}, T_1^* = 1, \lambda_1(t) = \lambda(tT^*)$ 和 $s_1 = \dfrac{s}{l}$. 此时测量点 a 和 b 则变换为 $a_1 = 0.2$ 和 $b_1 = 0.6$.

同时, 我们也把问题 (4.1.38) 中的方程作为无穷模型的方程, 即

$$\begin{cases} \dfrac{\partial u}{\partial t} - D_1 \dfrac{\partial^2 u}{\partial x^2} + V_1 \dfrac{\partial u}{\partial x} + R_1 u = T^* \lambda_1(t) \delta(x - s_1), & x \in \mathbb{R}^1, 0 < t < T_1, \\ u(x, 0) = 5 + 0.1 \times e^{-100(x-0.5)^2}, & x \in \mathbb{R}^1. \end{cases} \quad (4.1.39)$$

然后, 利用上一小节提出的算法进行了数值模拟.

源项反演的数值模拟对于有限域模型和无穷域模型分别进行了数值模拟. 数值模拟中的一步是重建 $u(x, T^*)$, $x \in \Omega$, 这也是一个不适定的反演问题. 在此, 利用拟解法 (Hasanov A et al., 2001) 来重建 $u(x, T^*)$, $x \in \Omega$. 在计算源项位置时, 我们利用数值积分的梯形公式计算式 (4.1.32) 中的积分. 注意到在反演源项强度 $\lambda(t)$ 时, 求解第一类积分方程 (4.1.35) 也是不适定的. 因此, 我们利用截断奇异值分解 (TSVD) 正则化 (刘继军, 2005; Hansen P C, 1994) 和正则化参数选取 L-曲线法

(Hansen P C et al., 1993; Hansen P C, 1994) 求解离散后的代数方程组. 在我们的计算程序中, 我们利用了 Hansen (Hansen P C, 1994) 部分求解不适定问题的程序代码.

为验证算法的稳定性, 测量数据按下述方式得到:

$$\tilde{u}(x, t_j) = u(x, t_j) + u(x, t_j) \cdot \varepsilon(2\,\mathrm{rand}\,(1) - 1), \quad x = a, b,$$

其中 $u(x, t_j)$ 是正演问题经有限差分格式计算所得近似值, rand(1) 是 $(0,1)$ 服从均匀分布的随机数, 而 ε 则表示了相对误差水平. 以下所有数值结果都是在原区域上 $(0, l) \times (0, T)$ 表示的.

情形 A: 有限流域模型, 即 $\Omega = (0, l)$.

在情形 A 下, 我们得到源项位置的识别结果

$$当 \varepsilon = 0.000 \ 时, \quad s = 405.18,$$

$$当 \varepsilon = 0.005 \ 时, \quad s = 405.15,$$

$$当 \varepsilon = 0.010 \ 时, \quad s = 405.19.$$

然后, 分别利用识别到的位置 s 反演源项强度 $\lambda(t)$, 反演结果见图 4.1—图 4.3.

情形 B: 无穷流域模型, 即 $\Omega = (-\infty, +\infty)$.

在情形 B 下, 我们得到源项位置的识别结果

$$当 \varepsilon = 0.000 \ 时, \quad s = 404.55,$$

$$当 \varepsilon = 0.005 \ 时, \quad s = 404.47,$$

$$当 \varepsilon = 0.010 \ 时, \quad s = 405.58.$$

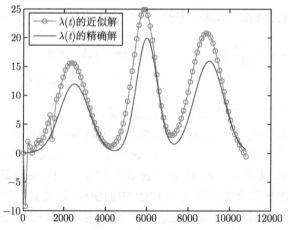

图 4.1   有限流域模型中 $\lambda(t)$ 的反演结果图, 其中 $\varepsilon = 0$

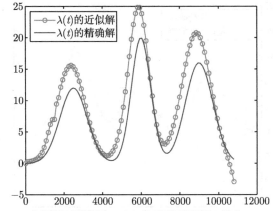

图 4.2 有限流域模型中 $\lambda(t)$ 的反演结果图, 其中 $\varepsilon = 0.005$

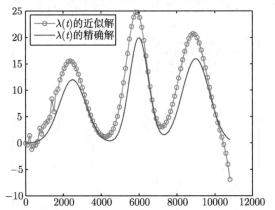

图 4.3 有限流域模型中 $\lambda(t)$ 的反演结果图, 其中 $\varepsilon = 0.01$

然后, 分别利用识别到的位置 s 反演源项强度 $\lambda(t)$, 反演结果见图 4.4—图 4.6.

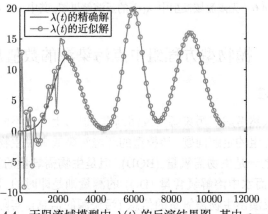

图 4.4 无限流域模型中 $\lambda(t)$ 的反演结果图, 其中 $\varepsilon = 0$

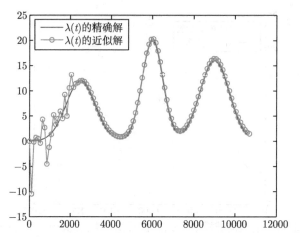

图 4.5　无限流域模型中 $\lambda(t)$ 的反演结果图, 其中 $\varepsilon = 0.005$

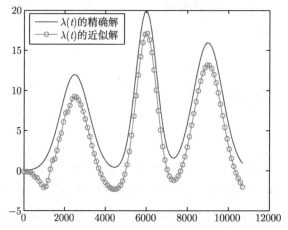

图 4.6　无限流域模型中 $\lambda(t)$ 的反演结果图, 其中 $\varepsilon = 0.01$

4.2　抛物型方程组中点污染源的数值反演

4.2.1　问题的描述

　　本节中我们依然考虑点污染源的反演问题, 但与上一节不同的是, 问题的数学模型是抛物型方程组的定解问题. 该模型的环境污染或者说生物物理背景为: 流域中污染重要指标之一是生物需氧量 (BOD), 但是生物需氧量的测量需要比较长的时间 (5 天左右), 而水中溶解氧含量 (DO) 的测量则是即时的, 因此我们希望从溶解氧的测量数据反演出生物需氧量的信息 (污染源的信息). 实际上, 生物需氧量和溶解氧之间的数学模型是一弱耦合的抛物型方程组, 即

$$\begin{cases} \mathcal{L}[u](x,t) = F(x,t), & x \in (0,l), 0 < t < T, \\ \mathcal{L}[v](x,t) = Ru(x,t), & x \in (0,l), 0 < t < T, \\ \dfrac{\partial u(0,t)}{\partial x} = \dfrac{\partial u(l,t)}{\partial x} = 0, & t \in (0,T), \\ \dfrac{\partial v(0,t)}{\partial x} = \dfrac{\partial v(l,t)}{\partial x} = 0, & t \in (0,T), \\ u(x,0) = \varphi(x), v(x,0) = \psi(x), & x \in (0,l), \end{cases} \quad (4.2.1)$$

其中 $u(x,t)$ 表示生物需氧量, $v(x,t)$ 表示溶解氧含量, $\mathcal{L} = \dfrac{\partial}{\partial t} - D\dfrac{\partial^2}{\partial x^2} + V\dfrac{\partial}{\partial x} + R$, $D > 0$ 是扩散系数, $V > 0$ 是水流速度, $R > 0$ 是自净系数, $\varphi(x)$ 和 $\psi(x)$ 分别是 u 和 v 的初始分布, $F(x,t) = \lambda(t)\delta(x-s)$ 是点源项, s 是源项位置, $\lambda(t) \in L^2[0,t]$ 表示了源项的强度.

在此, 所考虑的反演问题是: 由测量数据 $\{v(0,t), v(a,t), v(b,t), v(l,t), 0 < t < T, a \neq b\}$ 经 (4.2.1) 确定出源项 $F(x,t) = \lambda(t)\delta(x-s)$, 也即找出污染源的位置 s 和重建排污强度 $\lambda(t)$. 与上一节相同, 依然假设测量点 a 和 b 一个位于污染源的上游, 另一个则位于污染源的下游. 不失一般性, 设 $0 < a < s < b < 0$. 显然, 该反演问题与上一节所考虑的反演问题有明显的不同, 而相对于文献 (Badia A El et al., 2007) 中所考虑的问题来说则更符合实际, 这正如上一节所谈到的. 我们不但证明了反演问题的唯一性, 而且给出反演问题的局部 Lipschitz 稳定性, 最后给出源项反演的算法.

4.2.2 源项反演的唯一性

令

$$u(x,t) = W_1(x,t)e^{\frac{V}{2D}x - (\frac{V^2}{4D}+R)t}. \quad (4.2.2)$$

$$v(x,t) = W_2(x,t)e^{\frac{V}{2D}x - (\frac{V^2}{4D}+R)t}. \quad (4.2.3)$$

那么, 问题 (4.2.1) 等价于

$$\begin{cases} \dfrac{\partial W_1}{\partial t} - D\dfrac{\partial^2 W_1}{\partial x^2} = F(x,t)e^{-\frac{V}{2D}x + (\frac{V^2}{4D}+R)t}, & x \in (0,l), 0 < t < T, \\ \dfrac{\partial W_2}{\partial t} - D\dfrac{\partial^2 W_2}{\partial x^2} = RW_1(x,t), & x \in (0,l), 0 < t < T, \\ \dfrac{\partial W_1(x,t)}{\partial x} + \dfrac{V}{2D}W_1(x,t)|_{x=0,l} = 0, & 0 < t < T, \\ \dfrac{\partial W_2(x,t)}{\partial x} + \dfrac{V}{2D}W_2(x,t)|_{x=0,l} = 0, & 0 < t < T, \\ W_1(x,0) = \varphi(x)e^{-\frac{V}{2D}x}, W_2(x,0) = \psi(x)e^{-\frac{V}{2D}x}, & x \in (0,l). \end{cases} \quad (4.2.4)$$

引理 4.8　设 $0 \leqslant x_0 \leqslant l, 0 \leqslant \tau \leqslant t_0 < t_1 < +\infty$, 且 $W_1(x,t)$ 和 $W_2(x,t)$ 满足

$$
\begin{cases}
\dfrac{\partial W_1}{\partial t} - D\dfrac{\partial^2 W_1}{\partial x^2} = 0, & x \in (0,l),\ \tau < t < t_1, \\[2mm]
\dfrac{\partial W_2}{\partial t} - D\dfrac{\partial^2 W_2}{\partial x^2} = R W_1(x,t), & x \in (0,l),\ \tau < t < t_1, \\[2mm]
\dfrac{\partial W_1(x,t)}{\partial x} + \dfrac{V}{2D} W_1(x,t)|_{x=0,l} = 0, & \tau < t < t_1, \\[2mm]
\dfrac{\partial W_2(x,t)}{\partial x} + \dfrac{V}{2D} W_2(x,t)|_{x=0,l} = 0, & \tau < t < t_1, \\[2mm]
W_1(x,\tau), W_2(x,\tau) \in L^2(0,l).
\end{cases}
\tag{4.2.5}
$$

如果 $W_2(x_0,t) \equiv 0, t \in (t_0,t_1)$ 和 $\tan \dfrac{n\pi}{l} x_0 \neq \dfrac{2Dn\pi}{Vl}, n = 1,2,\cdots$, 则在 $L^2(0,l)$ 意义下 $W_1(x,\tau) = 0, x \in (0,l)$ 和 $W_2(x,\tau) = 0, x \in (0,l)$.

证明　由特征函数展开, 有

$$
W_1(x,t) = C_0 e^{\frac{V^2}{4D}(t-\tau)} X_0(x) + \sum_{n=1}^{\infty} C_n e^{-D(\frac{n\pi}{l})^2(t-\tau)} X_n(x)
\tag{4.2.6}
$$

和

$$
\begin{aligned}
W_2(x,t) =\ & E_0 e^{\frac{V^2}{4D}(t-\tau)} X_0(x) + \sum_{n=1}^{\infty} E_n e^{-D(\frac{n\pi}{l})^2(t-\tau)} X_n(x) \\
& + R X_0(x) \int_{\tau}^{t} f_0(r) e^{\frac{V^2}{4D}(t-r)} dr \\
& + R \sum_{n=1}^{\infty} X_n(x) \int_{\tau}^{t} f_n(r) e^{-D(\frac{n\pi}{l})^2(t-r)} dr,
\end{aligned}
\tag{4.2.7}
$$

其中

$$
C_n = \int_0^l W_1(x,\tau) X_n(x) dx, \quad E_n = \int_0^l W_2(x,\tau) X_n(x) dx, \quad f_n(t) = \int_0^l W_1(x,t) X_n(x) dx
$$

和规范特征函数系 $X_0(x) = d_0 e^{-\frac{V}{2D}x}$, $X_n(x) = d_n \left(\cos\left(\dfrac{n\pi}{l}x\right) - \dfrac{V}{2D}\dfrac{l}{n\pi} \sin\left(\dfrac{n\pi}{l}x\right) \right)$,

这里 $d_n, n = 0,1,2,\cdots$ 是规范化系数.

将 $W_1(x,t)$ 代入 $W_2(x,t)$, 得

$$
W_2(x,t) = A_0(t) e^{\frac{V^2}{4D}(t-\tau)} X_0(x) + \sum_{n=1}^{\infty} A_n(t) e^{-D(\frac{n\pi}{l})^2(t-\tau)} X_n(x),
\tag{4.2.8}
$$

其中 $A_n(t) = E_n + R(t-\tau)C_n$. 根据条件 $W_2(x_0,t) = 0, t \in (t_0,t_1)$, 有

$$
A_0(t) e^{\frac{V^2}{4D}(t-\tau)} X_0(x_0) + \sum_{n=1}^{\infty} A_n(t) e^{-D(\frac{n\pi}{l})^2(t-\tau)} X_n(x_0) \equiv 0, \quad t \in (t_0,t_1).
$$

考察复变量函数

$$\Phi(z) := A_0(z)X_0(x_0) + \sum_{n=1}^{\infty} A_n(z)e^{-(D(\frac{n\pi}{l})^2+\frac{V^2}{4D})(z-\tau)}X_n(x_0).$$

显然, $\Phi(z)$ 在 $\Re(z) \geqslant \tau + \alpha$ 是解析的. 因为 $\Phi(z) \equiv 0, 0 < t_0 < \Re(z) < t_1, \Im(z) = 0$, 则根据解析唯一性定理 (张锦豪等, 2001) 可得 $\Phi(z) \equiv 0, \Re(z) \geqslant \tau + \alpha > 0$. 那么,

$$A_0(t)X_0(x_0) + \sum_{n=1}^{\infty} A_n(t)e^{-(D(\frac{n\pi}{l})^2+\frac{V^2}{4D})(t-\tau)}X_n(x_0) = 0, \quad t \in (\tau, +\infty).$$

上式两边取极限 $t \to +\infty$, 则得

$$\lim_{t\to+\infty} A_0(t) = 0, \quad \lim_{t\to+\infty} A_n(t)\left[\cos\left(\frac{n\pi}{l}x_0\right) - \frac{V}{2D}\frac{l}{n\pi}\sin\left(\frac{n\pi}{l}x_0\right)\right] = 0.$$

再根据条件 $\tan\dfrac{n\pi}{l}x_0 \neq \dfrac{2Dn\pi}{Vl}$, $n = 1, 2, \cdots$, 我们有

$$\lim_{t\to+\infty} A_n(t) = \lim_{t\to+\infty}[E_n + R(t-\tau)C_n] = 0, \quad n = 0, 1, 2, \cdots.$$

因此, $C_n = 0$ 和 $E_n = 0$. 因为特征函数系 $\{X_n(x)\}$ 在 $L^2(0,l)$ 中完备, 所以

$$W_1(x,\tau) = W_2(x,\tau) = 0, \quad L^2(0,l). \qquad \square$$

根据 (4.2.2) 和 (4.2.3), 还有引理 4.8, 则可得下述定理成立.

定理 4.9 设 $T^* < T$, $u(x,t)$ 和 $v(x,t)$ 满足

$$\begin{cases} \mathcal{L}[u](x,t) = 0, & x \in (0,l), t \in (T^*, T), \\ \mathcal{L}[v](x,t) = Ru(x,t), & x \in (0,l), t \in (T^*, T), \\ \dfrac{\partial u(0,t)}{\partial x} = \dfrac{\partial u(l,t)}{\partial x} = 0, & t \in (T^*, T), \\ \dfrac{\partial v(0,t)}{\partial x} = \dfrac{\partial v(l,t)}{\partial x} = 0, & t \in (T^*, T), \\ u(x,T^*), v(x,T^*) \in L^2(0,l), & x \in (0,l). \end{cases} \qquad (4.2.9)$$

那么以下结论成立.

(1) 如果 $v(b,t) = 0, t \in (T^*, T)$, 其中 $b \in (0,l)$ 使得 $\tan\dfrac{n\pi}{l}b \neq \dfrac{2Dn\pi}{Vl}$, $n = 1, 2, \cdots$, 则在 $L^2(0,l)$ 意义下成立 $u(x,T^*) = 0$ 和 $v(x,T^*) = 0$;

(2) 如果 $v(0,t) = 0, t \in (T^*, T)$ 或者 $v(l,t) = 0, t \in (T^*, T)$, 则在 $L^2(0,l)$ 意义下成立 $u(x,T^*) = 0$ 和 $v(x,T^*) = 0$.

接下来, 我们考虑源项反演的唯一性问题. 设 $(u_i(x,t), v_i(x,t))$ 是抛物型方程组定解问题 (4.2.1) 分别关于源项 $F_i(x,t) = \lambda_i(t)\delta(x-s_i), i = 1,2$ 的解. 反演问题的唯一性是指: 由 $\{v_1(0,t) = v_2(0,t), v_1(a,t) = v_2(a,t), v_1(b,t) = v_2(b,t), v_1(l,t) = v_2(l,t), 0 < t < T\}$ 是否意味着有

$$s_1 = s_2, \quad \lambda_1(t) = \lambda_2(t)?$$

定理 4.10　设 $F_i(x,t) = \lambda_i(t)\delta(x-s_i)$, 其中 $s_i \in (a,b) \subset \Omega$, $\lambda_i(t) \in L^2(0,T)$ 且 $\lambda_i(t) = 0, T^* < t < T$. 若 $\{v_1(0,t) = v_2(0,t), v_1(a,t) = v_2(a,t), v_1(b,t) = v_2(b,t), v_1(l,t) = v_2(l,t), 0 < t < T\}$, 则有 $s_1 = s_2$ 和在 $L^2(0,T)$ 意义下 $\lambda_1(t) = \lambda_2(t)$.

证明　令 $U_1 = u_2 - u_1, U_2 = v_2 - v_1$, 那么 U_1 和 U_2 满足

$$\begin{cases} \mathcal{L}[U_1](x,t) = \lambda_2(t)\delta(x-s_2) - \lambda_1(t)\delta(x-s_1), & x \in (0,l), t \in (0,T), \\ \mathcal{L}[U_2](x,t) = RU_1(x,t), & x \in (0,l), t \in (0,T), \\ \dfrac{\partial U_1(0,t)}{\partial x} = \dfrac{\partial U_1(l,t)}{\partial x} = 0, & t \in (0,T), \\ \dfrac{\partial U_2(0,t)}{\partial x} = \dfrac{\partial U_2(l,t)}{\partial x} = 0, & t \in (0,T), \\ U_1(x,0) = U_2(x,0) = 0, & x \in (0,l). \end{cases} \quad (4.2.10)$$

相应的条件 $\{v_1(0,t) = v_2(0,t), v_1(a,t) = v_2(a,t), v_1(b,t) = v_2(b,t), v_1(l,t) = v_2(l,t), 0 < t < T\}$ 成为 $U_2(0,t) = U_2(a,t) = U_2(b,t) = U_2(l,t) = 0, 0 < t < T$.

第一步, 在 $(0,l) \times (T^*,T)$ 中考虑 (4.2.10) 的解 U_1, U_2. 此时, U_1 满足齐次方程

$$\mathcal{L}[U_1](x,t) = 0,$$

这是因为 $\lambda(t) = 0, t \in (T^*,T)$. 进而, 根据定理 4.9 以及 $U_2(0,t) = U_2(l,t) = 0, t \in (T^*,T)$, 即可得在 $L^2(0,l)$ 意义下有 $U_1(x,T^*) = 0$ 和 $U_2(x,T^*) = 0$.

第二步, 在 $(0,a) \times (0,T^*)$ 中考虑 (4.2.10) 的解 U_1, U_2.

因为 $a < s_i < b$, 所以 U_1, U_2 满足

$$\begin{cases} \mathcal{L}[U_1](x,t) = 0, & x \in (0,a), t \in (0,T^*), \\ \mathcal{L}[U_2](x,t) = RU_1(x,t), & x \in (0,a), t \in (0,T^*), \\ \dfrac{\partial U_1(0,t)}{\partial x} = \dfrac{\partial U_2(0,t)}{\partial x} = 0, & t \in (0,T^*), \\ U_2(0,t) = U_2(a,t) = 0, & t \in (0,T^*), \\ U_1(x,0) = U_2(x,0) = 0, & x \in (0,a). \end{cases} \quad (4.2.11)$$

设 $r_i, i = 1, 2$ 是特征方程 $-Dr^2 - Vr + R = 0$ 的根, 且 $r_1 = \dfrac{-V - \sqrt{V^2 + 4DR}}{2D}$, $r_2 = \dfrac{-V + \sqrt{V^2 + 4DR}}{2D}$. 又令 $\theta_i = e^{r_i x}$, 而 $h_i(x)$ 则是微分方程

$$\begin{cases} Dh_i''(x) + Vh_i'(x) - Rh_i(x) = \theta_i(x), \\ h_i(0) = h_i(a) = 0 \end{cases} \tag{4.2.12}$$

的解. 在 (4.2.11) 的第一个方程两边同乘以 $h_1(x)$ 和第二个方程两边同乘以 $\theta_1(x)$, 然后关于 x 和 t 在 $(0, a) \times (0, T^*)$ 中积分, 则得

$$\int_0^a h_1(x) U_1(x, T^*) dx + \int_0^{T^*} \left[-D\frac{\partial U_1}{\partial x} h_1 + DU_1 h_1' + VU_1 h_1 \right]_0^a dt$$
$$= \int_0^{T^*} \int_0^a U_1(x, t) \theta_1(x) dx dt$$

和

$$\int_0^a \theta_1(x) U_2(x, T^*) dx + \int_0^{T^*} \left[-D\frac{\partial U_2}{\partial x} \theta_1 + DU_2 \theta_1' + VU_2 \theta_1 \right]_0^a dt$$
$$= R \int_0^{T^*} \int_0^a U_1(x, t) \theta_1(x) dx dt,$$

因此,

$$RDh_1'(a) \int_0^{T^*} U_1(a, t) dt - RDh_1'(0) \int_0^{T^*} U_1(0, t) dt$$
$$= -D\theta_1(a) \int_0^{T^*} \frac{\partial U_2(a, t)}{\partial x} dt + \int_0^a \theta_1(x) U_2(x, T^*) dx$$
$$- R \int_0^a h_1(x) U_1(x, T^*) dx. \tag{4.2.13}$$

另外, 在 (4.2.11) 的第一个方程两边同乘以 $h_2(x)$ 和第二个方程两边同乘以 $\theta_2(x)$, 然后关于 x 和 t 在 $(0, a) \times (0, T^*)$ 中积分, 同理可得

$$RDh_2'(a) \int_0^{T^*} U_1(a, t) dt - RDh_2'(0) \int_0^{T^*} U_1(0, t) dt$$
$$= -D\theta_2(a) \int_0^{T^*} \frac{\partial U_2(a, t)}{\partial x} dt + \int_0^a \theta_2(x) U_2(x, T^*) dx$$
$$- R \int_0^a h_2(x) U_1(x, T^*) dx. \tag{4.2.14}$$

令 $\mu_i(x) = e^{-r_i x}$. 注意到第一步所证 $U_1(x, T^*) = U_2(x, T^*) = 0$, 从 (4.2.13) 和 (4.2.14) 可得

$$[\mu_1(a)h_1'(a) - \mu_2(a)h_2'(a)] \int_0^{T^*} U_1(a,t)dt = [\mu_1(a)h_1'(0) - \mu_2(a)h_2'(0)] \int_0^{T^*} U_1(0,t)dt,$$

再用 $\mu_i(x)$ 乘以 (4.2.12) 中的微分方程且在关于 x 在 $(0, a)$ 上积分, 则有

$$\mu_i(a)h_i'(a) = h_i'(0) + \frac{a}{D}.$$

因此,

$$[h_1'(0) - h_2'(0)] \int_0^{T^*} U_1(a,t)dt = [\mu_1(a)h_1'(0) - \mu_2(a)h_2'(0)] \int_0^{T^*} U_1(0,t)dt. \quad (4.2.15)$$

令

$$\theta_a(x) = \theta_1(x) - \frac{\theta_1(a)}{\theta_2(a)}\theta_2(x),$$

它满足 $\theta_a(a) = 0$. 在 (4.2.11) 第一个方程两边同乘以 $\theta_a(x)$, 然后在 $(0, a) \times (0, T^*)$ 上积分, 得

$$D\theta_a'(a) \int_0^{T^*} U_1(a,t)dt = (D\theta_a'(0) + V\theta_a(0)) \int_0^{T^*} U_1(0,t)dt. \quad (4.2.16)$$

由 (4.2.15) 和 (4.2.16), 如果 Δ 不等于零, 则有

$$\int_0^{T^*} U_1(0,t)dt = \int_0^{T^*} U_1(a,t)dt = 0,$$

其中

$$\Delta = (D\theta_a'(0) + V\theta_a(0))[h_1'(0) - h_2'(0)] - D\theta_a'(a)[\mu_1(a)h_1'(0) - \mu_2(a)h_2'(0)]$$
$$= (D\theta_a'(0) + V\theta_a(0))[h_1'(0) - h_2'(0)] + D\theta_a'(a)[\mu_2(a)h_2'(0) - \mu_1(a)h_1'(0)].$$

现在, 我们来证明 Δ 实际上是小于零的, 即 $\Delta < 0$. 首先证明 $D\theta_a'(0) + V\theta_a(0) < 0$ 和 $D\theta_a'(a) = D(r_1 - r_2)e^{r_1 a} < 0$. 事实上, 我们只需证明第一个不等式, 因为第二个不等式是显然的. 令 $g(x) := D(r_1 - r_2 e^{(r_1 - r_2)x}) + V(1 - e^{(r_1 - r_2)x})$, 那么对于 $x \geqslant 0$ 即得

$$g'(x) = Dr_1(r_1 - r_2)e^{(r_1 - r_2)x} > 0.$$

因此, $g(a) < g(+\infty) = Dr_1 + V = \dfrac{V - \sqrt{V^2 + 4DR}}{2} < 0$. 其次证明 $h_1'(0) - h_2'(0) > 0$.

令 $h_0(x) := h_1(x) - h_2(x)$ 和 $\theta_0(x) = \theta_1(x) - \theta_2(x) < 0$. 此时, $h_0(x)$ 是式 (4.2.12) 关于右端项取 $\theta_0(x)$ 的解. 记 $\mu_a(x) = \mu_1(x) - \dfrac{\mu_1(a)}{\mu_2(a)}\mu_2(x)$, 我们可知 $\mu_a(x) < 0$. 接着在 (4.2.12) 中的微分方程的两边同乘以 $h_0(x)$ 并在 $(0, a)$ 积分, 即可得 $h_0'(0) > 0$. 最后, 证明 $\mu_2(a)h_2'(0) - \mu_1(a)h_1'(0) \geqslant 0$. 由于 $h_i'(0) < 0$, 所以它等价于 $\dfrac{h_1'(0)}{h_2'(0)} \geqslant \dfrac{\mu_2(a)}{\mu_1(a)}$. 与计算 $h_0'(0)$ 相同, 可得

$$
\frac{h_1'(0)}{h_2'(0)} = \frac{\displaystyle\int_0^a \theta_1(x)\mu_a(x)dx}{\displaystyle\int_0^a \theta_1(x)\mu_a(x)dx} = \frac{\mu_2(a)}{\mu_1(a)} \frac{\displaystyle\int_0^a (1 - e^{(r_1-r_2)(a-x)})dx}{\displaystyle\int_0^a (e^{(r_2-r_1)(x-a)} - 1)dx},
$$

易证

$$
\frac{\displaystyle\int_0^a (1 - e^{(r_1-r_2)(a-x)})dx}{\displaystyle\int_0^a (e^{(r_2-r_1)(x-a)} - 1)dx} \geqslant 1,
$$

所以 $\mu_2(a)h_2'(0) - \mu_1(a)h_1'(0) \geqslant 0$ 成立. 至此, 我们即证明了 $\Delta < 0$.

第三步, 与第二步类似地可得

$$
\int_0^{T^*} U_1(b, t)dt = \int_0^{T^*} U_1(l, t)dt = 0.
$$

第四步, 问题 (4.2.10) 的第一个方程两边同乘以 $\theta_i(x), i = 1, 2$, 然后在 $(0, l) \times (0, T^*)$ 上积分, 则有

$$
\int_0^l \int_0^{T^*} \mathcal{L}[U_1](x, t)\theta_i(x)dtdx = \theta_i(s_1)\int_0^{T^*} \lambda_1(t)dt - \theta_i(s_2)\int_0^{T^*} \lambda_2(t)dt, \quad i = 1, 2.
$$

根据 $U_1(x, t)$ 的性质和分部积分, 可得

$$
\bar{\lambda}_1 e^{r_1 s_1} = \bar{\lambda}_2 e^{r_1 s_2}, \quad \bar{\lambda}_1 e^{r_2 s_1} = \bar{\lambda}_2 e^{r_2 s_2},
$$

其中 $\bar{\lambda} = \displaystyle\int_0^{T^*} \lambda(t)dt$. 因为 $r_1 \neq r_2$ 和 $\bar{\lambda}_i > 0$, 所以 $s_1 = s_2$ 和 $\bar{\lambda}_1 = \bar{\lambda}_2$.

第五步, 设 $s = s_1 = s_2$, $W_i(x, t) = U_i(x, t)e^{\frac{V}{2D}x - (\frac{V^2}{4D} + R)t}, i = 1, 2$. 那么, $U_i(x, t)$ 要是 (4.2.10) 的解当且仅当 $W_i(x, t)$ 是

$$
\begin{cases}
\dfrac{\partial W_1}{\partial t} - D\dfrac{\partial^2 W_1}{\partial x^2} = (\lambda_2(t) - \lambda_1(t))\delta(x-s)e^{-\frac{V}{2D}x + \left(\frac{V^2}{4D} + R\right)t}, & x \in (0,l), t \in (0,T), \\[2mm]
\dfrac{\partial W_2}{\partial t} - D\dfrac{\partial^2 W_2}{\partial x^2} = RW_1(x,t), & x \in (0,l), t \in (0,T), \\[2mm]
\dfrac{\partial W_1(x,t)}{\partial x} + \dfrac{V}{2D}W_1(x,t)|_{x=0,l} = 0, & t \in (0,T), \\[2mm]
\dfrac{\partial W_2(x,t)}{\partial x} + \dfrac{V}{2D}W_2(x,t)|_{x=0,l} = 0, & t \in (0,T), \\[2mm]
W_1(x,0) = W_2(x,0) = 0, & x \in (0,l)
\end{cases}
$$
$$(4.2.17)$$

的解. 根据 (4.2.6), (4.2.7) 以及 Duhamel 齐次化原理, 我们得

$$
\begin{aligned}
W_1(x,t) &= e^{-\frac{V}{2D}s}X_0(s)X_0(x)\int_0^t e^{\left(\frac{V^2}{4D}+R\right)\tau}(\lambda_2(\tau)-\lambda_1(\tau))e^{\frac{V^2}{4D}(t-\tau)}d\tau \\
&\quad + \sum_{n=1}^{\infty} e^{-\frac{V}{2D}s}X_n(s)X_n(x)\int_0^t e^{\left(\frac{V^2}{4D}+R\right)\tau}(\lambda_2(\tau)-\lambda_1(\tau))e^{-D(\frac{n\pi}{l})^2(t-\tau)}d\tau
\end{aligned}
$$

和

$$
W_2(x,t) = RX_0(x)\int_0^t f_0(r)e^{\frac{V^2}{4D}(t-r)}dr + R\sum_{n=1}^{\infty}X_n(x)\int_0^t f_n(r)e^{-D(\frac{n\pi}{l})^2(t-r)}dr,
$$

其中 $f_n(t) = \displaystyle\int_0^l W_1(x,t)X_n(x)dx.$ 因而,

$$
\begin{aligned}
W_2(x,t) &= Re^{-\frac{V}{2D}s}X_0(s)X_0(x)\int_0^t\int_0^r e^{\left(\frac{V^2}{4D}+R\right)\tau}(\lambda_2(\tau)-\lambda_1(\tau))e^{\frac{V^2}{4D}(t-\tau)}d\tau dr \\
&\quad + R\sum_{n=1}^{\infty}e^{-\frac{V}{2D}s}X_n(s)X_n(x)\int_0^t\int_0^r e^{\left(\frac{V^2}{4D}+R\right)\tau}(\lambda_2(\tau) \\
&\quad -\lambda_1(\tau))e^{-D(\frac{n\pi}{l})^2(t-\tau)}d\tau dr.
\end{aligned}
$$
$$(4.2.18)$$

通过交换积分次序和简单计算, 可将 (4.2.18) 写成

$$
W_2(x,t) = \int_0^t e^{\left(\frac{V^2}{4D}+R\right)\tau}(\lambda_2(\tau)-\lambda_1(\tau))K(x,t-\tau)d\tau, \tag{4.2.19}
$$

其中

$$
K(x,t-\tau) = R(t-\tau)e^{-\frac{V}{2D}s}\left(X_0(s)X_0(x)e^{\frac{V^2}{4D}(t-\tau)} + \sum_{n=1}^{\infty}X_n(s)X_n(x)e^{-D(\frac{n\pi}{l})^2(t-\tau)}\right).
$$

因为 $U_2(l,t) = 0$, 所以

$$
\int_0^t e^{\left(\frac{V^2}{4D}+R\right)\tau}(\lambda_2(\tau)-\lambda_1(\tau))K(l,t-\tau)d\tau = 0.
$$

根据 Titchmarsh 卷积定理 (Titchmarsh E C, 1939), 则 $\lambda_2(t) - \lambda_1(t)$ 和 $K(l,t)$ 必在区间 $(0,T')$ 和 $(0,T'')$ 中的一个恒为零, 且 $T' + T'' \geqslant T$. 如果 $K(l,t) = 0, t \in (0,T''), \forall T'' > 0$, 则由引理 4.1 和解析延拓的唯一性可知 $K(l,t) = 0, t \in (0,+\infty)$, 即

$$X_n(s)X_n(l) = 0, \quad n = 0, 1, 2, \cdots.$$

这是不可能的, 因为显然有 $X_0(s)X_0(l) \neq 0$. 因此 $\lambda_1(t) = \lambda_2(t), t \in (0,T)$. □

4.2.3 局部 Lipschitz 稳定性

与 4.1 节单个抛物型方程的源项反演一样, 抛物型方程组定解问题 (4.2.1) 的源项反演也有局部 Lipschitz 稳定性. 记

$$M = \{(\lambda(t), s) \in L^2(0,T) \times (a,b)\}.$$

设 $(\lambda, s) \in M$ 和 $(\mu, \tau) \in M$, 且对于充分小的 h, $(\lambda + h\mu, s + h\tau) \in M$. 因此, 关于 $(\lambda + h\mu, s + h\tau)$ 的源项为

$$F^h(x,t) = (\lambda(t) + h\mu(t))\delta(x - (s + h\tau)).$$

根据 Taylor 展开, 存在 $S_h = \theta h\tau, |\theta| < 1$ 且 $|s - S_h| < h\tau$ 使得

$$F^h(x,t) = F(x,t) + h\widehat{F}(x,t) + h^2\widetilde{F}(x,t),$$

其中 $\widehat{F}(x,t) = \mu(t)\delta(x - s) - \lambda(t)\tau\delta'(x - s)$, $\widetilde{F}(x,t) = -\mu(t)\tau\delta'(x - S_h) + \frac{1}{2}[\lambda(t) + \theta h\mu(t)]\tau^2\delta''(x - S_h)$.

用 $F^h(x,t)$ 问题 (4.2.1) 中源项 $F(x,t)$ 后, 记相应的解为 $u^h(x,t), v^h(x,t)$. 因此,

$$u^h(x,t) = u(x,t) + hu(x,t;\widehat{F}) + h^2 u(x,t;\widetilde{F}),$$
$$v^h(x,t) = v(x,t) + hv(x,t;\widehat{F}) + h^2 v(x,t;\widetilde{F}),$$

其中 $\{u(x,t;\widehat{F}), v(x,t;\widehat{F})\}$, $\{u(x,t;\widetilde{F}), v(x,t;\widetilde{F})\}$ 分别是源项 $F(x,t) = \widehat{F}(x,t)$ 或 $F(x,t) = \widetilde{F}(x,t)$ 时问题

$$
\begin{cases}
\mathcal{L}[u](x,t) = F(x,t), & x \in (0,l), 0 < t < T, \\
\mathcal{L}[v](x,t) = Ru(x,t), & x \in (0,l), 0 < t < T, \\
\dfrac{\partial u(0,t)}{\partial x} = \dfrac{\partial u(l,t)}{\partial x} = 0, & t \in (0,T), \\
\dfrac{\partial v(0,t)}{\partial x} = \dfrac{\partial v(l,t)}{\partial x} = 0, & t \in (0,T), \\
u(x,0) = 0, & x \in (0,l), \\
v(x,0) = 0, & x \in (0,l)
\end{cases}
\tag{4.2.20}
$$

的解.

定理 4.11 (局部 Lipschitz 稳定性)   如果 $(\mu(t), \tau) \neq (0,0)$, 那么

$$\lim_{h \to 0} \frac{v^h(0,t) - v(0,t)}{h} = v(0,t; \widehat{F}), \quad \lim_{h \to 0} \frac{v^h(a,t) - v(a,t)}{h} = v(a,t; \widehat{F}),$$

$$\lim_{h \to 0} \frac{v^h(b,t) - v(b,t)}{h} = v(b,t; \widehat{F}), \quad \lim_{h \to 0} \frac{v^h(l,t) - v(l,t)}{h} = v(l,t; \widehat{F}),$$

且 $(v(0,t; \widehat{F}), v(a,t; \widehat{F}), v(b,t; \widehat{F}), v(l,t; \widehat{F})) \neq (0,0,0,0)$.

定理 4.11 与定理 4.6 证明类似, 故略之.

4.2.4   源项反演的算法

下面我们给出反演 $(s, \lambda(t))$ 的详细算法步骤.

第一步, 由测量数据 $v(b,t)$ 或者 $v(l,t)$ 经

$$\begin{cases} \mathcal{L}[u](x,t) = 0, & x \in (0,l), t \in (T^*, T), \\ \mathcal{L}[v](x,t) = Ru(x,t), & x \in (0,l), t \in (T^*, T), \\ \dfrac{\partial u(0,t)}{\partial x} = \dfrac{\partial u(l,t)}{\partial x} = 0, & t \in (T^*, T), \\ \dfrac{\partial v(0,t)}{\partial x} = \dfrac{\partial v(l,t)}{\partial x} = 0, & t \in (T^*, T) \end{cases} \tag{4.2.21}$$

计算 $u(x,T^*)$ 和 $v(x,T^*)$. 根据 (4.2.2)—(4.2.8), 上述逆时问题归结为一个第一类的 Fredholm 积分方程, 可用正则化方法 (刘继军, 2005; Isakov V, 1998; Kress R, 1989) 进行求解.

第二步, 计算 $\displaystyle\int_0^{T^*} u(0,t)dt$ 和 $\displaystyle\int_0^{T^*} u(l,t)dt$.

由 (4.2.13) 和 (4.2.14), 得

$$\begin{cases} [\mu_1(a)h_1'(a) - \mu_2(a)h_2'(a)] \displaystyle\int_0^{T^*} u(a,t)dt - [\mu_1(a)h_1'(0) - \mu_2(a)h_2'(0)] \\ \qquad \cdot \displaystyle\int_0^{T^*} u(0,t)dt = \dfrac{\xi_1(a)}{RD}, \\ D\theta_a'(a) \displaystyle\int_0^{T^*} u(a,t)dt - (D\theta_a'(0) + V\theta_a(0)) \displaystyle\int_0^{T^*} u(0,t)dt = \xi_2(a), \end{cases} \tag{4.2.22}$$

其中

$$\xi_1(a) = \mu_1(a)\left\{\int_0^a [\theta_1(x)v(x,T^*) - Rh_1(x)u(x,T^*)]dx + \int_0^{T^*}[Dv\theta_1' + Vv\theta_1]_0^a dt\right\}$$

$$- \mu_2(a)\left\{\int_0^a [\theta_2(x)v(x,T^*) - Rh_2(x)u(x,T^*)]dx + \int_0^{T^*}[Dv\theta_2' + Vv\theta_2]_0^a dt\right\},$$

$$\xi_2(a) = -\int_0^a \theta_a(x)u(x,T^*)dx.$$

那么, 解方程组 (4.2.22) 即可得 $\int_0^{T^*} u(0,t)dt$.

积分 $\int_0^{T^*} u(l,t)dt$ 可类似地通过求解方程组

$$\begin{cases} [\mu_1(b)q_1'(l) - \mu_2(b)q_2'(l)]\displaystyle\int_0^{T^*} u(l,t)dt - [\mu_1(b)q_1'(b) - \mu_2(b)q_2'(b)]\int_0^{T^*} u(b,t)dt = \dfrac{\xi_3(b)}{RD}, \\[3mm] (D\theta_b'(l) + V\theta_b(l))\displaystyle\int_0^{T^*} u(l,t)dt - D\theta_b'(b)\int_0^{T^*} u(b,t)dt = \xi_4(b) \end{cases}$$

$$(4.2.23)$$

得到, 其中

$$\xi_3(b) = \mu_1(b)\left\{\int_b^l [\theta_1(x)v(x,T^*) - Rq_1(x)u(x,T^*)]dx + \int_0^{T^*}[Dv\theta_1' + Vv\theta_1]_b^l dt\right\}$$

$$- \mu_2(b)\left\{\int_b^l [\theta_2(x)v(x,T^*) - Rq_2(x)u(x,T^*)]dx + \int_0^{T^*}[Dv\theta_2' + Vv\theta_2]_b^l dt\right\},$$

$$\xi_4(a) = -\int_b^l \theta_b(x)u(x,T^*)dx, \quad \theta_b(x) = \theta_1(x) - \frac{\theta_1(b)}{\theta_2(b)}\theta_2(x),$$

而 $q_i(x)$ 则是方程

$$\begin{cases} Dq_i''(x) + Vq_i'(x) - Rq_i(x) = \theta_i(x), \\ q_i(b) = q_i(l) = 0 \end{cases}$$

$$(4.2.24)$$

的解.

第三步, 识别源项位置 s.

在 (4.2.1) 的第一个方程两边乘以 $e^{r_i x}, i = 1, 2$ 并在 $(0, l) \times (0, T^*)$ 积分, 则得

$$\bar{\lambda}e^{r_i s} = \int_0^l [u(x,T^*) \quad \psi(x)]e^{r_i x}dx - D\int_0^{T^*}\left[e^{r_i x}\frac{\partial u(x,t)}{\partial x}\right]_0^l dt$$

$$+ D\int_0^{T^*}[r_i u(x,t)e^{r_i x}]_0^l dt + V\int_0^{T^*}[u(x,t)e^{r_i x}]_0^l dt, \quad i = 1, 2. \ (4.2.25)$$

因此,

$$s = \frac{1}{r_1 - r_2} \ln\left(\frac{M_1}{M_2}\right),\qquad (4.2.26)$$

其中 $M_i, i = 1, 2$ 是 (4.2.25) 的右端.

第四步, 反演源项强度 $\lambda(t)$. 根据 (4.2.7) 和 (4.2.19), 我们有

$$v(x,t) = \exp\left(\frac{Vx}{2D} - \left(\frac{V^2}{4D} + R\right)t\right)\left(A_0 e^{\frac{V^2}{4D}t}X_0(x) + \sum_{n=1}^{\infty} A_n e^{-D(\frac{n\pi}{l})^2 t}X_n(x)\right.$$
$$\left. + \int_0^t e^{(\frac{V^2}{4D}+R)\tau}\lambda(\tau)K(x,t-\tau)d\tau\right),\qquad (4.2.27)$$

其中

$$C_n = \int_0^l \varphi(x)X_n(x)dx,\quad E_n = \int_0^l \psi(x)X_n(x)dx,\quad A_n = E_n + RtC_n,$$

$$K(x,t-\tau) = R(t-\tau)e^{-\frac{V}{2D}s}\left(X_0(s)X_0(x)e^{\frac{V^2}{4D}(t-\tau)} + \sum_{n=1}^{\infty}X_n(s)X_n(x)e^{-D(\frac{n\pi}{l})^2(t-\tau)}\right).$$

将测量数据 $v(b,t)$ 或者 $v(l,t)$ 代入 (4.2.27), 则可通过正则化方法反演出源项强度 $\lambda(t)$. 考虑到反演的精度, 这里选取下游数据 $v(b,t)$ 或者 $v(l,t)$, 实际上选用上游数据 $v(0,t)$ 和 $v(a,t)$ 也可以.

4.2.5　数值算例

在这里, 我们依然采用上一节的算例模型, 但这里我们取初始为 $\varphi(x) = 0$, 而排污强度很大的情况, 即源项 $F(x,t)$ 与上一节算例中的不同, 其他参数不变. 需要说明的是, 对于上一节算例的初始和源项, 算法同样适用.

测量数据是由有限差分格式计算后加上随机误差得到的, 即

$$\tilde{u}(x,t_j) = u(x,t_j) + u(x,t_j) \cdot \varepsilon(2\,\text{rand}(1) - 1),\quad x = 0, a, b, l,$$

其中, $u(x,t_j)$ 是有限差分解, rand(1) 是 $(0,1)$ 服从均匀分布的随机数, ε 则表示误差的相对水平. 值得注意的是, 虽然理论上可以由正则化方法求解逆时问题 (4.2.21), 从而重建 $u(x,T^*)$ 和 $v(x,T^*)$, 但是这个抛物型方程组的逆时反演问题的重建效果很不理想. 因此, 在本章源项反演算法中所用到的 $u(x,T^*)$ 和 $v(x,T^*)$ 实际上是由计算正演问题得到的数据. 这也许是需要继续深入研究的, 也是本节考虑的抛物型方程组源项反演问题的不足之处. 在求解反演问题离散后得到的线性代数方程组时, 我们采用的是截断奇异值正则化方法, 该方法在数值线性代数中也称为广义逆正则化方法 (pseudo-inverse regularization method) (Noble B et al., 1989), 正则化参

数直接取 $\max(\text{size}(A)) * \text{norm}(A) * \text{eps}$ (Noble B et al., 1989), 这里 size (A) 返回值是矩阵的行数与列数, $\text{eps} = 2.22 \times 10^{-6}$.

算例 1 源项强度为

$$\lambda(t) = \sum_{k=1}^{3} \alpha_k e^{-\beta_k(t-\tau_k)^2},$$

其中 $\alpha_1 = 120, \alpha_2 = 200, \alpha_3 = 160, \beta_1 = 10^{-6}, \beta_2 = 2 \times 10^{-6}, \beta_3 = 10^{-6}, \tau_1 = 3000\text{s}, \tau_2 = 5000\text{s}, \tau_3 = 7000\text{s}$.

利用公式 (4.2.26) 得到源项位置识别的结果是

$$\text{当 } \varepsilon = 0.005 \text{ 时}, \quad s = 434.3,$$

$$\text{当 } \varepsilon = 0.050 \text{ 时}, \quad s = 436.7.$$

然后分别利用识别到的位置 s 反演源项强度 $\lambda(t)$, 反演结果见图 4.7.

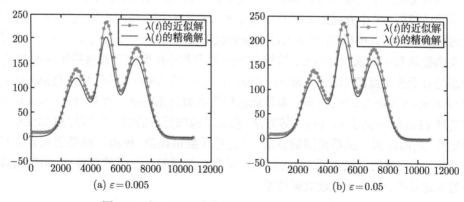

图 4.7 由 $u(b,t)$ 重建 $\lambda(t)$ 的结果图, 其中 $b = 600$

算例 2 源项强度为

$$\lambda(t) = \begin{cases} 0.001(t - 2160)(8640 - t), & 2160 < t < 8640, \\ 0, & \text{其他}. \end{cases}$$

本例中, 利用公式 (4.2.26) 得到源项位置识别的结果是

$$\text{当 } \varepsilon = 0.005 \text{ 时}, \quad s = 433.9,$$

$$\text{当 } \varepsilon = 0.050 \text{ 时}, \quad s = 437.1.$$

然后分别利用识别到的位置 s 反演源项强度 $\lambda(t)$, 反演结果见图 4.8.

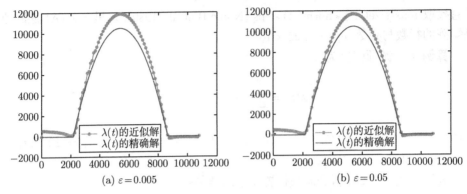

(a) $\varepsilon = 0.005$　　　　　　　　　　　(b) $\varepsilon = 0.05$

图 4.8　由 $u(b,t)$ 重建 $\lambda(t)$ 的结果图, 其中 $b = 600$

4.3　小　　结

本章考虑三个抛物型方程和抛物型方程组的源项反演问题, 分别是单个方程的有限流域模型、单个方程的无限流域模型和方程组的有限流域模型, 它们都与流域点污染源的探测直接相关. 这里点污染源的数学表示为 $\lambda(t)\delta(x-s)$, 其中 $\delta(x-s)$ 是广义函数函数中的狄拉克函数, 这给问题的处理和分析带来了直接的困难和挑战, 特别是对于多个点源 (Ling L et al., 2006; Yang C Y, 2006)、移动点源 (Yang C Y, 2006; Kusiak S et al., 2008) 等. 本章通过解析函数延拓的唯一性和 Titchmarsh 卷积定理 (Titchmarsh E C, 1939) 等方法, 获得了源项反演的唯一性和局部 Lipschitz 稳定性, 从而得到了源项反演的算法, 并进行了数值模拟, 模拟的结果表明算法是有效的. 从反演的结果来看, 算法对于测量数据的误差有很强的鲁棒性, 但源项强度的重建效果在 $t = 0$ 附近效果较差.

第5章　抛物型方程中时空分离源项的数值反演

5.1　源项反演的非迭代型正则化方法

抛物型方程源项反演问题在应用与工程科学研究领域中有广泛的应用背景和前景,旨在通过一些与源项有关的测量数据去重建未知源项.例如,水域环境污染中,根据对污染物浓度的测量值来确定出污染源强度和位置 (Wang Z et al., 2012),这对环境保护工作具有重要的意义.众所周知,抛物型方程反演问题是不适定的,即实际测量数据中存在的微小误差将会导致重构出的源项产生巨大的扰动误差.本节主要考虑通过终值时刻的测量数据来重建一般抛物型方程中的未知源项的反演问题 (Wang Z et al., 2016b, 2014),但该未知源项是个仅依赖空间变量的函数.

关于重建仅依赖空间变量的源项的抛物型方程反演问题,文献 (Rundell W et al., 1980; Cannon J R, 1968) 研究了解的存在性和唯一性等理论问题,但近来许多学者研究了该类反演问题的数值重建方法 (Xiong X et al., 2011, 2012; Yan L et al., 2009, 2010; Yang F et al., 2010; Dou F F et al., 2009b; Johansson B T et al., 2007a, 2007b; Ma Y J et al., 2012) . 在文献 (Xiong X et al., 2011) 中,作者将反演问题转化为数值微分问题以实现源项的重建,并获得了解的稳定性结果. 文献 (Yan L et al., 2009) 和 (Yan L et al., 2010) 分别提出重建源项的无网格数值方法和有限差分方法.在文献 (Dou E F et al., 2009a) 中,针对一维标准热传导方程,基于拟逆方法提出了一种重建源项的正则化方法,给出了解的误差分析.文献 (Johansson B T et al., 2007a) 和 (Johansson B T et al., 2007b) 分别提出了重建源项的迭代方法,它们在迭代过程中均需要计算一系列适定正演问题,而文献 (Ma Y J et al., 2012) 通过将反演问题转化为一个正则化的优化问题,从而给出了重建一个同时依赖时间和空间变量的未知热源的数值方法. 本章的目标是构建重建源项的一个非迭代型正则优化方法,即首先将反演问题转化为一个正则优化问题,然后利用有限元方法求解一系列的适定正演问题,从而将优化问题转化为一个线性代数方程组的求解问题.

5.1.1　源项反演问题的数学表达

设 Ω 是欧氏空间 $\mathbb{R}^n$ 中具有分段光滑边界的有界区域,其中 $n \geqslant 1$. $x = (x_1, x_2, \cdots, x_n)$ 表示区域 Ω 中任意一点, $\partial\Omega$ 表示区域 Ω 的边界. 记 $Q_T = \Omega \times (0, T)$.

$L_2(\Omega)$ 表示包含定义在 Ω 上的所有平方可积函数的函数空间,其范数定义为

$$\|u\|_{2,\Omega} = \left(\int_{\Omega} |u|^2 dx \right)^{1/2},$$

并在 $L_2(\Omega)$ 中定义内积

$$(u,v) = \int_{\Omega} u(x)v(x)dx.$$

Sobolev 空间 $W_2^l(\Omega)$ 表示定义在 Ω 上且前 l 阶弱导数是平方可积的所有函数全体, 其中 l 为正整数. 空间 $W_2^l(\Omega)$ 上的范数定义为

$$\|u\|_{2,\Omega}^l = \left(\sum_{k=0}^{l} \sum_{|\alpha|=k} \|D_x^\alpha u\|_{2,\Omega}^2 \right)^{1/2},$$

其中 $\alpha = (\alpha_1, \alpha_2, \cdots, \alpha_n)$ 表示多重指标, 以及 $|\alpha| = \alpha_1 + \alpha_2 + \cdots + \alpha_n$,

$$D_x^\alpha u \equiv \frac{\partial^{|\alpha|} u}{\partial x_1^{\alpha_1} \partial x_2^{\alpha_2} \cdots \partial x_1^{\alpha_n}}.$$

空间 $\overset{0}{W_2^l}(\Omega)$ 是 $W_2^l(\Omega)$ 的子空间, 表示其中的所有无限可微且在 Ω 上具有紧支集的函数全体. 显然, $\overset{0}{W_2^l}(\Omega)$ 在 $W_2^l(\Omega)$ 中是稠密的.

Sobolev 空间 $W_2^{(l_1,l_2)}(Q_T)$ 是个 Banach 空间, 该空间中所有函数本身及其关于 x 的前 l_1 阶弱导数和关于 t 的前 l_2 阶弱导数属于 $L_2(Q_T)$ 空间, 其中 $l_i \geqslant 0, i = 1,2$ 为整数. $W_2^{(l_1,l_2)}(Q_T)$ 上的范数定义为

$$\|u\|_{2,Q_T}^{(l_1,l_2)} = \left(\int_{Q_T} \left(\sum_{k=0}^{l_1} \sum_{|\alpha|=k} |D_x^\alpha u| + \sum_{k=1}^{l_2} |D_t^k u|^2 \right) dxdt \right)^{1/2}.$$

空间 $W_{2,0}^{(l_1,l_2)}(Q_T)$ 为空间 $W_2^{(l_1,l_2)}(Q_T)$ 的子空间, 表示 $W_2^{(l_1,l_2)}(Q_T)$ 中所有在边界 $\partial\Omega \times [0,T]$ 上值为零的光滑函数全体.

我们考虑的源项反演问题是: 求分布函数 $u(x,t)$ 和未知源项函数 $f(x)$ 使其满足如下的抛物型方程和边界条件:

$$\begin{cases} u_t(x,t) = (Lu)(x,t) + f(x), & (x,t) \in \Omega \times (0,T), \\ u(x,0) = 0, & x \in \Omega, \\ u(x,t) = 0, & (x,t) \in \partial\Omega \times [0,T] \end{cases} \tag{5.1.1}$$

以及附加的终值测量数据

$$u(x,T) = g(x), \quad x \in \Omega, \tag{5.1.2}$$

其中

$$Lu \equiv \sum_{i,j=1}^{n} \frac{\partial}{\partial x_j} \left(a_{i,j}(x) \frac{\partial u}{\partial x_i} \right) + \sum_{i=1}^{n} b_i(x) \frac{\partial u}{\partial x_i} + c(x)u.$$

这里, 算子 L 为一致椭圆算子, 即有 $a_{i,j}(x) = a_{j,i}(x)$ 且满足

$$0 < \nu \sum_{i=1}^{n} \zeta_i^2 \leqslant \sum_{i,j=1}^{n} a_{i,j}(x)\zeta_i\zeta_j \leqslant \mu \sum_{i=1}^{n} \zeta_i^2, \tag{5.1.3}$$

其中 ν 和 μ 为正常数, $\zeta = (\zeta_1, \cdots, \zeta_n) \in \mathbb{R}^n$. 为简单及方便应用考虑, 我们限制算子 L 的系数满足

$$a_{i,j}(x), b_i(x), c(x) \in C(\bar{\Omega}), \quad \frac{\partial a_{i,j}(x)}{\partial x_k} \in C(\bar{\Omega}), \quad k = 1, 2, \cdots, n. \tag{5.1.4}$$

正如前言部分所述, 已经有许多数值方法 (Xiong X et al., 2011, 2012; Yan L et al., 2009, 2010; Yang F et al., 2010; Dou E F et al., 2009b; Johansson B T et al., 2007a, 2007b; Ma Y J et al., 2012; Li G et al., 2006) 被应用于重建抛物型方程中空间依赖的源项 $f(x)$. 然而, 这些数值方法主要被用于一维或者标准的抛物型方程的情形. 换句话说, 这些方法可能不适用于一般的形如式 (5.1.1) 中的抛物型方程. 相比较这些已知的方法, 本章所提出的正则化的优化方法适用于一般的 n 维反源问题, 而且适合并行计算, 这增加了正则化方法的高效性.

已知算子 L 的系数和源项 $f(x)$, 称解抛物型方程初边值问题 (5.1.1) 而求得分布函数 $u(x,t)$ 为正演问题. 根据文献 (Prilepko A I et al., 2000) 中第一章的结论, 关于正演问题我们有如下引理.

引理 5.1 设算子 L 是一致椭圆算子且它的系数满足 (5.1.4), $f(x) \in L_2(\Omega)$. 那么正演问题 (5.1.1) 存在解 $u \in W_{2,0}^{2,1}(Q_T)$, 该解是唯一的且满足如下估计:

$$\|u\|_{2,Q_T}^{(2,1)} \leqslant C_1\sqrt{T}\|f\|_{2,\Omega}, \tag{5.1.5}$$

其中 C_1 是不依赖于 u 的常数.

由于正演问题的解 $u(x,t) \in W_{2,0}^{2,1}(Q_T)$, 所以对于给定的 $f(x) \in L_2(\Omega)$, 终值测量数据 $u(x,T)$ 的提法是合适的, 且附加的精确测量数据 $g(x)$ 满足条件

$$g(x) \in W_2^1(\Omega) \tag{5.1.6}$$

也是合理的.

5.1.2 正则化方法

我们将源项反演问题 (5.1.1)、(5.1.2) 归结为约束优化问题: 寻求源项 $f(x)$ 使其满足

$$\min_{f \in \Phi} J(f) = \int_{\Omega} |u(x,T;f) - g(x)|^2 dx + \alpha \int_{\Omega} |f(x)|^2 dx, \tag{5.1.7}$$

解约束在允许集合 Φ 中, 且

$$\Phi = \{f(x) \mid |f(x)| \leqslant M,\ f(x) \in L_2(\Omega)\}, \tag{5.1.8}$$

其中 α 为正则化参数, M 为一正常数, 式 (5.1.7) 中 $u(x, t; f)$ 是初边值问题 (5.1.1) 关于源项 $f(x)$ 的一个弱解, 即 $u(x, t; f)$ 满足

$$u(x, 0; f) = 0 \tag{5.1.9}$$

及对于任意 $\psi(x) \in \overset{0}{W_2^1}$ 和任意 t 满足变分方程

$$\int_\Omega u_t \psi dx + \int_\Omega \left(\sum_{i,j=1}^n a_{i,j} u_{x_i} \psi_{x_j} - \sum_{i=1}^n b_i u_{x_i} \psi - c u \psi \right) dx = \int_\Omega f(x) \psi dx. \tag{5.1.10}$$

定理 5.2　*至少存在一个极小元 $\tilde{f}(x) \in \Phi$ 满足*

$$J(\tilde{f}) = \min_{f \in \Phi} J(f).$$

证明　由泛函 $J(f)$ 的非负性即知 $J(f)$ 存在下确界 $\inf\limits_{f \in \Phi} J(f)$, 于是在允许集 Φ 中存在极小化序列 $\{f_m\}$ 使得

$$\inf_{f \in \Phi} J(f) \leqslant J(f_m) \leqslant \inf_{f \in \Phi} J(f) + \frac{1}{m},$$

其中对应于 f_m 的弱解记为 $u_m := u(x, t; f_m)$. 显然, 存在常数 C_2 使得

$$\|f_m\|_{2,\Omega} \leqslant C_2,$$

其中 C_2 与 m 无关. 因为 Φ 是闭的, 所以 $\{f_m\}$ 存在一个弱收敛的子序列, 仍然记为 $\{f_m\}$, 即存在 $\tilde{f} \in \Phi$ 有 f_m 弱收敛于 $\tilde{f}$.

根据引理 5.1 的结论, 可知序列 $\{u_m\}$ 在 $W_2^{2,1}$ 中有界. 因此, 同理可以找出一个子序列, 仍然记为 $\{u_m\}$, 使得 u_m 弱收敛至 u^*. 于是, 接下来只需要证明 $u^* = u(x, t; f)$. 为此, 在方程

$$\int_\Omega u_{m,t} \psi dx + \int_\Omega \left(\sum_{i,j=1}^n a_{ij} u_{m,x_i} \psi_{x_j} - \sum_{i=1}^n b_i u_{m,x_i} \psi - c u_m \psi \right) dx = \int_\Omega f_m \psi dx \tag{5.1.11}$$

两端乘以任意满足 $\gamma(T) = 0$ 的函数 $\gamma(t) \in C^1[0, T]$, 然后两边对 t 在 $[0, T]$ 上积分, 则可得到

$$- \int_\Omega u(x, 0) \gamma(0) \psi dx - \int_0^T \gamma \int_\Omega u_m \psi dx dt + \int_0^T \gamma \int_\Omega \left(\sum_{i,j=1}^n a_{ij} u_{m,x_i} \psi_{x_j} \right.$$

$$\left. - \sum_{i=1}^n b_i u_{m,x_i} \psi - c u_m \psi \right) dx dt = \int_0^T \gamma \int_\Omega \tilde{f} \psi dx dt + \int_0^T \gamma \int_\Omega (f_m - \tilde{f}) \psi dx dt.$$

因为 f_m 弱收敛到 $\tilde{f}$, 故上述等式的最后一项收敛于 0. 注意到 u_m 在 $W_2^{2,1}(Q_T)$ 中弱收敛于 u^*, 让 $m \to \infty$ 则可得

$$-\int_\Omega u(x,0)\gamma(0)\psi dx - \int_0^T \gamma \int_\Omega u^*\psi dxdt + \int_0^T \gamma \int_\Omega \left(\sum_{i,j=1}^n a_{ij}u_{x_i}^*\psi_{x_j} \right.$$

$$\left. - \sum_{i=1}^n b_i u_{x_i}^*\psi - cu^*\psi \right) dxdt = \int_0^T \gamma \int_\Omega \tilde{f}\psi dxdt. \tag{5.1.12}$$

显然, 式 (5.1.12) 对于任意 $\gamma(t) \in C_0^\infty(0,T)$ 也成立, 这意味着对于任意的 $\psi(x) \in \overset{0}{W_2^1}$ 和 $u^*(x,0)$ 有

$$\int_\Omega u_t^*\psi dx + \int_\Omega \left(\sum_{i,j=1}^n a_{ij}u_{x_i}^*\psi_{x_j} - \sum_{i=1}^n b_i u_{x_i}^*\psi - cu^*\psi \right) dx = \int_\Omega \tilde{f}\psi dx.$$

因此, 由 $u(x,t;\tilde{f})$ 的定义可得 $u^* = u(x,t;\tilde{f})$. 那么, $J(f)$ 的弱下半连续即可确保 $\tilde{f}$ 是 $J(f)$ 的一个极小元. $\square$

为获得源项反演问题的数值解, 我们引入有限元方法来求解连续的极小化问题 (5.1.7)—(5.1.10). 与文献 (Li J et al., 2009; Keung Y L et al., 1998) 处理方法类似, 首先将区域 Ω 三角剖分成一组正则的三角单元 T^h, 记 S_h 为定义在 T^h 上连续的分片线性有限元空间. 空间 $\overset{0}{S_h}$ 为 S_h 的子空间且落在此子空间上的函数在边界 $\partial\Omega$ 上取值为 0. $\{P_i\}_{i=1}^{M_h}$ 为所有内部点的集合, 即所有不落在边界 $\partial\Omega$ 上的三角单元的顶点. 因此, 空间 $\overset{0}{S_h}$ 中的函数被在点 P_i 处的值唯一确定, 且空间 $\overset{0}{S_h}$ 中的基函数 $\{\phi\}_{j=1}^{M_h} \subset \overset{0}{S_h}$ 定义为

$$\phi_j(P_i) = \begin{cases} 1, & i = j, \\ 0, & i \neq j. \end{cases} \tag{5.1.13}$$

显然, $\overset{0}{S_h}$ 中的函数 $v(x)$ 可以表示为 $v(x) = \sum_{j=1}^{M_h} v_j\phi_j(x)$, 其中 $v_j = v(P_j)$ 表示 $v(x)$ 在点 P_j 的函数值. 将时间区域 $[0,T]$ 剖分为 N 等份

$$0 = t_0 < t_1 < \cdots < t_{N-1} < t_N = T,$$

其中 $t_m = m\Delta t$, $\Delta t = \dfrac{T}{N}$. 记 $u^m = u(x,t_m)$, $0 \leqslant m \leqslant N$. 对于任意给定的序列 $\{u^m\}_{m=1}^N \subset L^2(\Omega)$ 定义差商

$$D_t u^m = \frac{u^m - u^{m-1}}{\Delta t}.$$

设 $f(x)$ 可被延拓至边界 $\partial\Omega$ 上. 那么, 我们可用 $f_h = \sum\limits_{j=1}^{K_h} f_j\phi_j(x)$ 来近似

$f(x) \in L_2(\Omega)$, 且将它投影到空间 S_h 中, 其中 K_h 表示 T^h 的所有节点数, f_j 表示 $f(x)$ 在第 j 个节点的值. 至此, 将连续优化问题 (5.1.7) 转化为如下的有限元近似

$$\min_{f \in S_h \bigcap \Phi} J(f_h) = \int_\Omega \left|u_h^N(f_h) - g(x)\right|^2 dx + \alpha \int_\Omega |f_h|^2 dx, \qquad (5.1.14)$$

其中 $u_h^m(f_h) = \sum\limits_{j=1}^{M_h} u_j^m\phi_j(x)$, $m = 0, 1, \cdots, N$, 且满足

$$u_h^0(f_h) = 0 \qquad (5.1.15)$$

和

$$\int_\Omega \psi_h D_t u_h^m(f_h) dx + \int_\Omega \left(\sum_{i,j=1}^n a_{ij}(u_h^m(f_h))_{x_i}(\psi_h)_{x_j} - \sum_{i=1}^n b_i(u_h^m(f_h))_{x_i}\psi_h \right.$$

$$\left. -cu_h^m(f_h)\psi_h \right) dx = \int_\Omega f_h\psi_h dx, \quad \forall \psi_h \in \overset{0}{S}_h. \qquad (5.1.16)$$

定理 5.3　离散的极小化问题 (5.1.14)—(5.1.16) 至少存在一个极小元.

定理 5.3 的证明和文献 (Keung Y L et al., 1998) 定理 3.1 的证明类似, 故省略. 又根据文献 (Li J et al., 2009; Keung Y L et al., 1998) 的结论, 可知: 当 $h \to 0, \Delta t \to 0$ 时, 可得到离散问题关于 h 和 Δt 的极小元存在一个收敛的子序列, 且该子序列收敛于连续问题 (5.1.7)—(5.1.10) 的一个极小元.

5.1.3　正则优化方法的数值实现

根据控制方程的线性性和齐次的边界与初始条件, 易知问题 (5.1.1) 关于源项满足叠加原理. 利用叠加原理的方法同样被文献 (Lattes R et al., 1969; Hasanov A et al., 2001) 关注到, 且被用来重建初始函数. 这里, 我们使用叠加原理将有限元近似 (5.1.14) 转化为一个线性代数方程组. 注意到

$$f_h = \sum_{j=1}^{K_h} f_j\phi_j(x), \qquad (5.1.17)$$

根据叠加原理可知

$$u_h^N(f_h) = \sum_{j=1}^{K_h} f_j u_h^N(\phi_j(x)). \qquad (5.1.18)$$

其中, 当空间区域为一维时, $u_h^N(\phi_j(x))$ 是用文献 (Skeel R D et al., 1990) 中提出的有限元算法计算得到的; 否则, 对于二维区域, $u_h^N(\phi_j(x))$ 是使用 MATLAB 中 PDE

工具箱的函数计算得到的. 因此, 我们将 $J(f_h)$ 写成关于向量 $\tilde{f} = (f_1, f_2, \cdots, f_{K_h})^{\mathrm{T}}$ 的形式

$$J(\tilde{f}) = \int_\Omega \left| \sum_{j=1}^{K_h} f_j u_h^N(\phi_j(x)) - g(x) \right|^2 dx + \alpha \int_\Omega \left| \sum_{j=1}^{K_h} f_j \phi_j(x) \right|^2 dx. \qquad (5.1.19)$$

由多元函数 $J(\tilde{f})$ 取极小值的必要条件

$$\frac{\partial J(\tilde{f})}{\partial f_i} = 0, \quad i = 1, 2, \cdots, K_h, \qquad (5.1.20)$$

得到如下的线性代数方程组

$$(A + \alpha G)\tilde{f} = b, \qquad (5.1.21)$$

其中 $A = (a_{ij})_{K_h \times K_h}$, $G = (g_{ij})_{K_h \times K_h}$, $b = (b_1, b_2, \cdots, b_{K_h})^{\mathrm{T}}$, 以及

$$a_{ij} = \int_\Omega u_h^N(\phi_i) u_h^N(\phi_j) dx, \quad g_{ij} = \int_\Omega \phi_i \phi_j dx, \quad b_i = \int_\Omega u_h^N(\phi_i) g dx. \qquad (5.1.22)$$

对于给定的正则化参数 α, 方程 (5.1.21) 的解 $\tilde{f}^*$ 是未知源项 $f(x)$ 的一个离散近似; 而 $f_h^* = \sum_{j=1}^{K_h} f_j^* \phi_j(x)$ 则是 $f(x)$ 在空间 S_h 中的近似. 因此, 由附加的终值时刻测量 $g(x) = u(x, T)$ 重建未知源项 $f(x)$ 的过程可归纳为如下的算法.

算法 5.1 重建未知源项的非迭代算法

给定终止测量 $g(x) = u(x, T)$ 和正则化参数 α.

Step 1 对于每个基源项 $f(x) = \phi_i(x)$, 利用有限元方法解正演问题 (5.1.1) 得 $u_h^N(\phi_i)$.

Step 2 通过式 (5.1.22) 计算矩阵 A, G 和向量 b.

Step 3 解正则化的线性代数方程组 (5.1.21).

Step 4 通过式 (5.1.17) 重建未知源项 $f(x)$.

注 5.4 算法 5.1 的主要计算代价在算法的第一步, 因为这里要计算一系列正演问题. 幸运的是, 算法 5.1 的第一步可进行并行计算, 即每一个正演问题都可以利用同一个三角剖分独立进行计算. 因此, 如果采用并行计算系统, 算法 5.1 的计算效率将会非常高. 同时, 若方程和区域是对称, 且三角剖分也是对称的, 则可以利用对称性进一步提高计算效率. 除此之外, 也可选取其他基函数代替连续分片线性有限元基, 例如多项式基函数或三角基函数, 此时由于基函数个数较少而大大减少计算量, 从而提高反演算法的计算效率.

为了获得有效的重建结果, 还必须考虑正则化参数 α 的选取问题. 对于不适定问题, 一个不合适的正则化参数可能会使测量噪声和舍入误差被无限放大, 从而导致反演的结果完全没有用处. 这里, 采用阻尼 Morozov 偏差准则 (Wang Z et al., 2009, 2013) 选取正则化参数, 也就是选择正则化参数 α 使得

$$\int_\Omega \left| \sum_{j=1}^{K_h} f_j u_h^N(\phi_j(x)) - g^\delta(x) \right|^2 dx + \alpha^\gamma \int_\Omega \left| \sum_{j=1}^{K_h} f_j \phi_j(x) \right|^2 dx = C\delta^2, \qquad (5.1.23)$$

其中 γ 为阻尼系数, C 为常数, δ 为噪声水平且满足 $\|g - g^\delta\| \leqslant \delta$. g 为准确值, g^δ 为测量数据. 为了快而稳定地获得正则化参数, 取 $\gamma = 1.5$ 和 $C = 1.5$, 我们采用文献 (Wang Z et al., 2009, 2013) 中提出的线性模型函数方法求解偏差方程 (5.1.23).

5.1.4   数值算例

对于非齐次的边界条件 $B(x,t)$ 和初始条件 $u_0(x)$, 控制方程 (5.1.1) 的解关于源项 $f(x)$ 不是一个线性映射. 因此, 我们先将非齐次边界条件的问题分成如下两个问题, 即

$$u(x,t;f) = u_1(x,t;f) + u_2(x,t), \qquad (5.1.24)$$

其中 $u_1(x,t;f)$ 满足

$$\begin{cases} (u_1)_t(x,t) = (Lu_1)(x,t) + f(x), & (x,t) \in \Omega \times (0,T), \\ u_1(x,0) = 0, & x \in \Omega, \\ u_1(x,t) = 0, & (x,t) \in \partial\Omega \times [0,T], \end{cases} \qquad (5.1.25)$$

$u_2(x,t)$ 满足

$$\begin{cases} (u_2)_t(x,t) = (Lu_2)(x,t), & (x,t) \in \Omega \times (0,T), \\ u_2(x,0) = u_0(x), & x \in \Omega, \\ u_2(x,t) = B(x,t), & (x,t) \in \partial\Omega \times [0,T]; \end{cases} \qquad (5.1.26)$$

然后利用数据 $g(x) - u_2(x,T)$ 通过算法 5.1 重建出未知源项函数 $f(x)$.

在所有一维算例中, 我们将 $[0,1]$ 区间等距剖分为 100 等份, 也就是有 100 个单元和 101 个节点; 在所有的二维算例中, 将区域 $[0,1] \times [0,1]$ 等距剖分为 50×50 小矩形, 则意味着网格上总共有 5000 个三角单元和 2601 个节点. 在计算仿真过程中, 实际上计算得到的是网格节点处的终值数据向量 $g = \{g(P_i)\}$, 并给数据向量 g 加上相对误差水平为 $\hat{\delta}$ 随机扰动误差, 即 $g^\delta = g + \hat{\delta}(2 * \mathrm{rand}(\mathrm{size}(g)) - 1) * g$. 这里, 函数 $\mathrm{rand}(\mathrm{size}(g))$ 是一个随机函数, 它将生成在区间 $(0,1)$ 上服从均匀分布的随机向量.

表 5.1 列出了取不同相对误差水平 $\hat{\delta}$ 和正则化参数情况下的数值计算结果, 其中反演结果的相对误差根据

$$\text{RelError} = \frac{\|f_h^* - f\|_2}{\|f\|_2}$$

计算所得. 图 5.1—图 5.9 为源项真解和源项反演解的对比图.

表 5.1 算例 1—算例 5 的一些计算结果

算例	$\hat{\delta}$	α	RelError
算例 1	0.001	4.2806e−006	3.8244e−003
	0.01	4.1359e−005	1.1608e−002
算例 2	0.001	2.7407e−007	3.6889e−002
	0.01	3.5558e−006	9.3541e−002
算例 3	0.001	1.0017e−007	1.6677e−001
	0.01	3.7607e−006	2.5831e−001
算例 4	0.001	4.7644e−008	1.9297e−002
	0.01	4.9258e−007	5.7354e−002
算例 5	0.001	3.5247e−008	1.7401e−001
	0.01	1.1364e−006	2.6286e−001

算例 1 取 $\Omega = (0, 1), T = 1, Lu = \Delta u = \dfrac{\partial^2 u}{\partial x^2}$. 设

$$u(x, t) = \left(2 - \exp\left(-\pi^2 t\right)\right) \sin(\pi x), \quad (x, t) \in [0, 1] \times [0, 1].$$

此时, $f(x) = 2\pi^2 \sin(\pi x)$, $u_0(x) = \sin(\pi x)$, $u(0, t) = u(1, t) = 0$, 终值时刻的测量函数为

$$g(x) = u(x, 1) = \left(2 - \exp\left(-\pi^2\right)\right) \sin(\pi x), \quad x \in [0, 1].$$

不同噪声水平的反演结果见图 5.1.

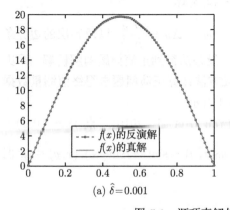
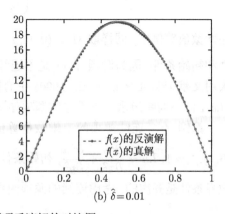

(a) $\hat{\delta} = 0.001$ (b) $\hat{\delta} = 0.01$

图 5.1 源项真解与源项反演解的对比图

算例 2   考虑分段光滑的热源:

$$f(x) = \begin{cases} 0, & x \in [0, 0.3], \\ 5(x - 0.3), & x \in (0.3, 0.5], \\ -5(x - 0.7), & x \in (0.5, 0.7], \\ 0, & x \in (0.7, 1]. \end{cases}$$

令 $\Omega = (0, 1), T = 1, Lu = \Delta u = \dfrac{\partial^2 u}{\partial x^2}$, $u_0(x) = 0$, $u(0, t) = u(1, t) = 0$. 附加的终值时刻测量数据 $u(x, T)$ 由文献 (Skeel R D et al., 1990) 给出的有限元方法计算得到. 不同噪声水平的数值反演结果如图 5.2 所示.

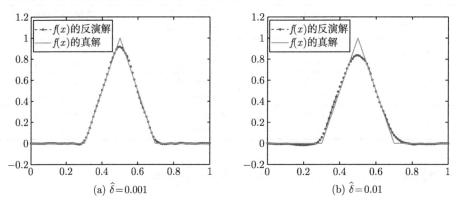

图 5.2   源项真解与源项反演解的对比图

算例 3   考虑不连续的源项

$$f(x) = \begin{cases} 0, & x \in [0, 1/3), \\ 1, & x \in [1/3, 2/3], \\ 0, & x \in (2/3, 1]. \end{cases}$$

在此数值算例中, 同样取 $\Omega = (0, 1), T = 1, Lu = \Delta u = \dfrac{\partial^2 u}{\partial x^2}$, 以及齐次的边界条件和初始条件. 因为源项 $f(x)$ 是不连续的, 没办法得到正演问题的解析解. 所以, 采用文献 (Skeel R D et al., 1990) 中有限元方法计算正演问题求得终值测量数据 $u(x, T)$. 不同噪声水平下重建的源项如图 5.3 所示.

算例 4   连续源项的二维数值算例 (Yan L et al., 2010). 设 $\Omega = (0, 1) \times (0, 1), T = 1, Lu = \dfrac{\partial^2 u}{\partial x^2} + \dfrac{\partial^2 u}{\partial y^2}$, 初始条件为 $u_0(x, y) = \sin(\pi x)\sin(\pi y), (x, y) \in \Omega$, 但边界条件是齐次的. 考虑连续的源项函数

$$f(x, y) = \exp\left(-\sigma\left[(x - \mu_1)^2 + (y - \mu_2)^2\right]\right),$$

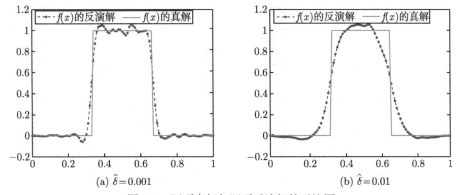

(a) $\hat\delta = 0.001$ (b) $\hat\delta = 0.01$

图 5.3 源项真解与源项反演解的对比图

如图 5.4 所示. 注意到当 σ 足够大时, 上述的源项近似狄拉克分布 $\delta(x - \mu_1, y - \mu_2)$, 即近似为点污染源. 现取 $\sigma = 80$, $\mu_1 = \dfrac{3}{4}$ 和 $\mu_2 = \dfrac{1}{2}$. 终值测量数据 $u(x, y, T)$ 可通过 MATLAB 中 PDE 工具箱函数计算得到. 当误差水平分别为 $\hat\delta = 0.001, \hat\delta = 0.01$ 时, 数值反演解及其误差分别如图 5.5 和图 5.6 所示.

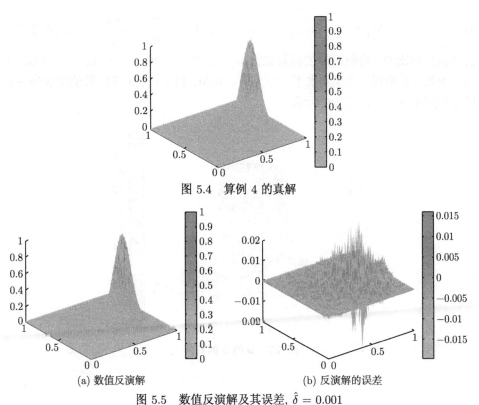

图 5.4 算例 4 的真解

(a) 数值反演解   (b) 反演解的误差

图 5.5 数值反演解及其误差, $\hat\delta = 0.001$

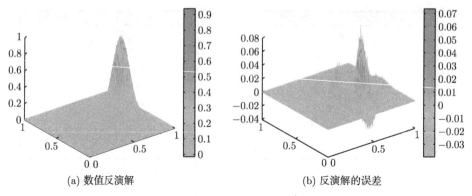

(a) 数值反演解　　　　　　　　　　　　(b) 反演解的误差

图 5.6　数值反演解及其误差, $\hat{\delta} = 0.01$

算例 5　不连续源项的二维数值算例. 考虑不连续的源项函数

$$f(x,y) = \begin{cases} 0, & (x,y) \in \left\{ (x,y) \left| 0 < x, y < 1, \sqrt{(x-0.5)^2 + (y-0.5)^2} \geqslant 0.25 \right. \right\}, \\ 1, & (x,y) \in \left\{ (x,y) \left| \sqrt{(x-0.5)^2 + (y-0.5)^2} < 0.25 \right. \right\}, \end{cases}$$

如图 5.7 所示. 同样令 $\Omega = (0,1) \times (0,1), T = 1, Lu = \dfrac{\partial^2 u}{\partial x^2} + \dfrac{\partial^2 u}{\partial y^2}$, 同时边界条件和初始值为齐次的. 终值时刻的测量数据 $u(x,y,T)$ 同样可由 MATLAB 中 PDE 工具箱函数计算所得. 当误差水平分别为 $\hat{\delta} = 0.001$ 和 $\hat{\delta} = 0.01$ 时, 数值反演解及其误差分别如图 5.8 和图 5.9 所示.

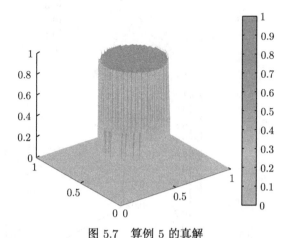

图 5.7　算例 5 的真解

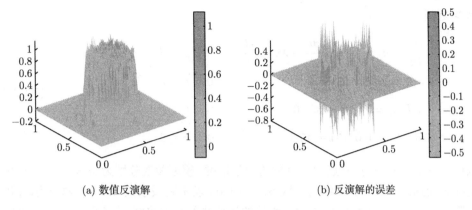

(a) 数值反演解   (b) 反演解的误差

图 5.8 数值反演解及其误差, $\hat{\delta} = 0.001$

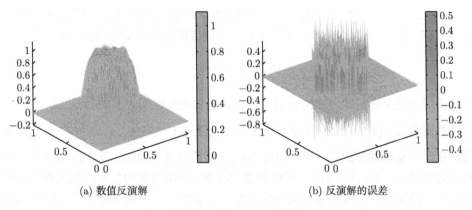

(a) 数值反演解   (b) 反演解的误差

图 5.9 数值反演解及其误差, $\hat{\delta} = 0.01$

5.1.5 实际问题中源项的重建

这个实际应用问题来源于文献 (李功胜等, 2005; Li G et al., 2006, 2008), 主要是考虑山东省淄博市沣水镇的地下水硫酸污染问题. 所研究的区域是一个相对完整的水文地质单元, 其面积约为 45 平方千米. 在这个地区, 大气降水积累的地下水流动逐渐向西北方向渗透, 直到遇到煤层, 因此形成了含丰富地下水的地带. 据此, 20 世纪 80 年代这一地区相继开辟了岳店和张化水源地. 但是随着各类矿产资源的过度开发, 特别是许多煤井的过量开采, 这一地区的地下水质污染越来越严重, 尤其张化水源地的硫酸污染更为严重. 根据这个地区 1988 年至 1999 年地下水流向的测量浓度数据, 我们试图重建每年酸污染渗透到蓄水层的均值.

在对含水层的合理假设下, 选取地下水从四角坊至张化的流向为 x 轴, 四角坊为坐标原点, 1988 年作为初始时刻, 则地下水系中的实际硫酸污染问题可由如下方

程来刻画:

$$\begin{cases} \dfrac{\partial u}{\partial t} = a_{L} v \dfrac{\partial^2 u}{\partial x^2} - v \dfrac{\partial u}{\partial x} - \lambda u + \dfrac{f(x)}{n_e}, & 0 < x < L, 0 < t < T, \\ u(0,t) = 7.96t + 45.6, & 0 \leqslant t \leqslant T, \\ u(L,t) = 1.75t^2 + 331.6, & 0 \leqslant t \leqslant T, \\ u(x,0) = 0.0715x + 45.6, & 0 \leqslant x \leqslant L, \end{cases} \quad (5.1.27)$$

其中 $u = u(x,t)$ 表示 x 点和 t 时刻的污染浓度, 模型参数分别为: $v = 365$ 表示平均孔隙流速, $a_L = 1$ 表示纵向弥散度, $\lambda = 0.05$ 表示衰减系数, $n_e = 0.25$ 表示有效孔隙率, $f(x)$ 表示单位时间渗入含水层的污染物的平均浓度, 它实际了代表了单位时间内污染物入渗的平均强度. 除此之外, $L = 4000$ 表示四角坊和张化两地之间的距离, 及 $T = 11$. 问题 (5.1.27) 中边界条件和初始条件运用实际测量数据经拟合得到, 见文献 (Li G et al., 2006). 终值时刻的测量数据也是由拟合得到, 且为

$$u(x,T) = 0.1026x + 133.2, \quad 0 \leqslant x \leqslant L. \quad (5.1.28)$$

本章所考虑的反演问题为运用正则优化方法通过测量数据 $u(x,T)$ 反演 (5.1.27) 中源项强度函数 $f(x)$. 在数值实验中, 我们首先通过 $U = \dfrac{u}{45.6}, y = \dfrac{x}{L}, \tau = \dfrac{vt}{L}$ 将问题转化为无量纲的形式 (Li G et al., 2008); 然后将区间 $[0,1]$ 等分为 200 个小区间后运用算法 5.1 求解. 首先, 假设模型 (5.1.27) 中所有初边值和附加的终值数据 (5.1.28) 为精确的, 选取固定的正则化参数 $\alpha = 0.5 \times 10^{-4}$ 来重建源项; 其次, 考虑附加终止数据存在随机噪声, 我们采用正则化参数选取的线性模型函数方法来确定正则化参数进行数值反演.

情形 1: 在空间 S_h 中重建源项 $f_h^* = \sum\limits_{j=1}^{K_h} f_j^* \phi_j(x)$, 结果见图 5.10 和表 5.2.

情形 2: 在多项式空间 $\mathbb{P}_{N_p}[x]$ 中重建源项 $f_h^* = \sum\limits_{j=0}^{N_p} f_j^* x^j$. 基于文献 (Li G et al., 2006) 的分析, 仅考虑 $N_p = 1$ 和 $N_p = 2$ 分别进行数值反演计算, 结果见表 5.2.

为了展现上述反演结果的精确性和合理性, 将源项强度的数值反演解代入问题 (5.1.27) 而重构附加数据, 记为 $u(x,T; f_h^*)$. 然后, 在 201 个节点上计算其与实际测量数据 (5.1.28) 的残差 $\|u(x,T; f_h^*) - u(x,T)\|_2$, 结果见表 5.2.

从图 5.10 和表 5.2 可知, 模型 (5.1.27) 中的源项强度函数 $f(x)$ 可以通过附加终值数据运用正则优化算法数值反演出来. 以残差对比而言, 发现本章算法优于文献 (Li G et al., 2006, 2008) 中反演方法. 除此之外, 对于第二种情形, 我们提出的算法速度非常快, 因为关于基函数需要计算的正演问题非常少.

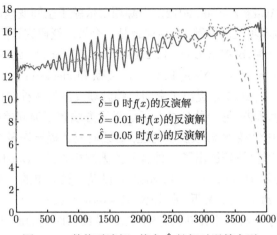

图 5.10 数值反演解, 其中 $\hat{\delta}$ 是相对误差水平

表 5.2 算例 6 的数值结果

情形	相对误差水平	α	$f_h^*(x)$	$\|u(x,T;f_h^*)$ $-u(x,T)\|_2$
在空间 S_h 中求解	0.00	5.0000e−005	见图 5.10(—)	7.0182e−001
	0.01	5.1865e−004	见图 5.10(·····)	9.5460e−001
	0.05	3.8324e−003	见图 5.10(---)	2.6560e+000
在空间 $\mathbb{P}_1[x]$ 中求解	0.00	5.0000e−005	12.997+0.0010584x	2.0369e−001
	0.01	1.0177e−001	13.052+0.0010055x	2.7136e−001
	0.05	3.4462e−001	13.129+0.00090556x	9.7427e−001
在空间 $\mathbb{P}_2[x]$ 中求解	0.00	5.0000e−005	13.001+0.0010514x +0.0000000019274x^2	2.0386e−001
	0.01	9.4045e−002	13.343+0.00048213x +0.00000015466x^2	5.6136e−001
	0.05	3.5021e−001	13.341+0.00039093x +0.00000017290x^2	9.1224e−001
文献 (Li G et al., 2008) 中的结果	0.00	—	14.507+0.000016411x	3.2952e+000
	0.01	4.357e−003	14.507+0.000015817x	3.2972e+000
	0.05	1.274e−002	14.515+0.000011783x	3.3075e+000

5.2 时变源项反演的有限差分方法

由于热传导中的源项反演问题在许多工程与科学应用中具有重要意义, 因此在过去的几十年中已经进行了广泛的研究 (Cannon J R, 1968; Rundell W et al., 1980; Yamamoto M, 1993; Engl H W et al., 1994; Wang Z et al., 2012, 2015; Qiu S et al., 2018a). 例如, 给定污染物浓度的测量值来确定污染源强度, 这对于流域的环境保

护是非常重要的 (Wang Z et al., 2012). 当源项仅依赖于空间变量时, 我们称源项识别问题为空间依赖源项反演问题, 且该问题是一个被广泛研究过的问题 (Johansson B T et al., 2007a, 2007b; Yan L et al., 2009; Dou F F et al., 2009a; Yang F et al., 2010; Hasanov A et al., 2014; Yang F, 2014). 文献 (Johansson B T et al., 2007a) 和 (Johansson B T et al., 2007b) 提出了空间依赖源项反演的两种迭代方法: 一种是变分共轭梯度型迭代算法; 另一种是结合了边界元方法解正演问题的简单迭代算法. 针对识别热传导中空间依赖源项反演问题, 后续研究者提出许多不同的方法, 例如结合 Tikhonov 正则化技巧提出了一种有效的无网格方法 (Yan L et al., 2009), 小波对偶最小二乘方法 (Dou F F et al., 2009a), 以及一类简单的 Tikhonov 正则化方法 (Yang F et al., 2010) 等. 最近, 在文献 (Hasanov A et al., 2014) 中, 结合共轭梯度方法, 作者设计了一种基于伴随问题的方法, 从终值时刻的测量数据或积分型数据重建出抛物线方程中空间依赖源项.

关于热传导中时变源项反演问题的研究已经有许多有趣的工作. 在文献 (Yan L et al., 2008; Borukhov V T et al., 2000; Yang L et al., 2011; Hasanov A et al., 2013) 中, 利用空间中一个点上的测量数据研究了时变源项反演问题, 其中文献 (Yan L et al., 2008) 提出了一种基本解的数值重建方法、文献 (Yang L et al., 2011) 提出了一种 Landweber 迭代方法、文献 (Hasanov A et al., 2013) 提出了一种共轭梯度的数值反演方法. 对于附加测量数据是积分型的情形, 文献 (Hazanee A et al., 2013) 发展了一种结合变阶数 Tikhonov 正则化方法的边界元方法来识别时变源项; 而文献 (Oanh N T N et al., 2016) 基于变分问题的梯度给出了一种共轭梯度的数值反演方法. 据作者所知, 很少有论文利用有限差分方法建立时变源项反演的数值格式, 并给出严格分析的. 在此, 我们给出一种基于 Crank-Nicolson 差分格式的源项反演方法, 并给出相应算法的收敛性结果 (Wang Z et al., 2020).

5.2.1　源项反演问题的表述

考虑热传导过程中的源项反演问题: 寻求 $(u(x,t), p(t))$ 满足

$$
\begin{cases}
\dfrac{\partial u}{\partial t} = \dfrac{\partial^2 u}{\partial x^2} + p(t), x \in (0, L), & 0 < t \leqslant T, & (5.2.1) \\[2mm]
u(0, t) = a(t), u(L, t) = b(t), & 0 \leqslant t \leqslant T, & (5.2.2) \\[2mm]
u(x, 0) = \varphi(x), & x \in [0, L], & (5.2.3) \\[2mm]
\displaystyle\int_0^L \mu(x) u(x, t) \mathrm{d}x = g(t), & 0 \leqslant t \leqslant T, & (5.2.4)
\end{cases}
$$

其中 $\mu(x) \in C_0^2(0, L)$ 是一个具有局部紧支集的权函数, 且有 $0 \leqslant \mu(x)$ 与 $\mu(x) \not\equiv 0$. 实际应用中附加的测量数据 $g(t)$ 往往是带有噪声的. 因此, 实际应用上源项反演问题指的是从带误差的测量数据

$$\int_0^L \mu(x)u(x,t)\mathrm{d}x = g^\delta(t), \quad 0 \leqslant t \leqslant T \tag{5.2.5}$$

反演源项函数, 且测量数据 $g^\delta(t)$ 满足 $\|g^\delta(t) - g(t)\|_\infty \leqslant \delta$, 这里 δ 是误差水平. 非局部条件 (5.2.5) 的实际含义是数据 $g^\delta(t)$ 是平均意义下在子区域内测量得到的. 物理上, 权函数 $\mu(x)$ 可以理解为按一定规律布置在子区域内的微小传感器 (Prilepko A I et al., 2000).

众所周知, 对于给定的源项函数 $p(t)$, 求解初边值问题 (5.2.1)—(5.2.3) 是适定的正演问题. 而从方程 (5.2.1)—(5.2.4) 中确定出未知源项 $p(t)$ 的问题, 因源项仅依赖于时间变量, 故被称为热传导的时变源项反演问题.

5.2.2 不适定性和条件稳定性

首先, 我们给出所考虑的反演问题的不适定性分析. 在不失一般性的前提下, 我们假设边界条件和初始条件都是齐次的. 通过分离变量方法, 易得初边值问题 (5.2.1)—(5.2.3) 级数形式的解为

$$u(x,t) = \sum_{k=1}^\infty a_k \int_0^t p(\tau)e^{-\lambda_k(t-\tau)}d\tau \chi_k(x), \quad x \in (0,L),\ t \in (0,\infty), \tag{5.2.6}$$

其中 $\lambda_k = \left(\dfrac{k\pi}{L}\right)^2$, $\chi_k(x) = \sin\left(\dfrac{k\pi}{L}x\right)$, $a_k = (1, \chi_k(x))$, $k = 1, 2, \cdots$, 这里 $(\cdot, \cdot)$ 表示普通的内积. 为了方便起见, 定义

$$K_1(t) = \sum_{k=1}^\infty \mu_k a_k e^{-\lambda_k t}, \quad K_2(t) = \sum_{k=1}^\infty \mu_k \lambda_k a_k e^{-\lambda_k t}, \tag{5.2.7}$$

$$(M_1 p) = \int_0^t K_1(t-\tau)p(\tau)d\tau, \quad (M_2 p) = \int_0^t K_2(t-\tau)p(\tau)d\tau, \tag{5.2.8}$$

其中 $\mu_k = (\mu, \chi_k(x))$, $k = 1, 2, \cdots$. 从 (5.2.6)—(5.2.8) 可知, M_1 是观测算子, i.e.,

$$g(t) = (M_1 p)(t), \quad t \in [0,T]. \tag{5.2.9}$$

根据文献 (Brezis H, 2010) 中的定理 10.11 可知, 对于 $p(t) \in L^2(0,T)$, 正演问题 (5.2.1)—(5.2.3) 存在唯一解且解满足 $\dfrac{\partial u(x,t)}{\partial t} \in L^2(0,t;(0,L))$, 这意味着 $g(t) \in H^1(0,T)$. 因此, 观测算子 M_1 是从 $L^2(0,T)$ 到 $L^2(0,T)$ 上的紧算子, 即识别 $p(t)$ 的源项反演问题是不适定的.

接下来我们重点关注源项反演的条件稳定性.

引理 5.5　(i) 若 $\mu(x) \in H^2(0, L) \bigcap H_0^1(0, L)$, 则 M_2 是个 $L^2(0, T)$ 到 $L^2(0, T)$ 上的有界线性算子, 且它是紧算子.

(ii) 若 $(u(x, t; p(t)), p(t)) \in \left(H^1(0, T; L^2(\Omega)) \bigcap L^2(0, T; H^2(\Omega)) \times L^2(0, T)\right)$ 是方程组 (5.2.1)—(5.2.3) 的解, 则 $p(t)$ 满足

$$g'(t) = \nu p(t) - (M_2 p)(t), \quad t \in (0, T), \tag{5.2.10}$$

其中 $\nu = \sum\limits_{k=1}^{\infty} a_k \mu_k$.

证明　显然, M_2 是个有界线性算子, 这是因为有前提条件 $\mu(x) \in H^2(0, L) \bigcap H_0^1(0, L)$. 在方程中 (5.2.1) 用 $\mu''(x)p(t)$ 代替 $p(t)$, 可得关于 $\mu''(x)p(t)$ 的解为

$$\tilde{u}(x, t) = \sum_{k=1}^{\infty} \int_0^t -\lambda_k \mu_k p(\tau) e^{-\lambda_k(t-\tau)} d\tau \chi_k(x), \quad t \in (0, T). \tag{5.2.11}$$

因为 $\mu''(x)p(t) \in L^2(0, L; L^2(0, T))$, 则根据文献 (Brezis H, 2010) 中的定理 10.11 可知 $\tilde{u}(x, t) \in L^2(0, T; H^2(0, L)) \bigcap H^1(0, T; L^2(0, L))$. 显然, 有 $(M_2 p)(t) = -(\tilde{u}(x, t), 1)$. 于是, 对任意的 $(\mu''(x), p(t)) \in L^2(0, L) \times L^2(0, T)$ 有 $(M_2 p)(t) \in H^1(0, T) \subset L^2(0, T)$. 因此, M_2 的紧性直接由 Sololev 紧嵌入定理得到. (i) 的证明完毕.

下面我们证明 (ii) 的结论成立.

在式 (5.2.9) 的两边同时作微分运算 $\dfrac{d}{dt}$, 且注意到 $g(t) \in H^1(0, T)$, 得到

$$\begin{aligned}
\frac{dg(t)}{dt} &= \sum_{k=1}^{\infty} a_k \mu_k \frac{d}{dt} \left(\int_0^t e^{-\lambda_k(t-\tau)} p(\tau) d\tau \right) \\
&= \sum_{k=1}^{\infty} a_k \mu_k p(t) - \sum_{k=1}^{\infty} a_k \mu_k \lambda_k \int_0^t p(\tau) e^{-\lambda_k(t-\tau)} d\tau,
\end{aligned} \tag{5.2.12}$$

这意味着公式 (5.2.10) 成立.　　　　　　　　　　　　　　　　　　　　　　　□

定理 5.6　假设 $(\mu(x), 1) \neq 0$. 给定 $g(t) \in H^1(0, T)$, 则反演问题 (5.2.1)—(5.2.3) 存在唯一解 $p(t) \in L^2(0, T)$, 且存在常数 $C > 0$ 使得

$$C^{-1} \|g'(t)\|_{L^2(0, T)} \leqslant \|p(t)\|_{L^2(0, T)} \leqslant C \|g'(t)\|_{L^2(0, T)}.$$

证明　由引理 5.5 的结论可知 M_2 是紧的, 故只需要证明对任意给定的 $g(t) \in H^1(0, T)$, 积分方程 (5.2.10) 有唯一解 $p(t) \in L^2(0, T)$. 根据 Fredholm 选择定理, 证明积分方程 (5.2.10) 解的唯一性等价于证明对应齐次积分方程 (5.2.13) 只有平凡解 (零解):

$$\nu p(t) - (M_2 p)(t) = 0. \tag{5.2.13}$$

从关于权函数 $\mu(x)$ 的假设条件可知, 存在一个正常数 C_1 使得 $C_1 \leqslant |\nu|$. 基于卷积的 Young 不等式, 我们有

$$
\begin{aligned}
|p(t)| &\leqslant \frac{1}{C_1} |(M_2 p)(t)| \\
&\leqslant \frac{1}{C_1} \sum_{k=1}^{\infty} |a_k \mu_k| \left(\int_0^t (\lambda_k e^{-\lambda_k \tau})^2 d\tau \right)^{\frac{1}{2}} \left(\int_0^t p^2(\tau) d\tau \right)^{\frac{1}{2}} \\
&\leqslant \frac{2C_2}{C_1} \left(\int_0^t p^2(\tau) d\tau \right)^{\frac{1}{2}}.
\end{aligned}
$$

那么, 根据 Gronwall 不等式即得 $p(t) = 0$, $t \in (0, T)$. 因此, 对于任意给定的 $g(t) \in H^1(0, T)$, 积分方程 (5.2.10) 有唯一解 $p(t) \in L^2(0, T)$. 接下来说明 $p(t) \in L^2(0, T)$. 因为 $g'(t) \in L^2(0, T)$, 我们有 $p(t) = \dfrac{1}{\nu} \left(g'(t) + (M_2 p)(t) \right)$, 则直接由引理 5.5 (i) 的结论知 $(M_2 p)(t) \in H^1(0, T)$. 因此, 我们得到 $p(t) \in L^2(0, T)$. 于是, 由 $\nu I - M_2$ 存在有界的逆算子即可证明定理的结论成立, 这里 I 是单位算子. □

5.2.3 基于 Crank-Nicolson 差分格式的反演方法

首先我们将区域 $[0, L] \times [0, T]$ 剖分为 $M \times N$ 的网格, 剖分的空间步长和时间步长分别为 $h = \dfrac{L}{M}$ 和 $\tau = \dfrac{T}{N}$, 其中 M 和 N 是正整数. 剖分所得网格节点记为 $x_m = mh$, $m = 0, 1, \cdots, M$, $t_n = n\tau$, $n = 0, 1, \cdots, N$, 以及记 $t_{n+\frac{1}{2}} = \left(n + \dfrac{1}{2} \right) \tau$. 这里感兴趣的是计算出节点 $t_{n+\frac{1}{2}}$ 处 $p(t)$ 的数值解, 以及计算出网格点 (x_m, t_n) 上 $u(x, t)$ 的数值解. 记号 U_m^n 和 $P^{n+\frac{1}{2}}$ 分别表示 $u(x_m, t_n)$ 和 $p(t_{n+\frac{1}{2}})$ 的有限差分近似, 并记 $u_m^n = u(x_m, t_n)$, $p^{n+\frac{1}{2}} = p(t_{n+\frac{1}{2}})$, $\mu_m = \mu(x_m)$, $g^n = g(t_n)$. $r = \dfrac{\tau}{h^2}$ 是剖分所得网格的网格比.

这里我们用 Crank-Nicolson 差分格式 (孙志忠, 2012) 近似一维热传导方程 (5.2.1). 显然, 由 Crank-Nicolson 差分格式直接得到方程 (5.2.1) 的离散形式:

$$
\frac{u_m^{n+1} - u_m^n}{\tau} = \frac{(u_{m+1}^n - 2u_m^n + u_{m-1}^n) + (u_{m+1}^{n+1} - 2u_m^{n+1} + u_{m-1}^{n+1})}{2h^2} + p^{n+\frac{1}{2}} + R_{m,n},
\tag{5.2.14}
$$

其中 $1 \leqslant m \leqslant M - 1$, 且存在一正常数 d_1 使得

$$
|R_{m,n}| \leqslant d_1(\tau^2 + h^2), \quad \forall m, n.
\tag{5.2.15}
$$

根据初边值条件 (5.2.2)—(5.2.3), 我们有

$$
u_m^0 = \varphi(x_m), \quad 0 \leqslant m \leqslant M, \quad u_0^n = a(t_n), \quad u_M^n = b(t_n), \quad 1 \leqslant n \leqslant N.
\tag{5.2.16}
$$

利用复化梯形公式离散附加条件 (5.2.4) 为

$$g(t_{n+1}) = \frac{h}{2} \left(\mu_0 u_0^{n+1} + 2 \sum_{m=1}^{M-1} \mu_m u_m^{n+1} + \mu_M u_M^{n+1} \right) + Q_{n+1}, \quad 0 \leqslant n < N, \quad (5.2.17)$$

且存在一正常数 d_2 使得

$$|Q_{n+1}| \leqslant d_2 h^2, \quad \forall n. \tag{5.2.18}$$

忽略式 (5.2.14) 和 (5.2.17) 中的小量, 并分别用 U_m^n 和 $P^{n+\frac{1}{2}}$ 替换掉 u_m^n 和 $p^{n+\frac{1}{2}}$, 则得到我们需要的有限差分格式:

$$(1+r)U_m^{n+1} - \frac{r}{2}\left(U_{m+1}^{n+1} + U_{m+1}^{n+1}\right) = (1-r)U_m^n + \frac{r}{2}\left(U_{m+1}^n + U_{m-1}^n\right) + \tau P^{n+\frac{1}{2}}, \quad (5.2.19)$$

$$U_m^0 = \varphi(x_m), \quad 0 \leqslant m \leqslant M, \quad U_0^n = a(t_n), \quad U_M^n = b(t_n), \quad 1 \leqslant n \leqslant N, \quad (5.2.20)$$

$$\frac{h}{2}\left(\mu_0 U_0^{n+1} + 2\sum_{m=1}^{M-1} \mu_m U_m^{n+1} + \mu_M U_M^{n+1}\right) = g^{n+1}. \tag{5.2.21}$$

为后面的理论分析需要, 我们将上述有限差分格式 (5.2.19)—(5.2.21) 改写成向量形式

$$\begin{bmatrix} A & -\tau F \\ hW^{\mathrm{T}} & 0 \end{bmatrix} \begin{bmatrix} U^{n+1} \\ P^{n+\frac{1}{2}} \end{bmatrix} = \begin{bmatrix} B & 0 \\ 0 & 0 \end{bmatrix} \begin{bmatrix} U^n \\ P^{n-\frac{1}{2}} \end{bmatrix} + \begin{bmatrix} C \\ g^{n+1} - \frac{h}{2}\left(\mu_0 U_0^{n+1} + \mu_M U_M^{n+1}\right) \end{bmatrix},$$

$$\tag{5.2.22}$$

其中

$$F = [1, 1, \cdots, 1]^{\mathrm{T}}, \quad U^n = \left[U_1^n, U_2^n, \cdots, U_{M-1}^n\right]^{\mathrm{T}}, \quad W = [\mu_1, \mu_2, \cdots, \mu_{M-1}]^{\mathrm{T}},$$

A 和 B 都是 $(M-1) \times (M-1)$ 的矩阵且

$$A = \begin{bmatrix} 1+r & -\frac{r}{2} & & & \\ -\frac{r}{2} & 1+r & -\frac{r}{2} & & \\ & \ddots & \ddots & \ddots & \\ & & -\frac{r}{2} & 1+r & -\frac{r}{2} \\ & & & -\frac{r}{2} & 1+r \end{bmatrix}, \quad B = \begin{bmatrix} 1-r & \frac{r}{2} & & & \\ \frac{r}{2} & 1-r & \frac{r}{2} & & \\ & \ddots & \ddots & \ddots & \\ & & \frac{r}{2} & 1-r & \frac{r}{2} \\ & & & \frac{r}{2} & 1-r \end{bmatrix},$$

C 是一个 $(M-1) \times 1$ 向量且 $C = \left[\frac{r}{2}(U_0^{n+1} + U_0^n), 0, \cdots, 0, \frac{r}{2}(U_M^{n+1} + U_M^n)\right]^{\mathrm{T}}$.

显然, 方阵 A 是非奇异的, 这是因为它是严格对角占优的. 因此, 从方程 (5.2.22) 中我们可得到 (5.2.19)—(5.2.21) 的实用计算格式

$$P^{n+\frac{1}{2}} = \frac{g^{n+1} - \frac{h}{2}\left(\mu_0 U_0^{n+1} + \mu_M U_M^{n+1}\right) - hW^{\mathrm{T}}A^{-1}BU^n - hW^{\mathrm{T}}A^{-1}C}{\tau hW^{\mathrm{T}}A^{-1}F}, \quad (5.2.23)$$

$$U^{n+1} = A^{-1}BU^n + \tau P^{n+\frac{1}{2}}A^{-1}F + A^{-1}C. \tag{5.2.24}$$

对于任意的网格比 $r > 0$, 差分格式 (5.2.24) 是无条件稳定的, 这意味可以选取尽可能大的时间步长 τ 以使得经式 (5.2.23) 能更为稳定地获得 $P^{n+\frac{1}{2}}$, 即源项 $p(t)$ 的数值反演结果.

5.2.4 差分解的存在性与收敛性

为简单起见, 在下述理论分析中, 我们假设 $\varphi(x) \equiv 0$, $a(t) \equiv 0$ 和 $b(t) \equiv 0$, 即为齐次初边值条件.

引理 5.7 设 A, F 是方程组 (5.2.23)—(5.2.24) 中的矩阵, 则 $A^{-1}F$ 中的每个分量均大于零.

证明 显然, $A^{-1}F$ 是代数方程组 $AZ = F$ 的解. 由于矩阵 A 是严格对角占优的, 故可对它进行三角分解为矩阵 L 和 U 的乘积, 即 $A = LU$, 其中

$$L = \begin{bmatrix} \lambda_1 & & & & \\ -\frac{r}{2} & \lambda_2 & & & \\ & -\frac{r}{2} & \lambda_3 & & \\ & & \ddots & \ddots & \\ & & & -\frac{r}{2} & \lambda_{M-1} \end{bmatrix}, \quad U = \begin{bmatrix} 1 & \beta_1 & & & \\ & 1 & \beta_2 & & \\ & & 1 & \ddots & \\ & & & \ddots & \beta_{M-2} \\ & & & & 1 \end{bmatrix}. \tag{5.2.25}$$

根据矩阵的乘法, 容易验证 $\lambda_i > 0, i = 1, 2, \cdots, M-1$ 和 $\beta_i < 0, i = 1, 2, \cdots, M-2$. 于是, 方程组 $AZ = F$ 的求解过程可归结为下述两个步骤.

第一步, 解 $LY = F$, 得到

$$y_1 = \frac{1}{\lambda_1} > 0, \quad y_m = \frac{1 + \frac{r}{2}y_{m-1}}{\lambda_m} > 0, \quad m = 2, 3, \cdots, M-1.$$

第二步, 解 $UZ = Y$, 得到

$$z_{M-1} = y_{M-1} > 0, \quad z_m = y_m - \beta_m z_{m+1} > 0, \quad m = M-2, M-3, \cdots, 1.$$

因此, 由 $A^{-1}F = Z$ 知 $A^{-1}F$ 的每一个分量都大于零. □

定理 5.8 假设 $\mu(x) \in C_0^2(0, L)$ 且使得 $\mu(x) \geqslant 0$ 和 $\mu(x) \not\equiv 0$. 则对于足够小的步长 h, 有限差分格式 (5.2.23)—(5.2.24) 存在唯一解 $(P^{n+\frac{1}{2}}, U^{n+1})$.

证明 对于给定的 U^n, $P^{n+\frac{1}{2}}$ 的存在性等价于式 (5.2.23) 中的分母 $\tau h W^{\mathrm{T}} A^{-1}F$ 不等于零. 对于足够小的 h, 定理的条件和引理 5.7 可以保证 $\tau h W^{\mathrm{T}} A^{-1}F > 0$ 成立. 因此, 方程 (5.2.23) 有唯一解 $P^{n+\frac{1}{2}}$. 显然, 格式 (5.2.24) 中 U^{n+1} 的存在唯一性直接由 $P^{n+\frac{1}{2}}$ 的存在唯一性决定. □

引理 5.9 (孙志忠, 2012)　设 $\{v_m^n | 0 \leqslant m \leqslant M, 0 \leqslant n \leqslant N\}$ 是下述有限差分方程组的解:

$$\begin{cases} (1+r)U_m^{n+1} - \dfrac{r}{2}\left(U_{m+1}^{n+1} + U_{m-1}^{n+1}\right) = (1-r)U_m^n + \dfrac{r}{2}\left(U_{m+1}^n + U_{m-1}^n\right) + \tau y_m^{n+\frac{1}{2}}, & (5.2.26) \\ U_m^0 = 0, \ \ 0 \leqslant m \leqslant M, & (5.2.27) \\ U_0^n = 0, \ U_M^n = 0, \ \ 1 \leqslant n \leqslant N. & (5.2.28) \end{cases}$$

则对于任意网格比 $r > 0$, 我们有

$$\|v^n\|_2^2 \leqslant \frac{\tau}{12}\sum_{l=0}^{n-1}\|y^{l+\frac{1}{2}}\|_2^2, \quad \|v^n\|_\infty \leqslant \frac{1}{2}\sqrt{\frac{\tau}{2}\sum_{l=0}^{n-1}h\|y^{l+\frac{1}{2}}\|_2^2}, \tag{5.2.29}$$

其中 $\|y^{l+\frac{1}{2}}\|_2^2 = \sum\limits_{m=1}^{M-1}\left(y_m^{l+\frac{1}{2}}\right)^2$.

下面, 设 u^n 和 R_n 分别表示精确解向量和局部截断误差向量, 且 $u^n = [u_1^n, u_2^n, \cdots, u_{M-1}^n]^{\mathrm{T}}$ 和 $R_n = [R_{1,n}, R_{2,n}, \cdots, R_{M-1,n}]^{\mathrm{T}}$. 记精确解和数值解之间的误差分别为 $E^n = u^n - U^n$ 和 $\varepsilon^{n+\frac{1}{2}} = p^{n+\frac{1}{2}} - P^{n+\frac{1}{2}}$.

定理 5.10　设 $u(x,t)$ 是方程组 (5.2.1)—(5.2.3) 的解, 且 $\mu(x) \in C_0^2(0,L)$ 使得 $\mu(x) \geqslant 0$ 和 $\mu(x) \not\equiv 0$. 假设 $p(t)$ 和 $u(x,t)$ 足够光滑而有不等式 (5.2.15) 和 (5.2.18) 成立. 进一步假设 $\dfrac{L\|\mu''\|_\infty}{\displaystyle\int_0^L \mu(x)dx}\sqrt{\dfrac{T}{12}} < 1$. 则对于 $h = d_3\tau$, 基于 Crank-Nicolson 差分格式的反演方法有下列估计:

$$\left|\varepsilon^{n+\frac{1}{2}}\right| \leqslant O(\tau^2 + h), \quad \max_n\left\{\|E^{n+1}\|_\infty\right\} \leqslant O(\tau^2 + h), \quad \left|hW^{\mathrm{T}}E^{n+1}\right| \leqslant d_2 h^2.$$

证明　首先, 证明 $hW^{\mathrm{T}}A^{-1}F$ 有一个正的下界. 记 $Z = A^{-1}F$ 和

$$\Delta = \begin{bmatrix} -2 & 1 & & & \\ 1 & -2 & 1 & & \\ & \ddots & \ddots & \ddots & \\ & & 1 & -2 & 1 \\ & & & 1 & -2 \end{bmatrix}.$$

则有 $AZ = F$ 和 $hW^{\mathrm{T}}F = hW^{\mathrm{T}}AZ = hW^{\mathrm{T}}Z - \dfrac{r}{2}hW^{\mathrm{T}}\Delta Z$. 于是, 根据 Taylor 展开可得

$$hW^{\mathrm{T}}Z = hW^{\mathrm{T}}F + \frac{r}{2}h(\Delta W)^{\mathrm{T}}Z$$
$$= hW^{\mathrm{T}}F + \frac{\tau}{2}hW_\xi^{\mathrm{T}}Z,$$

其中 $W_\xi^{\mathrm{T}} = [\mu''(\xi_1), \mu''(\xi_2), \cdots, \mu''(\xi_{M-1})]$, $0 < \xi_1 < \xi_2 < \cdots < \xi_{M-1} < L$. 另一方面, 如果 λ 是矩阵 A 的一个特征值, 则由 Gerschgorin's 定理可知 $|\lambda - (1+r)| \leqslant \frac{r}{2}$ 或者 $|\lambda - (1+r)| \leqslant r$, 这就意味着有 $1 \leqslant \lambda \leqslant 1 + 2r$ 和 $\|A^{-1}\|_2 \leqslant 1$. 因为

$$\left|\frac{\tau}{2}hW_\xi^{\mathrm{T}}Z\right| = \left|\frac{\tau}{2}hW_\xi^{\mathrm{T}}A^{-1}F\right| \leqslant \frac{\tau}{2}h\|W_\xi^{\mathrm{T}}\|_2\|A^{-1}\|_2\|F\|_2$$
$$\leqslant \frac{\tau}{2}L\|\mu''\|_\infty = \frac{h}{2d_3}L\|\mu''\|_\infty,$$

故当 $h \to 0$ 时, 有

$$hW^{\mathrm{T}}A^{-1}F = hW^{\mathrm{T}}Z \approx hW^{\mathrm{T}}F \approx \int_0^L \mu dx > 0.$$

随着 $\tau \to 0$, 上述不等式表明 $hW^{\mathrm{T}}A^{-1}F$ 有一个正的下界. 为简单起见, 我们取这个正的下界为 $d_5 = \int_0^L \mu dx$. 这也保证了有限差分解的存在唯一性.

注意到初边值条件是齐次的事实, 从式 (5.2.14) 和 (5.2.17) 中可得

$$p^{n+\frac{1}{2}} = \frac{g^{n+1} - hW^{\mathrm{T}}A^{-1}Bu^n - \tau hW^{\mathrm{T}}A^{-1}R_n - Q_{n+1}}{\tau hW^{\mathrm{T}}A^{-1}F^{n+\frac{1}{2}}} \tag{5.2.30}$$

和

$$u^{n+1} = A^{-1}Bu^n + \tau p^{n+\frac{1}{2}}A^{-1}F^{n+\frac{1}{2}} + \tau A^{-1}R_n. \tag{5.2.31}$$

于是, $\varepsilon^{n+\frac{1}{2}}$ 和 E^n 满足

$$\varepsilon^{n+\frac{1}{2}} = \frac{-hW^{\mathrm{T}}A^{-1}BE^n - \tau hW^{\mathrm{T}}A^{-1}R_n - Q_{n+1}}{\tau hW^{\mathrm{T}}A^{-1}F^{n+\frac{1}{2}}} \tag{5.2.32}$$

和

$$E^{n+1} = A^{-1}BE^n + \tau\varepsilon^{n+\frac{1}{2}}A^{-1}F^{n+\frac{1}{2}} + \tau A^{-1}R_n. \tag{5.2.33}$$

类似地, 令 $Z = A^{-1}E^n$. 于是, 有

$$hW^{\mathrm{T}}E^n = hW^{\mathrm{T}}AZ = hW^{\mathrm{T}}Z - \frac{r}{2}hW^{\mathrm{T}}\Delta Z.$$

同理, 根据 Taylor 展开可得到

$$hW^{\mathrm{T}}Z = hW^{\mathrm{T}}E^n + \frac{r}{2}h(\Delta W)^{\mathrm{T}}Z = hW^{\mathrm{T}}E^n + \frac{\tau}{2}hW_\xi^{\mathrm{T}}Z,$$

其中 $W_\xi^{\mathrm{T}} = [\mu''(\xi_1), \mu''(\xi_2), \cdots, \mu''(\xi_{M-1})]$, $0 < \xi_1 < \xi_2 < \cdots < \xi_{M-1} < L$. 另一方面, 我们有

$$hW^{\mathrm{T}}A^{-1}BE^n = 2hW^{\mathrm{T}}A^{-1}E^n - hW^{\mathrm{T}}E^n$$
$$= hW^{\mathrm{T}}E^n + \tau hW_\xi^{\mathrm{T}}A^{-1}E^n \tag{5.2.34}$$

和

$$\left| h W^{\mathrm{T}} A^{-1} B E^n \right| \leqslant \left| h W^{\mathrm{T}} E^n \right| + \left| \tau h W_\xi^{\mathrm{T}} A^{-1} E^n \right|$$

$$\leqslant \left| h W^{\mathrm{T}} E^n \right| + \tau \sqrt{hL} \|\mu''\|_\infty \|E^n\|_2. \tag{5.2.35}$$

与此同时, 从式 (5.2.17) 中减去式 (5.2.21) 即得 $\left| h W^{\mathrm{T}} E^{n+1} \right| = |Q_{n+1}| \leqslant d_2 h^2, \forall n.$

现在, 注意到 $E^0 = 0$, 经简单计算得

$$\left| \varepsilon^{n+\frac{1}{2}} \right| = \left| \frac{-h W^{\mathrm{T}} A^{-1} B E^n - \tau h W^{\mathrm{T}} A^{-1} R_n - Q_{n+1}}{\tau h W^{\mathrm{T}} A^{-1} F^{n+\frac{1}{2}}} \right|$$

$$\leqslant \frac{2 d_2 h^2 + d_1 L \|\mu\|_\infty \tau (\tau^2 + h^2) + \tau \sqrt{hL} \|\mu''\|_\infty \|E^n\|_2}{d_5 \tau}$$

$$\leqslant d_6 (\tau^2 + h) + d_7 \sqrt{\frac{12}{TL}} \sqrt{h} \|E^n\|_2, \tag{5.2.36}$$

其中 $d_6 = \max \left\{ \dfrac{2 d_2 d_3}{d_5}, \dfrac{d_1 L \|\mu\|_\infty}{d_5} \right\}, d_7 = \dfrac{L \|\mu''\|_\infty}{d_5} \sqrt{\dfrac{T}{12}}.$ 根据引理 5.9, 我们可得

$$\sqrt{\frac{12}{TL}} \sqrt{h} \|E^n\|_2 \leqslant \sqrt{\frac{12}{TL}} \sqrt{\frac{\tau}{12} \sum_{l=0}^{n-1} h \sum_{m=1}^{M-1} \left(\varepsilon^{l+\frac{1}{2}} + R_{mn} \right)^2}$$

$$\leqslant \sqrt{\frac{1}{NL} \sum_{l=0}^{n-1} h \sum_{m=1}^{M-1} \left(\left| \varepsilon^{l+\frac{1}{2}} \right| + d_1 (\tau^2 + h^2) \right)^2}$$

$$\leqslant \sqrt{\frac{1}{N} \sum_{l=0}^{n-1} \left(\left| \varepsilon^{l+\frac{1}{2}} \right| + d_1 (\tau^2 + h^2) \right)^2}. \tag{5.2.37}$$

基于式 (5.2.36) 和 (5.2.37) 之间的递推关系, 并注意到估计的单调性, 由条件

$$d_7 = \frac{L \|\mu''\|_\infty}{d_5} \sqrt{\frac{T}{12}} = \frac{L \|\mu''\|_\infty}{\displaystyle\int_0^L \mu dx} \sqrt{\frac{T}{12}} < 1$$

可得

$$\left| \varepsilon^{n+\frac{1}{2}} \right| \leqslant d_6 (\tau^2 + h) \sum_{l=0}^{n} (d_7)^l + d_1 (\tau^2 + h^2) \sum_{l=1}^{n} (d_7)^l$$

$$\leqslant (\tau^2 + h) \left(d_6 \frac{1 - (d_7)^{n+1}}{1 - d_7} + d_1 \frac{1 - (d_7)^n}{1 - d_7} \right)$$

$$\leqslant \frac{d_1 + d_6}{1 - d_7} (\tau^2 + h). \tag{5.2.38}$$

另一方面, 根据引理 5.9 可知

$$
\begin{aligned}
\|E^n\|_\infty &\leqslant \frac{1}{2}\sqrt{\frac{\tau}{2}\sum_{l=0}^{n-1}h\sum_{m=1}^{M-1}\left(\varepsilon^{l+\frac{1}{2}}+R_{mn}\right)^2} \\
&\leqslant \sqrt{\frac{T}{8}}\sqrt{\frac{1}{N}\sum_{l=0}^{n-1}h\sum_{m=1}^{M-1}\left(\left|\varepsilon^{l+\frac{1}{2}}\right|+d_1(\tau^2+h^2)\right)^2} \\
&\leqslant \sqrt{\frac{TL}{8}}\frac{d_1+d_6+d_1(1-d_7)}{1-d_7}(\tau^2+h).
\end{aligned}
\tag{5.2.39}
$$

$\square$

定理 5.10 表明对于使得 $d_7<1$ 成立的权函数 $\mu(x)$ 基于 Crank-Nicolson 差分格式的反演方法关于 τ 至少具有线性收敛性. 下面, 我们讨论当测量带有噪声时数值反演解的误差估计.

定理 5.11 设 $g^\delta(t)$ 为 $g(t)$ 的测量数据且满足 $\|g^\delta-g\|_\infty\leqslant\delta$, δ 为噪声水平. $P_\delta^{n+\frac{1}{2}}$ 和 U_δ^n 是方程组 (5.2.23)—(5.2.24) 中 $g(t)$ 被 $g^\delta(t)$ 代替后得到的解. 则在定理 5.10 的条件下, 有下述误差估计:

$$
\left|P_\delta^{n+\frac{1}{2}}-p^{n+\frac{1}{2}}\right|\leqslant O\left(\frac{\delta}{\tau}+\tau^2+h\right),\quad \|U_\delta^n-u^n\|_\infty\leqslant O\left(\frac{\delta}{\tau}+\tau^2+h\right),\tag{5.2.40}
$$

其中 $p^{n+\frac{1}{2}}=p(t_{n+\frac{1}{2}})$ 和 $u^n=[u(x_m,t_n)]_{m=1}^{M-1}$.

证明 注意到 $hW^\mathrm{T}U^n=g^n$ 和 $hW^\mathrm{T}U_\delta^n=g_\delta^n$, 由式 (5.2.34) 可得

$$
\begin{aligned}
\left|P_\delta^{n+\frac{1}{2}}-P^{n+\frac{1}{2}}\right| &= \left|\frac{g_\delta^{n+1}-g^{n+1}-hW^\mathrm{T}A^{-1}B(U_\delta^n-U^n)}{\tau hW^\mathrm{T}A^{-1}F}\right| \\
&\leqslant \frac{\left|g_\delta^{n+1}-g^{n+1}\right|}{d_5\tau}+\frac{\left|hW^\mathrm{T}U_\delta^n-hW^\mathrm{T}U^n\right|}{d_5\tau}+\frac{\left|\tau hW_\xi^\mathrm{T}A^{-1}(U_\delta^n-U^n)\right|}{d_5\tau} \\
&\leqslant \frac{2}{d_5}\frac{\delta}{\tau}+\frac{\sqrt{hL}\|\mu''\|_\infty}{d_5}\|U_\delta^n-U^n\|_2 \\
&\leqslant d_8\frac{\delta}{\tau}+d_7\sqrt{\frac{12}{TL}}\sqrt{h}\|U_\delta^n-U^n\|_2,
\end{aligned}
\tag{5.2.41}
$$

其中 $d_8=\dfrac{2}{d_5}$. 令 $v=U_\delta^n-U^n$. 根据引理 5.9 和估计的单调性, 可得

$$
\begin{aligned}
\sqrt{\frac{12}{TL}}\sqrt{h}\,\|U_\delta^n-U^n\|_2 &\leqslant \sqrt{\frac{12}{TL}}\sqrt{\frac{\tau}{12}\sum_{l=0}^{n-1}h\sum_{m=1}^{M-1}\left(P_\delta^{l+\frac{1}{2}}-P^{l+\frac{1}{2}}\right)^2} \\
&\leqslant \sqrt{\frac{1}{N}\sum_{l=0}^{n-1}\left|P_\delta^{l+\frac{1}{2}}-P^{l+\frac{1}{2}}\right|^2}.
\end{aligned}
\tag{5.2.42}
$$

通过类似于式 (5.2.38) 和 (5.2.39) 的计算, 我们得到

$$\left| P_\delta^{n+\frac{1}{2}} - P^{n+\frac{1}{2}} \right| \leqslant \frac{d_8}{1 - d_7} \frac{\delta}{\tau}$$

和

$$\begin{aligned}
\left\| U_\delta^n - U^n \right\|_\infty &\leqslant \frac{1}{2} \sqrt{\frac{\tau}{2} \sum_{l=0}^{n-1} h \sum_{m=1}^{M-1} \left(\left(P_\delta^{l+\frac{1}{2}} - P^{l+\frac{1}{2}} \right) \right)^2} \\
&\leqslant \sqrt{\frac{TL}{8}} \sqrt{\frac{1}{N} \sum_{l=0}^{n-1} \left| P_\delta^{l+\frac{1}{2}} - P^{l+\frac{1}{2}} \right|^2} \\
&\leqslant \sqrt{\frac{TL}{8}} \frac{d_8}{1 - d_7} \frac{\delta}{\tau}.
\end{aligned} \tag{5.2.43}$$

于是, 有

$$\begin{aligned}
\left| P_\delta^{n+\frac{1}{2}} - p^{n+\frac{1}{2}} \right| &\leqslant \left| P_\delta^{n+\frac{1}{2}} - P^{n+\frac{1}{2}} \right| + \left| P^{n+\frac{1}{2}} - p^{n+\frac{1}{2}} \right| \\
&\leqslant O\left(\frac{\delta}{\tau} + \tau^2 + h \right), \quad \forall n
\end{aligned}$$

和

$$\begin{aligned}
\left| U_\delta^{n+1} - u^{n+1} \right| &\leqslant \left| U_\delta^{n+1} - U^{n+1} \right| + \left| U^{n+1} - u^{n+1} \right| \\
&\leqslant O\left(\frac{\delta}{\tau} + \tau^2 + h \right), \quad \forall n.
\end{aligned} \qquad \square$$

注 5.12　根据定理 5.10 和定理 5.11 中的结论, 如果选择时间步长和空间步长满足 $\tau = O(h) = O(\sqrt{\delta})$, 则源项反演问题的数值解 $p^{n+\frac{1}{2}}$ 的收敛阶可达到 $\frac{1}{2}$.

5.2.5　数值算例

首先, 我们利用精确测量值 $g(t)$ 做数值实验, 目的是验证基于 Crank-Nicolson 数值反演方法的收敛性. 数值实验结果见表 5.3—表 5.8, 表中绝对误差 $\varepsilon_\infty(h, \tau)$ 和 $E_\infty(h, \tau)$ 定义为

$$\varepsilon_\infty(h, \tau) = \max_n \left\{ \left| \varepsilon^{n+\frac{1}{2}} \right| \right\} \quad \text{和} \quad E_\infty(h, \tau) = \max_n \left\{ \left\| E^{n+1} \right\|_\infty \right\}.$$

其次, 我们利用噪声数据 $g^\delta(t)$ 做数值实验, 其中噪声是按下述离散形式加到 $g(t)$ 上的, 即

$$g^\delta(t_j) = g(t_j) + \hat{\delta} \left(2 \operatorname{rand}(t_j) - 1 \right) g(t_j).$$

这里 $\hat{\delta}$ 是相对误差水平, $\mathrm{rand}(t)$ 是在 $(0,1)$ 中服从均匀分布的随机向量. 当相对误差水平取 $\hat{\delta} = 0.01$ 时的数值结果见图 5.11 和图 5.13, 图中的结果是选取 $\tau = \dfrac{1}{10}, \dfrac{1}{20}, \dfrac{1}{50}$ 计算所得, 以说明算法中的时间步长 τ 相当于正则化参数.

对于较小的时间步长, 为了获得稳定的数值重建结果, 先用磨光方法 (Murio D A et al., 1998; Murio D A, 2006) 对噪声数据 $g^{\delta}(t_j)$ 作磨光处理, 记为 $Jg^{\delta}(t_j)$, 然后利用 $Jg^{\delta}(t_j)$ 为测量数据做数值实验. 对于不同的相对误差水平 ($\delta = 0.01, 0.03, 0.05$), 固定空间步长为 $h = L\tau$ 的数值实验结果见图 5.12 和图 5.14.

在所有的数值算例中, 取 $L = \pi, T = 1.2$, 以及分别取权函数为 $\mu_1(x) = \sin(x), \mu_2(x) = 2x(\pi - x), \mu_3(x) = 1 + \sin(5x)$, 按有限差分格式 (5.2.23)—(5.2.24) 进行计算. 对于 $T = 1.2$, 容易验证权函数 $\mu_1(x)$ 和 $\mu_2(x)$ 满足条件

$$\frac{L\|\mu''\|_{\infty}}{\int_0^L \mu(x)dx}\sqrt{\frac{T}{12}} < 1,$$

但权函数 $\mu_3(x)$ 不满足.

算例 1　考虑热传导源项反演问题

$$u_t = u_{xx} + p(t), \quad 0 < x < \pi, 0 < t \leqslant T,$$

$$u(x, 0) = 5 - \frac{1}{4}x^4, \quad 0 < x < \pi,$$

$$u(0, t) = 5, \quad u(\pi, t) = 5 - \frac{\pi^4}{4} - 3\pi^2 t, \quad 0 \leqslant t \leqslant T,$$

$$\int_0^{\pi} \mu(x)u(x, t)dx = g(t), \quad 0 \leqslant t \leqslant T,$$

其中精确解为 $p(t) = 6t$, $u(x, t) = 5 - 3tx^2 - \dfrac{1}{4}x^4$. 对于精确数据 $g(t)$ 的数值结果见表 5.3—表 5.5; 对于噪声数据 $g^{\delta}(t_j)$ 的数值结果见图 5.11 和图 5.12.

表 5.3　取权函数 $\mu_1(x) = \sin(x)$ 从精确数据 $g(t)$ 获得的数值结果

$\tau = h$	$\varepsilon_{\infty}(h, \tau)$	$\varepsilon_{\infty}(2h, 2\tau)/\varepsilon_{\infty}(h, \tau)$	$E_{\infty}(h, \tau)$	$E_{\infty}(2h, 2\tau)/E_{\infty}(h, \tau)$
1/10	6.9873e−01	0.0000	2.4818e−01	0.0000
1/20	3.2137e−01	2.1742	6.2171e−02	3.9919
1/40	1.5402e−01	2.0866	1.5551e−02	3.9979
1/80	7.5381e−02	2.0432	3.8882e−03	3.9995
1/160	3.7288e−02	2.0216	9.7208e−04	3.9999
1/320	1.8544e−02	2.0108	2.4302e−04	4.0000

表 5.4　取权函数 $\mu_2(x) = 2x(\pi - x)$ 从精确数据 $g(t)$ 获得的数值结果

$\tau = h$	$\varepsilon_\infty(h,\tau)$	$\varepsilon_\infty(2h,2\tau)/\varepsilon_\infty(h,\tau)$	$E_\infty(h,\tau)$	$E_\infty(2h,2\tau)/E_\infty(h,\tau)$
1/10	8.5823e−01	0.0000	3.0399e−01	0.0000
1/20	3.9390e−01	2.1788	7.6434e−02	3.9771
1/40	1.8819e−01	2.0931	1.9136e−02	3.9942
1/80	9.1902e−02	2.0477	4.7858e−03	3.9985
1/160	4.5402e−02	2.0242	1.1966e−03	3.9996
1/320	2.2564e−02	2.0122	2.9915e−04	3.9999

表 5.5　取权函数 $\mu_3(x) = 1 + \sin(5x)$ 从精确数据 $g(t)$ 获得的数值结果

$\tau = h$	$\varepsilon_\infty(h,\tau)$	$\varepsilon_\infty(2h,2\tau)/\varepsilon_\infty(h,\tau)$	$E_\infty(h,\tau)$	$E_\infty(2h,2\tau)/E_\infty(h,\tau)$
1/10	1.6415e+00	0.0000	7.8570e−01	0.0000
1/20	6.3788e−01	2.5734	1.8783e−01	4.1829
1/40	2.7994e−01	2.2786	4.6447e−02	4.0441
1/80	1.3040e−01	2.1468	1.1580e−02	4.0109
1/160	6.2681e−02	2.0804	2.8930e−03	4.0027
1/320	3.0645e−02	2.0454	7.2314e−04	4.0007

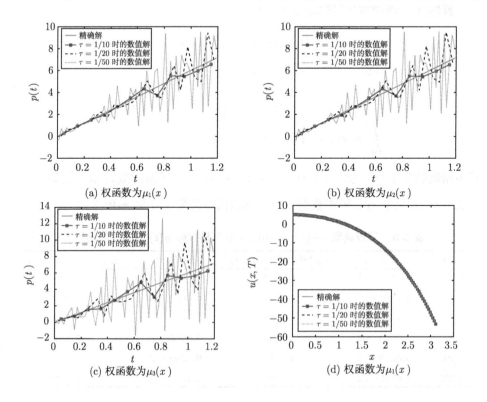

(a) 权函数为 $\mu_1(x)$　　　　　　　　　　(b) 权函数为 $\mu_2(x)$

(c) 权函数为 $\mu_3(x)$　　　　　　　　　　(d) 权函数为 $\mu_1(x)$

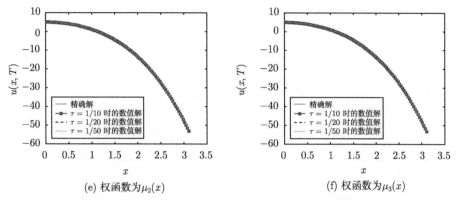

(e) 权函数为 $\mu_2(x)$ (f) 权函数为 $\mu_3(x)$

图 5.11 取 $\hat{\delta} = 0.01$ 和 $h = \dfrac{\pi}{100}$ 从噪声数据 $g^\delta(t_j)$ 获得的结果: $p(t)$ ((a)—(c)), $u(x, T)$ ((d)—(f))

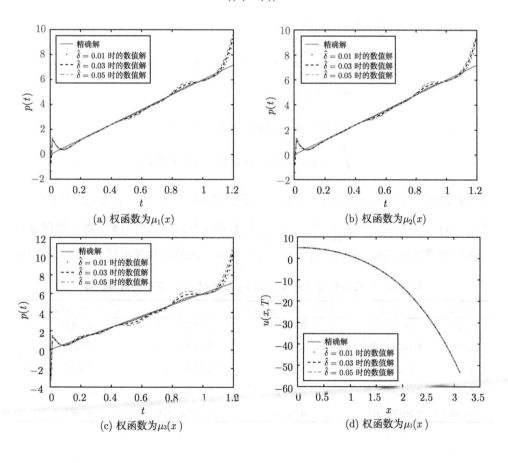

(a) 权函数为 $\mu_1(x)$ (b) 权函数为 $\mu_2(x)$

(c) 权函数为 $\mu_3(x)$ (d) 权函数为 $\mu_1(x)$

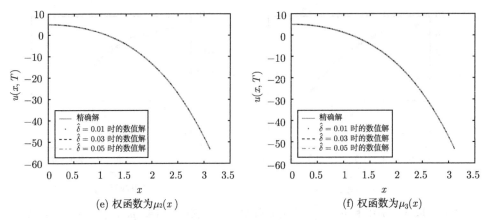

(e) 权函数为 $\mu_2(x)$　　　　　　　　　　　　　(f) 权函数为 $\mu_3(x)$

图 5.12　取 $\tau = \dfrac{1}{100}, h = \pi\tau$ 从 $Jg^\delta(t_j)$ 获得的结果: $p(t)$ ((a)—(c)), $u(x,T)$ ((d)—(f))

算例 2　考虑热源反演问题

$$u_t = u_{xx} + p(t), \quad 0 < x < \pi, 0 < t \leqslant T,$$

$$u(x,0) = 0, \quad 0 < x < \pi,$$

$$u(0,t) = 0, \quad u(\pi,t) = 0, \quad 0 \leqslant t \leqslant T,$$

$$\int_0^\pi \mu(x)u(x,t)dx = g(t), \quad 0 \leqslant t \leqslant T,$$

其中精确解为 $p(t) = 100(t * (1-t))^2$. 模拟中的测量数据 $u(x,t)$ 及 $g(t)$ 由给定的热源 $p(t)$ 经步长为 $h = \dfrac{\pi}{320}$ 和 $\tau = \dfrac{1}{320}$ 的有限差分方法计算得到. 对于数据 $g(t)$ 的数值结果见表 5.6—表 5.8; 对于噪声数据 $g^\delta(t_j)$ 的数值结果见图 5.13 和图 5.14.

表 5.6　取权函数 $\mu_1(x) = \sin(x)$ 从数据 $g(t)$ 获得的数值结果

$\tau = h$	$\varepsilon_\infty(h,\tau)$	$\varepsilon_\infty(2h,2\tau)/\varepsilon_\infty(h,\tau)$	$E_\infty(h,\tau)$	$E_\infty(2h,2\tau)/E_\infty(h,\tau)$
1/10	2.0848e−01	0.0000	3.8544e−02	0.0000
1/20	6.1470e−02	3.3915	9.8305e−03	3.9208
1/40	1.6425e−02	3.7424	2.4459e−03	4.0192
1/80	4.0579e−03	4.0478	5.8343e−04	4.1922
1/160	8.2617e−04	4.9117	1.1674e−04	4.9977

表 5.7 取权函数 $\mu_2(x) = 2x(\pi - x)$ 从数据 $g(t)$ 获得的数值结果

$\tau = h$	$\varepsilon_\infty(h, \tau)$	$\varepsilon_\infty(2h, 2\tau)/\varepsilon_\infty(h, \tau)$	$E_\infty(h, \tau)$	$E_\infty(2h, 2\tau)/E_\infty(h, \tau)$
1/10	2.0911e−01	0.0000	3.8222e−02	0.0000
1/20	6.2002e−02	3.3727	9.8649e−03	3.8745
1/40	1.6610e−02	3.7327	2.4630e−03	4.0052
1/80	4.1065e−03	4.0449	5.8807e−04	4.1884
1/160	8.3621e−04	4.9109	1.1770e−04	4.9965

表 5.8 取权函数 $\mu_3(x) = 1 + \sin(5x)$ 从数据 $g(t)$ 获得的数值结果

$\tau = h$	$\varepsilon_\infty(h, \tau)$	$\varepsilon_\infty(2h, 2\tau)/\varepsilon_\infty(h, \tau)$	$E_\infty(h, \tau)$	$E_\infty(2h, 2\tau)/E_\infty(h, \tau)$
1/10	2.2183e−01	0.0000	4.0292e−02	0.0000
1/20	7.3229e−02	3.0292	1.1323e−02	3.5585
1/40	1.9814e−02	3.6959	2.8523e−03	3.9697
1/80	4.9012e−03	4.0426	6.8201e−04	4.1822
1/160	9.9770e−04	4.9125	1.3654e−04	4.9949

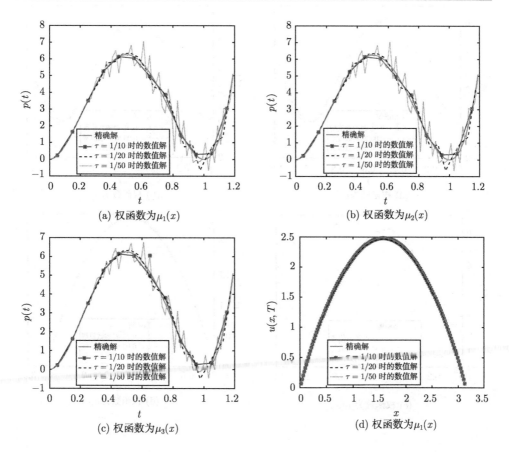

(a) 权函数为 $\mu_1(x)$

(b) 权函数为 $\mu_2(x)$

(c) 权函数为 $\mu_3(x)$

(d) 权函数为 $\mu_1(x)$

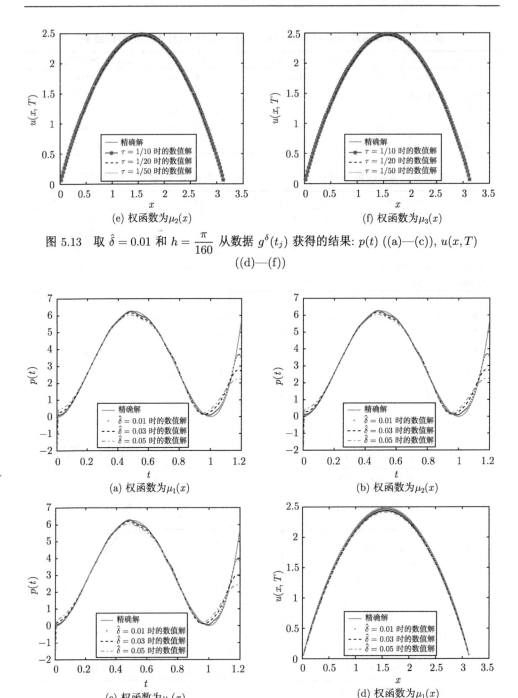

(e) 权函数为$\mu_2(x)$　　　　　　　　　(f) 权函数为$\mu_3(x)$

图 5.13　取 $\hat{\delta} = 0.01$ 和 $h = \dfrac{\pi}{160}$ 从数据 $g^\delta(t_j)$ 获得的结果: $p(t)$ ((a)—(c)), $u(x,T)$ ((d)—(f))

(a) 权函数为$\mu_1(x)$　　　　　　　　　(b) 权函数为$\mu_2(x)$

(c) 权函数为$\mu_3(x)$　　　　　　　　　(d) 权函数为$\mu_1(x)$

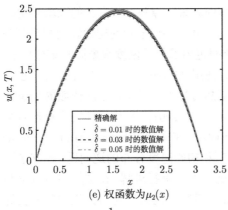
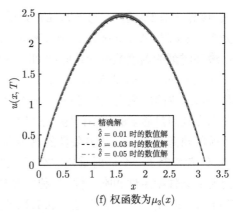

(e) 权函数为 $\mu_2(x)$ (f) 权函数为 $\mu_3(x)$

图 5.14 取 $\tau = \dfrac{1}{160}, h = \pi\tau$ 从 $Jg^\delta(t_j)$ 获得的结果: $p(t)$ ((a)—(c)), $u(x,T)$ ((d)—(f))

从表 5.3—表 5.8, 我们可观察到反演方法收敛的很快, 且重建 $u(x,t)$ 的收敛速度超过一阶收敛. 图 5.11 和图 5.13 揭示了反演方法的不适定程度, 以及表明了大时间步长起到正则化参数的作用, 对噪声起到抑制作用. 从图 5.11 和图 5.13 也可以看出不同的权函数下反演结果几乎是相同的, 且所提出的反演方法在计算 $u(x,t)$ 更为稳定. 图 5.12 和图 5.14 中的结果表明提出的反演方法结合磨光方法后是非常有效的和稳定的, 能很好地从噪声数据重建出时变源项和温度分布, 即使是在噪声大的情况下.

5.3 同时反演源项与初值的 Fourier 系数正则化方法

在过去的几十年中, 许多学者研究了各种类型的热传导方程反演问题, 包括恢复初始温度分布 (Cheng J et al., 2008; Hào D N et al., 2009; Tuan N H et al., 2009; Hon Y C et al., 2011; Tuan N H et al., 2015), 热源项反演 (Johansson B T et al., 2007a; Wang Z et al., 2012; Sun C et al., 2017; Yang L et al., 2011; Deng Z C et al., 2015; Yang L et al., 2013, 2012), 以及确定热扩散系数 (Chen Q et al., 2006; Deng Z C et al., 2014) 等. 热传导方程的反演问题, 例如逆时问题与源项反演问题等, 来自众多科学与工程领域, 具有广泛的应用背景, 值得注意的是, 现有文献中大多数只考虑单个未知项或未知参数的重建问题 但是, 在许多应用中, 我们希望从某个附加的条件中同时重建多个未知项, 这将使得所考虑的反演问题变得更为复杂. 据作者所知, 有关同时反演多个未知项的文献很有限. 在文献 (Wei T et al., 2012) 中, 提出了一种基于基本解的数值算法, 用于热传导中同时反演空间依赖的热源和初始分布, 并将问题转化为一个齐次边界的逆时问题和具备 Dirichlet 边界条件的泊松方程的数值求解问题. 在文献 (Johansson B T et al., 2008) 中, 提出了一种迭代算

法, 该算法基于求解一系列适定的热方程正演问题来重建与空间有关的源项和初始
分布. 在文献 (Wen J et al., 2013; Yang L et al., 2016) 中, 未知的初始温度和热源是
由最终时刻的温度数据和该时间间隔内某个固定内部位置温度数据同时重建出的.
在文献 (Shahrezaee A M et al., 2013) 中, 作者使用 Tikhonov 正则化方法, 结合正则
化参数选取的广义交叉验证准则, 研究了一维热传导中同时识别空间依赖的热源和
左端点处的热通量的反演问题. 在文献 (Hasanov A, 2007) 中, 作者研究了重建时空
依赖的热源和 Robin 边界条件的热传导反演问题. 在文献 (Zheng G H et al., 2014)
中, 作者考虑了一个同时重建时空相关的热源和初始温度分布的逆问题, 建立了逆
问题的条件稳定性和唯一性, 并利用变分正则化方法进行求解. 在文献 (Hussein M
S et al., 2016) 中, 作者通过附加的积分型数据研究了同时确定热方程中的时变源
项和时变系数的反演问题. 近来, 人们对分数微分方程的反演问题的兴趣越来越浓
厚. 在文献 (Liu J et al., 2015) 中, 作者研究了一维空间中的时间–分数扩散方程的
反演问题, 该问题旨在同时确定出初始值和边界上的热通量, 并通过 Laplace 变换
和延拓唯一性技巧证明了反演问题的唯一性.

受文献 (Tuan N H et al., 2009, 2015) 关于热方程逆时问题的研究的启发, 在
此我们研究了一类热传导方程同时反演问题, 即从两个终端时刻的测量数据出发同
时重建空间依赖源项和初始分布的反演问题 (Qiu S et al., 2018b).

5.3.1   源项反演问题的表述及其不适定性

考虑下述非齐次热传导方程初边值问题:

$$\begin{cases} u_t - u_{xx} = f(x), & (x,t) \in (0,\pi) \times [0,T], \\ u(0,t) = u(\pi,t) = 0, & t \in [0,T], \\ u(x,0) = \varphi(x), & x \in (0,\pi), \end{cases} \tag{5.3.1}$$

其中初始分布 $\varphi(x)$ 满足相容性条件 $\varphi(0) = \varphi(\pi) = 0$. 众所周知, 已知源项 $f(x)$ 和
初始分布 $\varphi(x)$ 经初边值问题 (5.3.1) 求 $u(x,t)$ 则是正演问题. 这里考虑的是从初
边值问题 (5.3.1) 及两个附加终值数据

$$u(x,T_1) = g(x), \quad x \in (0,\pi) \tag{5.3.2}$$

和

$$u(x,T_2) = h(x), \quad x \in (0,\pi) \tag{5.3.3}$$

出发同时重建源项 $f(x)$ 和初始分布 $\varphi(x)$ 的反演问题, 其中 $T_1 < T_2$.

通过分离变量方法, 得到初边值问题 (5.3.1) 解为

$$u(x,t) = \sum_{k=1}^{\infty} \left(e^{-k^2 t}\varphi_k + \frac{1-e^{-k^2 t}}{k^2} f_k \right) \sin(kx), \tag{5.3.4}$$

其中 φ_k 和 f_k 分别是 $\varphi(x)$ 和 $f(x)$ 的 Fourier 系数, 且

$$\varphi_k = \frac{2}{\pi}\int_0^\pi \varphi(x)\sin(kx)dx, \quad f_k = \frac{2}{\pi}\int_0^\pi f(x)\sin(kx)dx.$$

将 $g(x)$ 和 $h(x)$ 关于特征函数 $\sin(kx)$ 展开, 则可得

$$\begin{cases} e^{-k^2 T_1}\varphi_k + \dfrac{1-e^{-k^2 T_1}}{k^2}f_k = g_k, \\[3mm] e^{-k^2 T_2}\varphi_k + \dfrac{1-e^{-k^2 T_2}}{k^2}f_k = h_k, \end{cases} \tag{5.3.5}$$

其中

$$g_k = \frac{2}{\pi}\int_0^\pi g(x)\sin(kx)dx, \quad h_k = \frac{2}{\pi}\int_0^\pi h(x)\sin(kx)dx.$$

经简单计算, 由方程组 (5.3.5) 可得

$$f_k = \frac{k^2\left(h_k - g_k e^{-k^2(T_2-T_1)}\right)}{1-e^{-k^2(T_2-T_1)}},$$

$$\varphi_k = \frac{e^{k^2 T_1}\left[h_k\left(1-e^{-k^2 T_1}\right) - g_k\left(1-e^{-k^2 T_2}\right)\right]}{e^{-k^2(T_2-T_1)}-1}.$$

于是, 反演问题的解为

$$f(x) = \sum_{k=1}^\infty \frac{k^2\left(h_k - g_k e^{-k^2(T_2-T_1)}\right)}{1-e^{-k^2(T_2-T_1)}}\sin(kx), \tag{5.3.6}$$

$$\varphi(x) = \sum_{k=1}^\infty \frac{e^{k^2 T_1}\left[h_k\left(1-e^{-k^2 T_1}\right) - g_k\left(1-e^{-k^2 T_2}\right)\right]}{e^{-k^2(T_2-T_1)}-1}\sin(kx). \tag{5.3.7}$$

因此, 反演问题在 $L^2(0,\pi)$ 中存在唯一解 $(f(x),\varphi(x))$ 当且仅当 $g(x)$ 和 $h(x)$ 的 Fourier 系数满足

$$\sum_{k=1}^\infty \left|\frac{k^2\left(h_k - g_k e^{-k^2(T_2-T_1)}\right)}{1-e^{-k^2(T_2-T_1)}}\right|^2 < \infty \tag{5.3.8}$$

和

$$\sum_{k=1}^\infty \left|\frac{e^{k^2 T_1}\left[h_k\left(1-e^{-k^2 T_1}\right) - g_k\left(1-e^{-k^2 T_2}\right)\right]}{e^{-k^2(T_2-T_1)}-1}\right|^2 < \infty. \tag{5.3.9}$$

换句话说, 当 $k\to+\infty$ 时, g_k 和 h_k 趋于零的速度必须比 $e^{-k^2 T_1}$ 更快, 方能保证反演问题在 $L^2(0,\pi)$ 中存在解.

在实际应用中, 这两个额外的测量总是受到噪声污染的. 下面, 用 $g^\delta(x)$ 和 $h^\delta(x)$ 分别表示 $g(x)$ 和 $h(x)$ 被噪声污染的实际测量数据, 且满足

$$\left\|g^\delta(x) - g(x)\right\| \leqslant \delta, \quad \left\|h^\delta(x) - h(x)\right\| \leqslant \delta. \tag{5.3.10}$$

这里, $\|\cdot\|$ 表示区间 $(0, \pi)$ 上的 L^2-范数, δ 是噪声水平. 虽然 $g^\delta(x)$ 和 $h^\delta(x)$ 属于 $L^2(0,\pi)$, 但是其 Fourier 系数 $\{g_k^\delta\}$ 和 $\{h_k^\delta\}$ 不再满足不等式 (5.3.8) 和 (5.3.9), 这是因为随机噪声不是速降的且将被 k^2 和 $e^{k^2 T_1}$ 急剧放大. 因此, 在 $L^2(0, \pi)$ 中同时重建源项和初始分布的反演问题是不适定的.

5.3.2　正则化方法

为能稳定的同时确定出热源和初始分布, 我们首先构造了一个正则化的近似问题为

$$\begin{cases} u_t^\alpha - u_{xx}^\alpha = f^\alpha(x), & (x,t) \in (0,\pi) \times [0,T], \\ u^\alpha(0,t) = u^\alpha(\pi,t) = 0, & t \in [0,T], \\ u^\alpha(x,0) = \varphi^\alpha(x), & x \in (0,\pi), \end{cases} \tag{5.3.11}$$

且 $u^\alpha(x,t)$ 满足

$$u^\alpha(x, T_1) = \sum_{k=1}^\infty \frac{e^{-k^2 T_1}}{\alpha e^{k^2} + e^{-k^2 T_1}} g_k \sin(kx), \quad x \in (0, \pi) \tag{5.3.12}$$

和

$$u^\alpha(x, T_2) = \sum_{k=1}^\infty \frac{e^{-k^2 T_2}}{\alpha e^{k^2} + e^{-k^2 T_2}} h_k \sin(kx), \quad x \in (0, \pi), \tag{5.3.13}$$

其中 $\alpha \in (0, +\infty)$ 是正则化参数. 上标 α 代表近似解对正则化参数的依赖性. 通过分离变量方法, 易推出近似问题 (5.3.11) 的解为

$$u^\alpha(x,t) = \sum_{k=1}^\infty \left(\frac{1 - e^{-k^2 t}}{k^2} f_k^\alpha + \varphi_k^\alpha e^{-k^2 t}\right) \sin(kx), \tag{5.3.14}$$

其中

$$f_k^\alpha = \frac{2}{\pi}\int_0^\pi f^\alpha(x)\sin(kx)dx, \quad \varphi_k^\alpha = \frac{2}{\pi}\int_0^\pi \varphi^\alpha(x)\sin(kx)dx.$$

由式 (5.3.12) 和式 (5.3.13), 我们有

$$\begin{cases} \dfrac{1 - e^{-k^2 T_1}}{k^2} f_k^\alpha + \varphi_k^\alpha e^{-k^2 T_1} = \dfrac{e^{-k^2 T_1}}{\alpha e^{k^2} + e^{-k^2 T_1}} g_k, \\ \dfrac{1 - e^{-k^2 T_2}}{k^2} f_k^\alpha + \varphi_k^\alpha e^{-k^2 T_2} = \dfrac{e^{-k^2 T_2}}{\alpha e^{k^2} + e^{-k^2 T_2}} h_k. \end{cases} \tag{5.3.15}$$

于是, 反演问题的近似解为

$$f^{\alpha}(x)=\sum_{k=1}^{\infty}\frac{k^2\left(\dfrac{e^{-k^2T_2}}{\alpha e^{k^2}+e^{-k^2T_2}}h_k-\dfrac{e^{-k^2T_1}}{\alpha e^{k^2}+e^{-k^2T_1}}g_ke^{-k^2(T_2-T_1)}\right)}{1-e^{-k^2(T_2-T_1)}}\sin(kx),\quad(5.3.16)$$

$$\varphi^{\alpha}(x)=\sum_{k=1}^{\infty}\frac{e^{k^2T_1}\left[\dfrac{e^{-k^2T_2}}{\alpha e^{k^2}+e^{-k^2T_2}}h_k(1-e^{-k^2T_1})-\dfrac{e^{-k^2T_1}}{\alpha e^{k^2}+e^{-k^2T_1}}g_k(1-e^{-k^2T_2})\right]}{e^{-k^2(T_2-T_1)}-1}\sin(kx).$$

$$(5.3.17)$$

因为通过分离变量的方法已获得了近似问题 (5.3.11)—(5.3.13) 的解, 所以解的存在性和唯一性是显然的. 因此, 对于问题 (5.3.11)—(5.3.13) 的适定性来说, 只需要证明解的稳定性了.

在开始证明主要理论结论前, 先引进下面的引理.

引理 5.13　对于 $T>0, 0<T_1<T_2, \alpha\in(0,+\infty)$, 下述不等式成立:

(a) $\dfrac{1}{\alpha e^{\lambda}+e^{-T\lambda}}\leqslant\dfrac{T}{\alpha\left(1+T(T/\alpha)^{\frac{1}{1+T}}\right)},\ \lambda\in(-\infty,+\infty)$;

(b) $\dfrac{\lambda}{e^{\lambda T_2}-e^{\lambda T_1}}\leqslant\dfrac{1}{T_2-T_1},\ \lambda\geqslant1$;

(c) $\dfrac{e^{\lambda T_2}}{e^{\lambda T_2}-e^{\lambda T_1}}\leqslant\dfrac{e^{T_2}}{e^{T_2}-e^{T_1}},\lambda\geqslant1.$

证明　(a) 定义函数 $h(\lambda)$ 为

$$h(\lambda)=\frac{1}{\alpha e^{\lambda}+e^{-T\lambda}},\quad\lambda>0.$$

通过简单计算可得, 函数 $h(\lambda)$ 在点 $\lambda=\dfrac{\ln(T/\alpha)}{1+T}$ 处取得最大值 $h\left(\dfrac{\ln(T/\alpha)}{1+T}\right)$, 即

$$h(\lambda)\leqslant h\left(\frac{\ln(T/\alpha)}{1+T}\right)\leqslant\frac{T}{\alpha(1+T(T/\alpha)^{\frac{1}{1+T}})}.$$

(b) $\dfrac{\lambda}{e^{\lambda T_2}-e^{\lambda T_1}}=\dfrac{\lambda}{e^{\lambda(T_2-T_1)}-1}e^{-\lambda T_1}\leqslant\dfrac{\lambda}{(\lambda(T_2-T_1)+1)-1}\leqslant\dfrac{1}{T_2-T_1}.$

(c) 令 $F(\lambda)=\dfrac{e^{\lambda T_2}}{e^{\lambda T_2}-e^{\lambda T_1}}$, 经简单计算后, 易知 $F'(\lambda)<0$, 故结论成立.　□

定理 5.14　设 $g(x),h(x),g^{\delta}(x),h^{\delta}(x)\in L^2(0,\pi)$ 且满足 (5.3.10), 则有

$$\|f^{\alpha}(x)-f^{\alpha,\delta}(x)\|_{L^2(0,\pi)}\leqslant\frac{\sqrt{2\pi}}{T_2-T_1}\frac{T_2}{\alpha(1+T_2(T_2/\alpha)^{\frac{1}{1+T_2}})}\delta\qquad(5.3.18)$$

和

$$\|\varphi^\alpha(x) - \varphi^{\alpha,\delta}(x)\|_{L^2(0,\pi)} \leqslant \frac{\sqrt{2\pi} e^{T_2}}{e^{T_2} - e^{T_1}} \frac{T_2}{\alpha(1 + T_2(T_2/\alpha)^{\frac{1}{1+T_2}})} \delta, \quad (5.3.19)$$

即正则化解 $f^\alpha(x)$ 和 $\varphi^\alpha(x)$ 连续依赖于终值数据 $g(x)$ 和 $h(x)$, 其中 $f^{\alpha,\delta}(x)$ 和 $\varphi^{\alpha,\delta}(x)$ 是对应于扰动数据 $g^\delta(x)$ 和 $h^\delta(x)$ 的正则化解.

证明   由扰动数据 $g^\delta(x)$ 和 $h^\delta(x)$ 出发, 经简单计算得

$$f^{\alpha,\delta}(x) = \sum_{k=1}^{\infty} \frac{k^2 \left(\dfrac{e^{-k^2 T_2}}{\alpha e^{k^2} + e^{-k^2 T_2}} h_k^\delta - \dfrac{e^{-k^2 T_1}}{\alpha e^{k^2} + e^{-k^2 T_1}} g_k^\delta e^{-k^2(T_2-T_1)} \right)}{1 - e^{-k^2(T_2 - T_1)}} \sin(kx), \quad (5.3.20)$$

$$\varphi^{\alpha,\delta}(x) = \sum_{k=1}^{\infty} \frac{e^{k^2 T_1} \left[\dfrac{e^{-k^2 T_2}}{\alpha e^{k^2} + e^{-k^2 T_2}} h_k^\delta (1 - e^{-k^2 T_1}) - \dfrac{e^{-k^2 T_1}}{\alpha e^{k^2} + e^{-k^2 T_1}} g_k^\delta (1 - e^{-k^2 T_2}) \right]}{e^{-k^2(T_2 - T_1)} - 1} \sin(kx),$$

$$(5.3.21)$$

其中

$$g_k^\delta = \frac{2}{\pi} \int_0^\pi g^\delta(x) \sin(kx) dx, \quad h_k^\delta = \frac{2}{\pi} \int_0^\pi h^\delta(x) \sin(kx) dx.$$

根据式 (5.3.16) 和式 (5.3.20) 以及引理 5.13, 可得

$$\|f^\alpha(x) - f^{\alpha,\delta}(x)\|_{L^2(0,\pi)}^2$$
$$= \left| \sum_{k=1}^{\infty} \frac{k^2}{1 - e^{-k^2(T_2-T_1)}} \left[\frac{e^{-k^2 T_2}}{\alpha e^{k^2} + e^{-k^2 T_2}} (h_k - h_k^\delta) \right. \right.$$
$$\left. \left. - \frac{e^{-k^2 T_1}}{\alpha e^{k^2} + e^{-k^2 T_1}} e^{-k^2(T_2-T_1)} (g_k - g_k^\delta) \right] \sin(kx) \right|^2$$
$$= \frac{\pi}{2} \sum_{k=1}^{\infty} \left| \frac{k^2}{e^{k^2 T_2} - e^{k^2 T_1}} \left[\frac{1}{\alpha e^{k^2} + e^{-k^2 T_2}} (h_k - h_k^\delta) - \frac{1}{\alpha e^{k^2} + e^{-k^2 T_1}} (g_k - g_k^\delta) \right] \right|^2$$
$$\leqslant \pi \sum_{k=1}^{\infty} \left[\frac{k^2}{e^{k^2 T_2} - e^{k^2 T_1}} \frac{1}{\alpha e^{k^2} + e^{-k^2 T_2}} \right]^2 \left[(h_k - h_k^\delta)^2 + (g_k - g_k^\delta)^2 \right]$$
$$\leqslant \pi \left[\frac{1}{T_2 - T_1} \frac{T_2}{\alpha(1 + T_2(T_2/\alpha)^{\frac{1}{1+T_2}})} \right]^2 \left(\|h - h^\delta\|_{L^2(0,\pi)}^2 + \|g - g^\delta\|_{L^2(0,\pi)}^2 \right),$$

即

$$\|f^\alpha(x) - f^{\alpha,\delta}(x)\|_{L^2(0,\pi)} \leqslant \frac{\sqrt{2\pi}}{T_2 - T_1} \frac{T_2}{\alpha(1 + T_2(T_2/\alpha)^{\frac{1}{1+T_2}})} \delta.$$

又根据式 (5.3.17) 和 (5.3.21) 以及引理 5.13, 可得

$$\|\varphi^\alpha(x) - \varphi^{\alpha,\delta}(x)\|^2_{L^2(0,\pi)}$$

$$= \left| \sum_{k=1}^\infty \frac{e^{k^2 T_1}}{e^{-k^2(T_2-T_1)} - 1} \left[\frac{e^{-k^2 T_2}(1 - e^{-k^2 T_1})}{\alpha e^{k^2} + e^{-k^2 T_2}}(h_k - h_k^\delta) \right. \right.$$

$$\left. \left. - \frac{e^{-k^2 T_1}(1 - e^{-k^2 T_2})}{\alpha e^{k^2} + e^{-k^2 T_1}}(g_k - g_k^\delta) \right] \sin(kx) \right|^2$$

$$= \frac{\pi}{2} \sum_{k=1}^\infty \left| \frac{1}{e^{k^2 T_2} - e^{k^2 T_1}} \left[\frac{e^{k^2 T_1} - 1}{\alpha e^{k^2} + e^{-k^2 T_2}}(h_k - h_k^\delta) - \frac{e^{k^2 T_2} - 1}{\alpha e^{k^2} + e^{-k^2 T_1}}(g_k - g_k^\delta) \right] \right|^2$$

$$\leqslant \pi \sum_{k=1}^\infty \left[\frac{e^{k^2 T_2}}{e^{k^2 T_2} - e^{k^2 T_1}} \frac{1}{\alpha e^{k^2} + e^{-k^2 T_2}} \right]^2 \left[(h_k - h_k^\delta)^2 + (g_k - g_k^\delta)^2 \right]$$

$$\leqslant \pi \left[\frac{e^{T_2}}{e^{T_2} - e^{T_1}} \frac{T_2}{\alpha(1 + T_2(T_2/\alpha)^{\frac{1}{1+T_2}})} \right]^2 \left(\|h - h^\delta\|^2_{L^2(0,\pi)} + \|g - g^\delta\|^2_{L^2(0,\pi)} \right),$$

即

$$\|\varphi^\alpha(x) - \varphi^{\alpha,\delta}(x)\|_{L^2(0,\pi)} \leqslant \frac{\sqrt{2\pi}\, e^{T_2}}{e^{T_2} - e^{T_1}} \frac{T_2}{\alpha(1 + T_2(T_2/\alpha)^{\frac{1}{1+T_2}})} \delta. \qquad \square$$

定理 5.15　设 $g(x)$, $h(x) \in L^2(0,\pi)$, $\alpha \in (0,T)$. $f(x)$ 和 $\varphi(x)$ 是反演问题 (5.3.1) 的真解. 如果存在常数 A 使得

$$\sum_{k=1}^\infty \left[\left(e^{k^2(1+T_2)} h_k \right)^2 + \left(e^{k^2(1+T_1)} g_k \right)^2 \right] \leqslant A^2,$$

那么

$$\|f(x) - f^\alpha(x)\|_{L^2(0,\pi)} \leqslant \frac{\sqrt{\pi}}{T_2 - T_1} \frac{T_2 A}{1 + T_2(T_2/\alpha)^{\frac{1}{1+T_2}}}. \qquad (5.3.22)$$

$$\|\varphi(x) - \varphi^\alpha(x)\|_{L^2(0,\pi)} \leqslant \frac{\sqrt{\pi} e^{T_2}}{e^{T_2} - e^{T_1}} \frac{T_2 A}{1 + T_2(T_2/\alpha)^{\frac{1}{1+T_2}}}. \qquad (5.3.23)$$

证明　根据式 (5.3.6) 和式 (5.3.16) 以及引理 5.13, 可推导出

$$\|f(x) - f^{\alpha}(x)\|_{L^2(0,\pi)}^2$$

$$= \left| \sum_{k=1}^{\infty} \frac{k^2}{1 - e^{-k^2(T_2 - T_1)}} \left[\left(1 - \frac{e^{-k^2 T_2}}{\alpha e^{k^2} + e^{-k^2 T_2}} \right) h_k \right.\right.$$

$$\left.\left. - \left(1 - \frac{e^{-k^2 T_1}}{\alpha e^{k^2} + e^{-k^2 T_1}} \right) e^{-k^2(T_2 - T_1)} g_k \right] \sin(kx) \right|^2$$

$$= \frac{\pi}{2} \sum_{k=1}^{\infty} \left| \frac{k^2}{e^{k^2 T_2} - e^{k^2 T_1}} \left[\frac{\alpha}{\alpha e^{k^2} + e^{-k^2 T_2}} e^{k^2(1 + T_2)} h_k - \frac{\alpha}{\alpha e^{k^2} + e^{-k^2 T_1}} e^{k^2(1 + T_1)} g_k \right] \right|^2$$

$$\leqslant \frac{\pi}{2} \sum_{k=1}^{\infty} \left| \frac{k^2}{e^{k^2 T_2} - e^{k^2 T_1}} \frac{\alpha}{\alpha e^{k^2} + e^{-k^2 T_2}} \left(e^{k^2(1 + T_2)} h_k - e^{k^2(1 + T_1)} g_k \right) \right|^2$$

$$\leqslant \frac{\pi}{2} \sum_{k=1}^{\infty} \left| \frac{k^2}{e^{k^2 T_2} - e^{k^2 T_1}} \frac{\alpha}{\alpha e^{k^2} + e^{-k^2 T_2}} \left(e^{k^2(1 + T_2)} h_k - e^{k^2(1 + T_1)} g_k \right) \right|^2$$

$$\leqslant \pi \left(\frac{1}{T_2 - T_1} \frac{T_2}{1 + T_2(T_2/\alpha)^{\frac{1}{1 + T_2}}} \right)^2 A^2,$$

即

$$\|f(x) - f^{\alpha}(x)\|_{L^2(0,\pi)} \leqslant \frac{\sqrt{\pi}}{T_2 - T_1} \frac{T_2 A}{1 + T_2(T_2/\alpha)^{\frac{1}{1 + T_2}}}.$$

又由式 (5.3.7) 和式 (5.3.17) 以及引理 5.13, 可得

$$\|\varphi(x) - \varphi^{\alpha}(x)\|_{L^2(0,\pi)}^2$$

$$= \left| \sum_{k=1}^{\infty} \frac{e^{k^2 T_1}}{e^{-k^2(T_2 - T_1)} - 1} \left[\frac{\alpha e^{k^2}(e^{-k^2 T_1} - 1)}{\alpha e^{k^2} + e^{-k^2 T_2}} h_k + \frac{\alpha e^{k^2}(1 - e^{-k^2 T_2})}{\alpha e^{k^2} + e^{-k^2 T_1}} g_k \right] \sin(kx) \right|^2$$

$$= \frac{\pi}{2} \sum_{k=1}^{\infty} \left| \frac{e^{k^2(T_1 + T_2)}}{e^{k^2 T_2} - e^{k^2 T_1}} \left[\frac{\alpha e^{k^2}(e^{-k^2 T_1} - 1)}{\alpha e^{k^2} + e^{-k^2 T_2}} h_k + \frac{\alpha e^{k^2}(1 - e^{-k^2 T_2})}{\alpha e^{k^2} + e^{-k^2 T_1}} g_k \right] \right|^2$$

$$\leqslant \pi \sum_{k=1}^{\infty} \left| \frac{e^{k^2 T_2}}{e^{k^2 T_2} - e^{k^2 T_1}} \frac{\alpha}{\alpha e^{k^2} + e^{-k^2 T_2}} \right|^2 \left[(e^{k^2(T_1 + 1)} h_k)^2 + (e^{k^2(T_1 + 1)} g_k)^2 \right]$$

$$\leqslant \pi \left(\frac{e^{T_2}}{e^{T_2} - e^{T_1}} \frac{T_2}{1 + T_2(T_2/\alpha)^{\frac{1}{1 + T_2}}} \right)^2 A^2,$$

即

$$\|\varphi(x) - \varphi^{\alpha}(x)\|_{L^2(0,\pi)} \leqslant \frac{\sqrt{\pi} e^{T_2}}{e^{T_2} - e^{T_1}} \frac{T_2 A}{1 + T_2(T_2/\alpha)^{\frac{1}{1 + T_2}}}. \qquad \Box$$

定理 5.15 说明了 $f^\alpha(x)$ 和 $\varphi^\alpha(x)$ 确实是正则化解, 这是因为 $\alpha \to 0$ 时 $f^\alpha(x)$ 和 $\varphi^\alpha(x)$ 分别逼近真解 $f(x)$ 和 $\varphi(x)$.

定理 5.16 在定理 5.14 和定理 5.15 的条件下, 选取正则化参数 $\alpha = \dfrac{\sqrt{2}\,\delta}{A}$, 则可得正则化解的近似最优估计为

$$\|f(x) - f^{\alpha,\delta}(x)\|_{L^2(0,\pi)} = O\left(\delta^{1/(1+T_2)}\right) \tag{5.3.24}$$

和

$$\|\varphi(x) - \varphi^{\alpha,\delta}(x)\|_{L^2((0,\pi))} = O\left(\delta^{1/(1+T_2)}\right). \tag{5.3.25}$$

证明 根据定理 5.14 和定理 5.15 的结论, 我们有

$$\|f(x) - f^{\alpha,\delta}(x)\|_{L^2(0,\pi)} \leqslant \|f(x) - f^\alpha(x)\|_{L^2(0,\pi)} + \|f^\alpha(x) - f^{\alpha,\delta}(x)\|_{L^2(0,\pi)}$$

$$\leqslant \frac{\sqrt{\pi}}{T_2 - T_1}\frac{T_2 A}{1 + T_2(T_2/\alpha)^{\frac{1}{1+T_2}}} + \frac{\sqrt{2\pi}}{T_2 - T_1}\frac{\delta T_2}{\alpha(1 + T_2(T_2/\alpha)^{\frac{1}{1+T_2}})}$$

和

$$\|\varphi(x) - \varphi^{\alpha,\delta}(x)\|_{L^2(0,\pi)} \leqslant \|\varphi(x) - \varphi^\alpha(x)\|_{L^2(0,\pi)} + \|\varphi^\alpha(x) - \varphi^{\alpha,\delta}(x)\|_{L^2(0,\pi)}$$

$$\leqslant \frac{\sqrt{\pi}\,e^{T_2}}{e^{T_2} - e^{T_1}}\frac{T_2 A}{1 + T_2(T_2/\alpha)^{\frac{1}{1+T_2}}} + \frac{\sqrt{2\pi}\,e^{T_2}}{e^{T_2} - e^{T_1}}\frac{\delta T_2}{\alpha(1 + T_2(T_2/\alpha)^{\frac{1}{1+T_2}})}.$$

根据上述不等式, 选取正则化参数 $\alpha = \dfrac{\sqrt{2}\,\delta}{A}$, 则可得最优估计

$$\|f(x) - f^{\alpha,\delta}(x)\|_{L^2(0,\pi)} = O\left(\delta^{1/(1+T)}\right),$$

$$\|\varphi(x) - \varphi^{\alpha,\delta}(x)\|_{L^2(0,\pi)} = O\left(\delta^{1/(1+T_2)}\right). \qquad \square$$

定理 5.16 给出了一种先验选取正则化参数的策略. 但是, 在实际应用中常数 A 往往是不可知的. 众所周知, 正则化参数在解决不适定问题中起着非常重要的作用, 并且正则化方法的有效性在很大程度上取决于正则化参数的选择. 在这里, 我们采用后验策略的 Morozov 偏差原理 (Prilepko A I et al., 2000; Wang Z et al., 2009, 2013) 来选择正则化参数, 即选择正则化参数 α 使得

$$\max\left\{\|u^{\alpha,\delta}(x,T_1) - g^\delta(x)\|^2,\ \|u^{\alpha,\delta}(x,T_2) - h^\delta(x)\|^2\right\} = C\delta^2, \tag{5.3.26}$$

其中 C 是给定的常数. 对于正则化解 $f^{\alpha,\delta}(x)$ 和 $\varphi^{\alpha,\delta}(x)$, 偏差方程 (5.3.26) 的具体形式为

$$\max\left\{\sum_{k=1}^\infty \left(\frac{e^{-k^2 T_1}}{\alpha e^{k^2} + e^{-k^2 T_1}}g_k^\delta - g_k^\delta\right)^2,\ \sum_{k=1}^\infty \left(\frac{e^{-k^2 T_2}}{\alpha e^{k^2} + e^{-k^2 T_2}}h_k^\delta - h_k^\delta\right)^2\right\} = C\delta^2. \tag{5.3.27}$$

定理 5.17　　设 $f(x)$ 和 $\varphi(x)$ 是反演问题 (5.3.1)—(5.3.3) 的真解, 且它们的 Fourier 系数分别为 f_k 和 g_k. 若存在常数 $P > 0$ 和 E 使得

$$\sum_{k=1}^{\infty} (e^{k^2 T_1})^P f_k^2 \leqslant E, \quad \sum_{k=1}^{\infty} (e^{k^2 T_1})^P \varphi_k^2 \leqslant E,$$

且 $PT_1 < 2$, 正则化参数的后验选取策略 (5.3.27) 将导致以下估计:

$$\|f(x) - f^{\alpha,\delta}(x)\|_{L^2(0,\pi)}^2 = O\left(\delta^{\min\{\frac{2P}{P+2},2\}}\right), \tag{5.3.28}$$

$$\|\varphi(x) - \varphi^{\alpha,\delta}(x)\|_{L^2(0,\pi)}^2 = O\left(\delta^{\min\{\frac{2P}{P+2},2\}}\right), \tag{5.3.29}$$

其中 $f^{\alpha,\delta}(x)$ 和 $\varphi^{\alpha,\delta}(x)$ 是后验选取正则化参数策略 (5.3.27) 下的正则化解.

证明　　(1) 通过仔细计算和 Hölder 不等式, 可得

$$\|f(x) - f^{\alpha,\delta}(x)\|_{L^2(0,\pi)}^2$$

$$= \sum_{k=1}^{\infty} \left| \frac{k^2}{1 - e^{-k^2(T_2 - T_1)}} \left[\left(h_k - \frac{e^{-k^2 T_2}}{\alpha e^{k^2} + e^{-k^2 T_2}} h_k^{\delta} \right) \right.\right.$$

$$\left.\left. - e^{-k^2(T_2 - T_1)} \left(g_k - \frac{e^{-k^2 T_1}}{\alpha e^{k^2} + e^{-k^2 T_1}} g_k^{\delta} \right) \right] \right|^2$$

$$= \sum_{k=1}^{\infty} \left(\frac{k^2}{1 - e^{-k^2(T_2 - T_1)}} \right)^2 \left[\left(h_k - \frac{e^{-k^2 T_2}}{\alpha e^{k^2} + e^{-k^2 T_2}} h_k^{\delta} \right) \right.$$

$$\left. - e^{-k^2(T_2 - T_1)} \left(g_k - \frac{e^{-k^2 T_1}}{\alpha e^{k^2} + e^{-k^2 T_1}} g_k^{\delta} \right) \right]^{\frac{4}{P+2}}$$

$$\cdot \left[\left(h_k - \frac{e^{-k^2 T_2}}{\alpha e^{k^2} + e^{-k^2 T_2}} h_k^{\delta} \right) - e^{-k^2(T_2 - T_1)} \left(g_k - \frac{e^{-k^2 T_1}}{\alpha e^{k^2} + e^{-k^2 T_1}} g_k^{\delta} \right) \right]^{2 - \frac{4}{P+2}}$$

$$\leqslant \left\{ \sum_{k=1}^{\infty} \left[\left(\frac{k^2}{1 - e^{-k^2(T_2 - T_1)}} \right)^2 \left[\left(h_k - \frac{e^{-k^2 T_2}}{\alpha e^{k^2} + e^{-k^2 T_2}} h_k^{\delta} \right) \right.\right.\right.$$

$$\left.\left.\left. - e^{-k^2(T_2 - T_1)} \left(g_k - \frac{e^{-k^2 T_1}}{\alpha e^{k^2} + e^{-k^2 T_1}} g_k^{\delta} \right) \right]^{\frac{4}{P+2}} \right]^{\frac{P+2}{2}} \right\}^{\frac{2}{P+2}}$$

$$\cdot \left\{ \left[\sum_{k=1}^{\infty} \left[\left(h_k - \frac{e^{-k^2 T_2}}{\alpha e^{k^2} + e^{-k^2 T_2}} h_k^{\delta} \right) \right.\right.\right.$$

$$\left.\left.\left. - e^{-k^2(T_2 - T_1)} \left(g_k - \frac{e^{-k^2 T_1}}{\alpha e^{k^2} + e^{-k^2 T_1}} g_k^{\delta} \right) \right]^{2 - \frac{4}{P+2}} \right]^{\frac{P+2}{P}} \right\}^{\frac{P}{P+2}}.$$

由式 (5.3.10) 可得

$$\left\{\sum_{k=1}^{\infty}\left[\left(\frac{k^2}{1-e^{-k^2(T_2-T_1)}}\right)^2\left[\left(h_k-\frac{e^{-k^2T_2}}{\alpha e^{k^2}+e^{-k^2T_2}}h_k^\delta\right)\right.\right.\right.$$
$$\left.\left.\left.-e^{-k^2(T_2-T_1)}\left(g_k-\frac{e^{-k^2T_1}}{\alpha e^{k^2}+e^{-k^2T_1}}g_k^\delta\right)\right]^{\frac{4}{P+2}}\right]^{\frac{P+2}{2}}\right\}^{\frac{2}{P+2}}$$

$$=\left\{\sum_{k=1}^{\infty}\left(\frac{k^2}{1-e^{-k^2(T_2-T_1)}}\right)^{P+2}\left[\left(h_k-\frac{e^{-k^2T_2}}{\alpha e^{k^2}+e^{-k^2T_2}}h_k^\delta\right)\right.\right.$$
$$\left.\left.-e^{-k^2(T_2-T_1)}\left(g_k-\frac{e^{-k^2T_1}}{\alpha e^{k^2}+e^{-k^2T_1}}g_k^\delta\right)\right]^2\right\}^{\frac{2}{P+2}}$$

$$=\left\{\sum_{k=1}^{\infty}\left(\frac{k^2}{1-e^{-k^2(T_2-T_1)}}\right)^{P+2}\left[\left(1-\frac{e^{-k^2T_2}}{\alpha e^{k^2}+e^{-k^2T_2}}\right)h_k\right.\right.$$
$$+\frac{e^{-k^2T_2}}{\alpha e^{k^2}+e^{-k^2T_2}}(h_k-h_k^\delta)-e^{-k^2(T_2-T_1)}g_k\left(1-\frac{e^{-k^2T_1}}{\alpha e^{k^2}+e^{-k^2T_1}}\right)$$
$$\left.\left.-e^{-k^2(T_2-T_1)}\frac{e^{-k^2T_1}}{\alpha e^{k^2}+e^{-k^2T_1}}(g_k-g_k^\delta)\right]^2\right\}^{\frac{2}{P+2}}$$

$$\leqslant\left\{2\sum_{k=1}^{\infty}\left(\frac{k^2}{1-e^{-k^2(T_2-T_1)}}\right)^{P+2}\left[\left(h_k-e^{-k^2(T_2-T_1)}g_k\right)^2\right.\right.$$
$$\left.\left.+\left(\frac{e^{-k^2T_2}}{\alpha e^{k^2}+e^{-k^2T_2}}(h_k-h_k^\delta)+\frac{e^{-k^2T_2}}{\alpha e^{k^2}+e^{-k^2T_1}}(g_k-g_k^\delta)\right)^2\right]\right\}^{\frac{2}{P+2}}$$

$$\leqslant\left\{2\sum_{k=1}^{\infty}\left(\frac{k^2}{1-e^{-k^2(T_2-T_1)}}\right)^{P}f_k^2+4\sum_{k=1}^{\infty}(k^2)^{P+2}e^{-2k^2T_2}\delta^2\right\}^{\frac{2}{P+2}}$$

$$\leqslant\left(2^{P+1}E+4C_1\delta^2\right)^{\frac{2}{P+2}}$$

和

$$\sum_{k=1}^{\infty}\left[\left(h_k-\frac{e^{-k^2T_2}}{\alpha e^{k^2}+e^{-k^2T_2}}h_k^\delta\right)-e^{-k^2(T_2-T_1)}\left(g_k-\frac{e^{-k^2T_1}}{\alpha e^{k^2}+e^{-k^2T_1}}g_k^\delta\right)\right]^{2-\frac{4}{P+2}}$$

$$\leqslant\left\{\left[\sum_{k=1}^{\infty}\left[\left(h_k-\frac{e^{-k^2T_2}}{\alpha e^{k^2}+e^{-k^2T_2}}h_k^\delta\right)\right.\right.\right.$$
$$\left.\left.\left.-e^{-k^2(T_2-T_1)}\left(g_k-\frac{e^{-k^2T_1}}{\alpha e^{k^2}+e^{-k^2T_1}}g_k^\delta\right)\right]^{2-\frac{4}{P+2}}\right]^{\frac{P+2}{P}}\right\}^{\frac{P}{P+2}}$$

$$\leqslant \left\{ 2\sum_{k=1}^{\infty} \left[(h_k - h_k^\delta) - \left(\frac{e^{-k^2 T_2}}{\alpha e^{k^2} + e^{-k^2 T_2}} h_k^\delta - h_k^\delta \right) \right]^2 \right.$$

$$\left. + 2\sum_{k=1}^{\infty} \left[e^{-k^2(T_2-T_1)} \left((g_k - g_k^\delta) - \left(\frac{e^{-k^2 T_1}}{\alpha e^{k^2} + e^{-k^2 T_1}} g_k^\delta - g_k^\delta \right) \right) \right]^2 \right\}^{\frac{P}{P+2}}$$

$$\leqslant (8C\delta^2 + 8\delta^2)^{\frac{P}{P+2}} = C_2 \delta^{\frac{2P}{P+2}}.$$

因此, 证得

$$\|f(x) - f^{\alpha,\delta}(x)\|_{L^2(0,\pi)}^2 \leqslant \left(2^{P+1}E + 4C_1\delta^2 \right)^{\frac{2}{P+2}} C_2 \delta^{\frac{2P}{P+2}}$$

$$\leqslant C_3 E \delta^{\frac{2P}{P+2}} + C_4 \delta^2$$

$$= O\left(\delta^{\min\left\{ \frac{2P}{P+2}, 2 \right\}} \right).$$

(2) 根据 Hölder 不等式, 类似地可得

$$\|\varphi(x) - \varphi^{\alpha,\delta}(x)\|_{L^2(0,\pi)}^2$$

$$= \sum_{k=1}^{\infty} \left| \frac{e^{k^2 T_1}}{1 - e^{-k^2(T_2-T_1)}} \left[\left(1 - e^{-k^2 T_1} \right) \left(\frac{e^{-k^2 T_2}}{\alpha e^{k^2} + e^{-k^2 T_2}} h_k^\delta - h_k \right) \right. \right.$$

$$\left. \left. - \left(1 - e^{-k^2 T_2} \right) \left(\frac{e^{-k^2 T_1}}{\alpha e^{k^2} + e^{-k^2 T_1}} g_k^\delta - g_k \right) \right] \right|^2$$

$$= \sum_{k=1}^{\infty} \left(\frac{e^{k^2 T_1}}{1 - e^{-k^2(T_2-T_1)}} \right)^2 \left[\left(1 - e^{-k^2 T_1} \right) \left(\frac{e^{-k^2 T_2}}{\alpha e^{k^2} + e^{-k^2 T_2}} h_k^\delta - h_k \right) \right.$$

$$\left. - (1 - e^{-k^2 T_2}) \left(\frac{e^{-k^2 T_1}}{\alpha e^{k^2} + e^{-k^2 T_1}} g_k^\delta - g_k \right) \right]^{\frac{4}{P+2}}$$

$$\cdot \left[\left(1 - e^{-k^2 T_1} \right) \left(\frac{e^{-k^2 T_2}}{\alpha e^{k^2} + e^{-k^2 T_2}} h_k^\delta - h_k \right) \right.$$

$$\left. - \left(1 - e^{-k^2 T_2} \right) \left(\frac{e^{-k^2 T_1}}{\alpha e^{k^2} + e^{-k^2 T_1}} g_k^\delta - g_k \right) \right]^{2 - \frac{4}{P+2}}$$

$$\leqslant \left\{ \sum_{k=1}^{\infty} \left[\left(\frac{e^{k^2 T_1}}{1 - e^{-k^2(T_2-T_1)}} \right)^2 \left[\left(1 - e^{-k^2 T_1} \right) \left(\frac{e^{-k^2 T_2}}{\alpha e^{k^2} + e^{-k^2 T_2}} h_k^\delta - h_k \right) \right. \right. \right.$$

$$\left. \left. \left. - (1 - e^{-k^2 T_2}) \left(\frac{e^{-k^2 T_1}}{\alpha e^{k^2} + e^{-k^2 T_1}} g_k^\delta - g_k \right) \right]^{\frac{4}{P+2}} \right]^{\frac{P+2}{2}} \right\}^{\frac{2}{P+2}}$$

$$\cdot \left\{ \sum_{k=1}^{\infty} \left[\left[(1 - e^{-k^2 T_1}) \left(\frac{e^{-k^2 T_2}}{\alpha e^{k^2} + e^{-k^2 T_2}} h_k^\delta - h_k \right) \right. \right. \right.$$

$$-(1 - e^{-k^2 T_2})\left(\frac{e^{-k^2 T_1}}{\alpha e^{k^2} + e^{-k^2 T_1}}g_k^\delta - g_k\right)\Bigg]^{2 - \frac{4}{P+2}}\Bigg]^{\frac{2}{P+2}}\Bigg\}^{\frac{P}{P+2}}.$$

由不等式 (5.3.10) 可得

$$\left\{\sum_{k=1}^{\infty}\left[\left(\frac{e^{k^2 T_1}}{1 - e^{-k^2(T_2 - T_1)}}\right)^2\left[(1 - e^{-k^2 T_1})\left(\frac{e^{-k^2 T_2}}{\alpha e^{k^2} + e^{-k^2 T_2}}h_k^\delta - h_k\right)\right.\right.\right.$$

$$\left.\left.\left.- (1 - e^{-k^2 T_2})\left(\frac{e^{-k^2 T_1}}{\alpha e^{k^2} + e^{-k^2 T_1}}g_k^\delta - g_k\right)\right]^{\frac{4}{P+2}}\right]^{\frac{P+2}{2}}\right\}^{\frac{2}{P+2}}$$

$$\leqslant 2\left\{\sum_{k=1}^{\infty}\left(\frac{e^{k^2 T_1}}{1 - e^{-k^2(T_2 - T_1)}}\right)^{P+2}\left[\left(\frac{e^{-k^2 T_2}}{\alpha e^{k^2} + e^{-k^2 T_2}}h_k^\delta - h_k\right)^2\right.\right.$$

$$\left.\left.+ \left(\frac{e^{-k^2 T_1}}{\alpha e^{k^2} + e^{-k^2 T_1}}g_k^\delta - g_k\right)^2\right]\right\}^{\frac{2}{P+2}}$$

$$\leqslant 2\left\{\sum_{k=1}^{\infty}\left(\frac{e^{k^2 T_1}}{1 - e^{-k^2(T_2 - T_1)}}\right)^{P+2}\left[\left(\frac{e^{-k^2 T_1}}{\alpha e^{k^2} + e^{-k^2 T_1}}(g_k^\delta - g_k)\right.\right.\right.$$

$$\left.\left.\left.- \left(1 - \frac{e^{-k^2 T_1}}{\alpha e^{k^2} + e^{-k^2 T_1}}\right)g_k\right)^2 + \left(\frac{e^{-k^2 T_2}}{\alpha e^{k^2} + e^{-k^2 T_2}}(h_k^\delta - h_k)\right.\right.\right.$$

$$\left.\left.\left.- \left(1 - \frac{e^{-k^2 T_2}}{\alpha e^{k^2} + e^{-k^2 T_2}}\right)h_k\right)^2\right]\right\}^{\frac{2}{P+2}}$$

$$\leqslant 4\left\{\sum_{k=1}^{\infty}\left(\frac{e^{k^2 T_2}}{e^{k^2 T_2} - e^{k^2 T_1}}\right)^{P+2}\left[\frac{e^{k^2(PT_1 - 2)}}{\alpha^2}\delta^2\right.\right.$$

$$\left.\left.+ e^{k^2 T_1(P+2)}g_k^2 + \frac{e^{k^2(PT_1 - 2)}}{\alpha^2}\delta^2 + e^{k^2 T_1(P+2)}h_k^2\right]\right\}^{\frac{2}{P+2}}$$

$$\leqslant 4\left\{\sum_{k=1}^{\infty}\left(\frac{e^{k^2 T_2}}{e^{k^2 T_2} - e^{k^2 T_1}}\right)^{P+2}\left[2\frac{e^{k^2(PT_1 - 2)}}{\alpha^2}\delta^2 + e^{k^2 T_1(P+2)}g_k^2 + e^{k^2 T_1(P+2)}h_k^2\right]\right\}^{\frac{2}{P+2}}$$

$$\leqslant 4\left\{\sum_{k=1}^{\infty}\left(\frac{e^{k^2 T_2}}{e^{k^2 T_2} - e^{k^2 T_1}}\right)^{P+2}\left[2C_1\delta^2 + e^{k^2 T_1(P+2)}\left(e^{-k^2 T_1}\varphi_k + \frac{1 - e^{-k^2 T_1}}{k^2}f_k\right)^2\right.\right.$$

$$\left.\left.+ e^{k^2 T_1(P+2)}\left(e^{-k^2 T_2}\varphi_k + \frac{1 - e^{-k^2 T_2}}{k^2}f_k\right)^2\right]\right\}^{\frac{2}{P+2}}$$

$$\leqslant 4\left\{\sum_{k=1}^{\infty}\left(\frac{e^{k^2 T_2}}{e^{k^2 T_2} - e^{k^2 T_1}}\right)^{P+2}\left[2C_1\delta^2 + 2e^{k^2 T_1(P+2)}\right.\right.$$

$$\cdot \left(2e^{-2k^2 T_1} \varphi_k^2 + \frac{2e^{2k^2(T_2-T_1)}}{k^4} f_k^2 \right) \bigg] \bigg\}^{\frac{2}{P+2}}$$

$$\leqslant 4 \left\{ \sum_{k=1}^{\infty} \left(\frac{e^{k^2 T_2}}{e^{k^2 T_2} - e^{k^2 T_1}} \right)^{P+2} \left[2C_1 \delta^2 + 4e^{k^2 T_1 P} \varphi_k^2 + 4\frac{e^{k^2(T_1 P + 2T_2)}}{k^4} f_k^2 \right] \right\}^{\frac{2}{P+2}}$$

$$\leqslant 4 \left\{ \sum_{k=1}^{\infty} \left(\frac{e^{T_2}}{e^{T_2} - e^{T_1}} \right)^{P+2} \left(2C_1 \delta^2 + 4E + 4C_2 E \right) \right\}^{\frac{2}{P+2}}$$

$$\leqslant 4 \left(\frac{e^{T_2}}{e^{T_2} - e^{T_1}} \right)^2 \left(2C_1 \delta^2 + C_3 E \right)^{\frac{2}{P+2}}$$

和

$$\sum_{k=1}^{\infty} \left[(1 - e^{-k^2 T_1}) \left(\frac{e^{-k^2 T_2}}{\alpha e^{k^2} + e^{-k^2 T_2}} h_k^\delta - h_k \right) \right.$$

$$\left. - (1 - e^{-k^2 T_2}) \left(\frac{e^{-k^2 T_1}}{\alpha e^{k^2} + e^{-k^2 T_1}} g_k^\delta - g_k \right) \right]^{2 - \frac{4}{P+2}}$$

$$\leqslant \left\{ \left[\sum_{k=1}^{\infty} \left[(1 - e^{-k^2 T_1}) \left(\frac{e^{-k^2 T_2}}{\alpha e^{k^2} + e^{-k^2 T_2}} h_k^\delta - h_k \right) \right.\right.\right.$$

$$\left.\left.\left. - (1 - e^{-k^2 T_2}) \left(\frac{e^{-k^2 T_1}}{\alpha e^{k^2} + e^{-k^2 T_1}} g_k^\delta - g_k \right) \right]^{2 - \frac{4}{P+2}} \right]^{\frac{2}{P+2}} \right\}^{\frac{P}{P+2}}$$

$$\leqslant \left\{ 2 \sum_{k=1}^{\infty} \left[(1 - e^{-k^2 T_1}) \left(\left(\frac{e^{-k^2 T_2}}{\alpha e^{k^2} + e^{-k^2 T_2}} h_k^\delta - h_k^\delta \right) - (h_k - h_k^\delta) \right) \right]^2 \right.$$

$$\left. + 2 \sum_{k=1}^{\infty} \left[(1 - e^{-k^2 T_2}) \left((\frac{e^{-k^2 T_1}}{\alpha e^{k^2} + e^{-k^2 T_1}} g_k^\delta - g_k^\delta) - (g_k - g_k^\delta) \right) \right]^2 \right\}^{\frac{P}{P+2}}$$

$$\leqslant (8C\delta^2 + 8\delta^2)^{\frac{P}{P+2}} = C_4 \delta^{\frac{2P}{P+2}}.$$

综上所述, 即证得

$$\|\varphi(x) - \varphi^{\alpha,\delta}(x)\|_{L^2(0,\pi)}^2 \leqslant 4 \left(\frac{e^{T_2}}{e^{T_2} - e^{T_1}} \right)^2 \left(2C_1 \delta^2 + C_3 E \right)^{\frac{2}{P+2}} C_4 \delta^{\frac{2P}{P+2}}$$

$$\leqslant C_5 E \delta^{\frac{2P}{P+2}} + C_6 \delta^2$$

$$= O \left(\delta^{\min\{\frac{2P}{P+2}, 2\}} \right). \qquad \square$$

5.3.3 数值算例

在本小节中, 给出两个数值算例以验证所提出方法的有效性和稳定性: 第一个算例中热传导方程的正演问题具有解析解; 第二个算例正演问题的解没有显式表达式, 它必须通过有限元法和有限差分法等数值方法得到.

另外, (5.3.20) 和 (5.3.21) 中的无限求和实际计算中必须截断. 在不引起混淆的前提下, 我们仍然记截断后的正则化解为 $f^{\alpha,\delta}(x)$ 和 $\varphi^{\alpha,\delta}(x)$, 即

$$f^{\alpha,\delta}(x) = \sum_{k=1}^{m} \frac{k^2 \left(\dfrac{e^{-k^2 T_2}}{\alpha e^{k^2} + e^{-k^2 T_2}} h_k^{\delta} - \dfrac{e^{-k^2 T_1}}{\alpha e^{k^2} + e^{-k^2 T_1}} g_k^{\delta} e^{-k^2(T_2 - T_1)} \right)}{1 - e^{-k^2(T_2 - T_1)}} \sin(kx), \quad (5.3.30)$$

$$\varphi^{\alpha,\delta}(x) = \sum_{k=1}^{m} \frac{e^{k^2 T_1} \left[\dfrac{e^{-k^2 T_2}}{\alpha e^{k^2} + e^{-k^2 T_2}} h_k^{\delta}(1 - e^{-k^2 T_1}) - \dfrac{e^{-k^2 T_1}}{\alpha e^{k^2} + e^{-k^2 T_1}} g_k^{\delta}(1 - e^{-k^2 T_2}) \right]}{e^{-k^2(T_2 - T_1)} - 1} \sin(kx). \tag{5.3.31}$$

这里, Fourier 系数 g_k^{δ} 和 h_k^{δ} 由数值积分的梯形公式计算所得, 即

$$g_k^{\delta} = \frac{2}{\pi} \int_0^{\pi} g^{\delta}(x) \sin(kx) dx \approx \frac{2h}{\pi} \sum_{i=1}^{n-1} g^{\delta}(x_i) \sin(kx_i)$$

和

$$h_k^{\delta} = \frac{2}{\pi} \int_0^{\pi} h^{\delta}(x) \sin(kx) dx \approx \frac{2h}{\pi} \sum_{i=1}^{n-1} h^{\delta}(x_i) \sin(kx_i),$$

其中 $g^{\delta}(x_i) = g(x_i) + \rho(2\operatorname{rand}(x_i) - 1)g(x_i)$, $h^{\delta}(x_i) = g(x_i) + \rho(2\operatorname{rand}(x_i) - 1)h(x_i)$, ρ 是相对误差水平, rand 是在 $(0,1)$ 区间内服从均匀分布的随机函数. 在所有数值算例中, 选取正则化参数的 Morozov 偏差原则 (5.3.26) 是按下述方式进行的.

设 $r \in (0,1)$ 是个给定的常数, $\alpha_0 > 0$ 是正则化参数的初始猜测值. 这里, 考虑正则化参数具有几何级数的形式

$$\alpha_k = \alpha_0 r^k, \quad k = 0, 1, 2, \cdots.$$

于是, 正则参数选取的后验策略是选取正则化参数 α_{k^*-1} 以至于 k^* 是第一次使得

$$\|u^{\alpha_{k^*},\delta}(x, T_1) - g^{\delta}(x)\|_{L^2(0,\pi)}^2 \leqslant C\delta^2, \quad \|u^{\alpha_{k^*},\delta}(x, T_2) - h^{\delta}(x)\|_{L^2(0,\pi)}^2 \leqslant C\delta^2,$$

其中 $C \geqslant 1$ 是个给定的常数, $u^{\alpha_k,\delta}(x, T_1)$ 和 $u^{\alpha_k,\delta}(x, T_2)$ 是截断的正则化解, 即

$$u^{\alpha_k,\delta}(x, T_1) = \sum_{k=1}^{m} \frac{e^{-k^2 T_1}}{\alpha_k e^{k^2} + e^{-k^2 T_1}} g_k^{\delta} \sin(kx),$$

$$u^{\alpha_k,\delta}(x, T_2) = \sum_{k=1}^{m} \frac{e^{-k^2 T_2}}{\alpha_k e^{k^2} + e^{-k^2 T_2}} h_k^\delta \sin(kx).$$

在所有数值算例中, 始终取 $n = 100$, $m = 20$, 并采用两种选取正则化参数的方法: ① 定理 5.16 给出的先验选取策略; ② 后验选取策略 (5.3.27), 其中 $\alpha_0 = 1$, $r = \dfrac{1}{2}$, $C = 1.0$. 为了反映截断正则化解逼近真解的程度, 引入 E_1 和 E_2 表示正则化解的相对误差, 且

$$E_1 = \frac{\left(\sum_{i=0}^{n} \left|f^{\alpha,\delta}(x_i) - f(x_i)\right|^2\right)^{1/2}}{\left(\sum_{i=0}^{n} \left|f(x_i)\right|^2\right)^{1/2}}, \quad E_2 = \frac{\left(\sum_{i=0}^{n} \left|\varphi^{\alpha,\delta}(x_i) - \varphi(x_i)\right|^2\right)^{1/2}}{\left(\sum_{i=0}^{n} \left|\varphi(x_i)\right|^2\right)^{1/2}}.$$

算例 1　考虑同时反演下列热传导问题中的源项和初始分布:

$$\begin{cases} u_t - u_{xx} = f(x), & (x, t) \in (0, \pi) \times [0, 1], \\ u(0, t) = u(\pi, t) = 0, & (x, t) \in (0, \pi) \times [0, 1], \\ u(x, 0) = \varphi(x), & x \in (0, \pi), \\ u(x, T_1) = g(x), & x \in (0, \pi), \\ u(x, T_2) = h(x), & x \in (0, \pi), \end{cases}$$

其中 $T_1 = 0.5$, $T_2 = 1$, $g(x) = (2 - e^{-0.5})\sin x$, $h(x) = (2 - e^{-1})\sin x$. 此时, $f(x) = 2\sin x$ 和 $\varphi(x) = \sin x$. 数值结果见表 5.9, 以及真解和正则化解的对比见图 5.15 和图 5.16.

表 5.9　算例 1 的数值结果

	ρ	α	E_1	E_2
先验选取正则化参数	0.05	4.4678e−05	2.9108e−03	1.0786e−02
	0.10	8.9357e−05	5.1605e−03	1.1633e−02
后验选取正则化参数	0.05	$(1/2)^{12}$	2.3366e−03	4.5157e−03
	0.10	$(1/2)^{11}$	3.8406e−03	1.0433e−02

算例 2　考虑同时反演下列热传导问题中的源项和初始分布:

$$\begin{cases} u_t - u_{xx} = f(x), & (x, t) \in (0, \pi) \times [0, 1], \\ u(0, t) = u(\pi, t) = 0, & (x, t) \in (0, \pi) \times [0, 1], \\ u(x, 0) = \varphi(x), & x \in (0, \pi), \end{cases}$$

其中取 $f(x) = x(\pi - x)$ 和 $\varphi(x) = x\sin(x)$. 显然, 正演问题没有解析表达式的解. 因此, 温度分布函数 $u(x, T_1)$ 和 $u(x, T_2)$ 由有限元方法计算所得. 数值结果见表 5.10, 以及真解和正则化解的对比见图 5.17 和图 5.18.

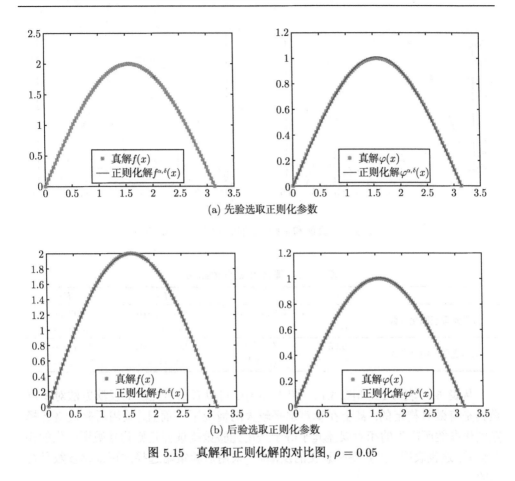

(a) 先验选取正则化参数

(b) 后验选取正则化参数

图 5.15 真解和正则化解的对比图, $\rho = 0.05$

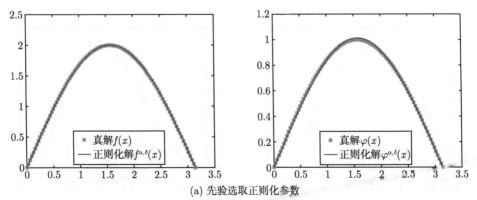

(a) 先验选取正则化参数

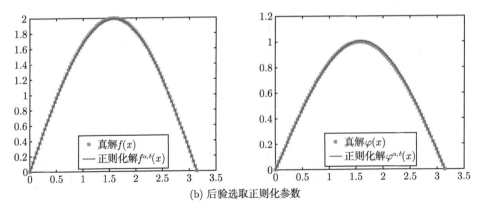

(b) 后验选取正则化参数

图 5.16　真解和正则化解的对比图, $\rho = 0.10$

表 5.10　算例 2 的数值结果

	ρ	α	E_1	E_2
先验选取正则化参数	0.05	5.9942e−05	3.8019e−02	2.8939e−02
	0.10	1.1988e−04	3.8028e−02	2.8573e−02
后验选取正则化参数	0.05	$(1/2)^{12}$	3.8293e−02	3.1005e−02
	0.10	$(1/2)^{10}$	3.9655e−02	7.2344e−02

从表 5.9, 表 5.10 和图 5.15—图 5.18 中, 可以看出所提出的反演方法对噪声数据是有效且稳定的, 甚至在噪声水平较大的情况下. 而且, 采用后验策略选择正则化参数所产生的相对误差几乎等于采用先验策略选择正则化参数所产生的相对误差, 这也表明: 为获得有意义的反演解, 采用后验策略选择的正则化参数是合适的.

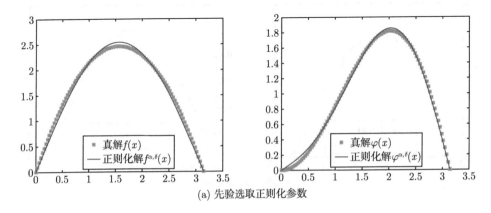

(a) 先验选取正则化参数

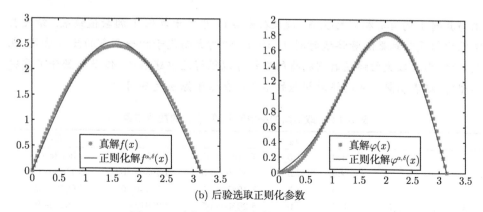

(b) 后验选取正则化参数

图 5.17 真解和正则化解的对比图, $\rho = 0.05$

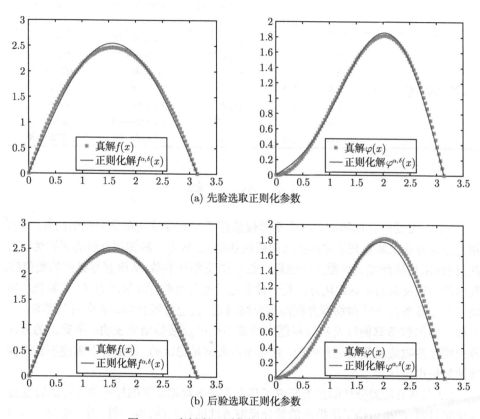

(a) 先验选取正则化参数

(b) 后验选取正则化参数

图 5.18 真解和正则化解的对比图, $\rho = 0.10$

注 5.18 众所周知, 热传导方程的逆时问题是严重不适定的问题. 为了揭示终值时刻 T_1 和 T_2 对数值反演结果的影响, 在数值算例 1 和算例 2 中取不同的终值时刻, 并固定 $n = 200$, $m = 20$ 和 $\delta = 0.10$ 进行数值反演. 由于算例 2 的数值结果与算例 1 的具有相同的性态, 故仅在表 5.11 中给出算例 1 的数值结果, 结果表明源项的反演结果随着终值时刻 T_1 和 T_2 的增大而优于初始分布的反演结果. 也就是说, 由在较大的终值时刻测得的数据可以很好地重建热源, 但是初始分布重建不理想. 这表明热传导的逆时问题的不适性要强于源项反演问题.

表 5.11　取不同的终值时刻算例 1 的数值结果

	T_1	T_2	α	E_1	E_2
	1.0	1.5	7.3143e−05	1.7461e−03	2.3633e−03
	2.0	2.5	7.8949e−05	4.4939e−03	3.1173e−02
	3.0	3.5	8.1085e−05	1.1924e−02	2.6646e−01
先验选取正则化参数	0.5	5.0	8.2050e−05	3.2691e−02	4.0627e−02
	1.0	5.0	8.2050e−05	3.2922e−02	1.0862e−01
	3.5	5.0	8.2050e−05	3.9430e−02	2.0275e+00
	5.0	6.0	8.2226e−05	1.1243e−01	2.3531e+01
	1.0	1.5	$(1/2)^{14}$	1.5262e−03	2.2503e−03
	2.0	2.5	$(1/2)^{16}$	1.2060e−03	3.4426e−02
	3.0	3.5	$(1/2)^{17}$	1.5073e−03	1.0573e−01
后验选取正则化参数	0.5	5.0	$(1/2)^{19}$	1.1903e−03	2.4252e−02
	1.0	5.0	$(1/2)^{19}$	1.1958e−03	4.8508e−02
	3.5	5.0	$(1/2)^{19}$	1.3532e−03	4.2210e−01
	5.0	6.0	$(1/2)^{21}$	1.1297e−03	1.7172e+00

5.4　小　　结

　　5.1 节主要研究抛物型方程中重建仅依赖于空间变量的源项的反演问题. 在利用有限元方法求解系列适定的正演问题的基础上, 提出一种源项反演的正则优化方法, 同时采用线性模型函数方法选取方法中的正则化参数, 从而获得稳定的数值解. 提出的源项反演的正则优化方法是一种非迭代型且可并行计算的方法, 可被推广解决其他边界条件下的抛物型方程源项反演问题, 甚至是混合型边界条件的情形. 一维和二维的数值算例以及实际问题中的源项强度反演等结果表明: 所提出的算法及正则化参数选取策略是有效的, 且对噪声数据是稳定的, 甚至对于重建不连续源项的效果也是显著.

　　5.2 节从有限差分法的角度研究了具有非局部观测数据的标准热方程的时变源项反演问题. 严格讨论了所提出的差分反演方法的存在性、唯一性; 对于满足 $d_7 < 1$ 的权重函数 $\mu(x)$ 证明了该反演方法的收敛性. 对于噪声数据, 将提出的有限差分反演方法与磨光方法相结合从而获得更稳定的重建结果. 数值模拟结果验证了所提出的反演方法的有效性和收敛性. 显然, 可以类似地提出其他有限差分反演方法, 例如向后或向前 Euler 差分方法. 所提出的方法也可以推广到解决高维热方程的时

变源项反演问题.

　　5.3 节研究了同时确定空间依赖源项和初始分布的热传导方程反演问题. 为了获得反演问题的稳定化解, 构造了一个正则化问题来近似原反演问题. 证明了正则化解的稳定性和收敛性, 并且分别在选择正则化参数的先验和后验策略下获得了正则化解的收敛率. 数值结果表明, 对于适当的终值数据, 所提出的正则化方法对于同时确定空间依赖源项和初始分布是稳定且有效的.

第 6 章   基于源项反演的数值微分方法

数值微分是一个典型的不适定问题, 旨在逼近被噪声污染的数据函数的导数. 众所周知, 数值微分问题出现于许多科学计算和工程学科的应用中, 例如, 磁共振电阻抗层析成像的调和 B_z 算法 (Liu J et al., 2007)、图像处理中的边缘检测 (Wang Y et al., 2002; Wan X Q et al., 2006)、自动控制 (Levant A, 2003)、金融数学中的 Dupire 公式 (Egger H et al., 2005)、源项反演问题 (Cheng J et al., 2007) 等. 数值微分的主要困难是计算上的不稳定性. 因此, 为了能稳定地计算导数, 人们发展了许多稳定化的方法, 例如磨光方法 (Murio D A, 1993)、正则化方法 (Cullum J, 1971)、平滑样条方法 (Hanke M et al., 2001; Wei T et al., 2005; Hào D N et al., 2012; 陆帅等, 2004)、结合 Lavrentév 正则化的积分方程方法 (Xu H et al., 2010)、Lanczos 的方法 (Wang Z et al., 2010; 王泽文等, 2012; 邱淑芳等, 2014)、总变差正则化方法 (Knowles I K et al., 2014) 以及其他一些方法 (Wei T et al., 2007; Nakamura G et al., 2008).

6.1   基于源项反演的一元函数数值微分方法

本节主要考虑单变量函数的二阶导数的稳定近似问题. 为此, 提出了一种基于偏微分方程 (热传导方程) 的新方法来近似一元函数的二阶导数, 我们将其称为基于源项反演的数值微分方法 (或者称为基于 PDE 的数值微分方法). 所提出方法的主要思想是将数值微分问题转化为热传导正演问题和源项反演问题的一个组合.

6.1.1   数值微分问题的转化

记 $L^2(a,b)$ 为区间 (a,b) 上包含所有实的平方可积函数的函数空间. Sobolev 空间 $W_2^l(a,b)$ 是 $L^2(a,b)$ 的子空间, 且其上的函数的前 l 阶弱导数是平方可积的, 其中 l 为正整数. 空间 $\overset{0}{W}_2^l(a,b)$ 是 $W_2^l(a,b)$ 的子空间, 表示其中的所有无限可微且在 (a,b) 上具有紧支集的函数全体. 显然, $W_2^l(a,b)$ 在 $\overset{0}{W}_2^l(a,b)$ 中是稠密的. 记 $Q_T = (a,b) \times (0,T]$, 即 $(x,t) \in Q_T$ 意味着 $x \in (a,b)$ 和 $t \in (0,T]$. Sobolev 空间 $W_2^{(l_1,l_2)}(Q_T)$ 是个 Banach 空间, 该空间中所有函数本身及其关于 x 的前 l_1 阶弱导数和关于 t 的前 l_2 阶弱导数属于 $L_2(Q_T)$ 空间, 其中 $l_i \geqslant 0, i = 1, 2$ 为整数. 空间 $W_{2,0}^{(l_1,l_2)}(Q_T)$ 为空间 $W_2^{(l_1,l_2)}(Q_T)$ 的子空间, 表示 $W_2^{(l_1,l_2)}(Q_T)$ 中所有在边界 $\partial\Omega \times [0,T]$ 上值为零的光滑函数全体.

设 $\varphi(x) \in W_2^2(a,b)$ 是一个定义在区间 $[a,b]$ 上的实函数. 不失一般性, 我们假设 $\varphi(a) = \varphi(b) = 0$; 否则可以通过减去一个具有相同边界值的插值函数 (例如线性插值函数) 使得边界为零. 令 $f(x) := \varphi''(x) \in L^2(a,b)$. 我们的目标就是从给定的函数 $\varphi(x)$ 出发构造能稳定地计算出 $f(x)$ 的数值方法. 本章提出的数值计算 $f(x)$ 的方法包含以下两个步骤.

第一步, 基于给定的 $\varphi(x)$ 构造一个热传导方程初边值问题

$$
\begin{cases}
u_t(x,t) = u_{xx}(x,t), & (x,t) \in (a,b) \times (0,T], \\
u(x,0) = \varphi(x), & x \in (a,b), \\
u(a,t) = 0, u(b,t) = 0, & t \in [0,T].
\end{cases}
\tag{6.1.1}
$$

众所周知, 问题 (6.1.1) 是一个适定的正演问题, 可以用有限元方法进行求解而获得 $u(x,T)$. 计算所得的量 $u(x,T)$ 和 $\varphi(x)$ 将被用作以下热传导源项反演问题的附加条件.

第二步, 令 $u(x,t) = w(x,t) + \varphi(x)$. 则问题 (6.1.1) 被等价转化为

$$
\begin{cases}
w_t(x,t) = w_{xx}(x,t) + f(x), & (x,t) \in (a,b) \times (0,T], \\
w(x,0) = 0, & x \in (a,b), \\
w(a,t) = 0, w(b,t) = 0, & t \in [0,T],
\end{cases}
\tag{6.1.2}
$$

其中 $f(x) = \varphi''(x)$. 于是, 数值微分问题被转化热传导源项反演问题: 求 $f(x)$, 也即求二阶导数 $\varphi''(x)$, 使其满足方程组 (6.1.2) 和附加条件

$$
w(x,T) = u(x,T) - \varphi(x).
\tag{6.1.3}
$$

6.1.2 一些理论结果

为研究问题 (6.1.1) 和 (6.1.2) 的适定性, 我们考虑下述非齐次问题:

$$
\begin{cases}
U_t(x,t) = U_{xx}(x,t) + F(x), & (x,t) \in (a,b) \times (0,T], \\
U(x,0) = \Psi(x), & x \in (a,b), \\
U(a,t) = 0, U(b,t) = 0, & t \in [0,T].
\end{cases}
\tag{6.1.4}
$$

定义 6.1 (Prilepko A I et al., 2000) 若 $U \in W_{2,0}^{2,1}(Q_T)$ 且 $W_{2,0}^{2,1}(Q_T)$ 空间中几乎处处满足方程组 (6.1.4), 那么称 U 是空间 $W_2^{2,1}(Q_T)$ 中正演问题 (6.1.4) 的一个解.

定理 6.2 设 $\Psi(x) \in \overset{0}{W}_2^1(a,b) \bigcap W_2^2(a,b)$, $F(x) \in L^2(a,b)$, 则正演问题 (6.1.4) 在空间 $W_{2,0}^{2,1}(Q_T)$ 中有唯一解 $U(x,t)$, 且该解属于空间 $C\left([0,T]; W_2^2(a,b)\right)$ 及其关于 t 偏导数 $U_t(x,t)$ 属于空间 $C\left([0,T]; L^2(a,b)\right)$. 进一步有下述估计成立:

$$
\|U(\cdot,t)\|_{L^2(a,b)} \leqslant c_1 \|\Psi(x)\|_{L^2(a,b)} + d^2(1-c_1) \|F(x)\|_{L^2(a,b)},
\tag{6.1.5}
$$

$$\|U_t(\cdot,t)\|_{L^2(a,b)} \leqslant c_1 \|\Psi''(x) + F(x)\|_{L^2(a,b)} \tag{6.1.6}$$

和

$$\|U_{xx}(\cdot,t)\|_{L^2(a,b)} \leqslant c_1 \|\Psi''(x)\|_{L^2(a,b)} + (1+c_1)\|F(x)\|_{L^2(a,b)}, \tag{6.1.7}$$

其中 $c_1 = \exp\left(-\dfrac{t}{d^2}\right)$, $d^2 = |b-a|^2$ 是 Poincaré-Friedrichs 常数.

证明　正演问题 (6.1.4) 解的存在唯一性直接由文献 (Prilepko A I et al., 2000) 中定理 1.1.5 和引理 1.1.2 的结论得到. 接下来, 只需证明估计 (6.1.5)—(6.1.7) 成立.

在正演问题 (6.1.4) 中第一个方程的两边同时乘以 $U(x,t)$, 然后两边关于 $x \in (a,b)$ 求积, 得

$$\frac{1}{2}\frac{d}{dt}\|U(\cdot,t)\|^2_{L^2(a,b)} + \int_a^b (U_x(x,t))^2 dx = \int_a^b F(x)U(x,t)dx. \tag{6.1.8}$$

对 (6.1.8) 应用 Hölder 不等式和 Poincaré 不等式, 得到

$$\frac{d}{dt}\|U(\cdot,t)\|_{L^2(a,b)} + \frac{1}{d^2}\|U(\cdot,t)\|_{L^2(a,b)} \leqslant \|F(x)\|_{L^2(a,b)}, \tag{6.1.9}$$

其中 $d^2 = |b-a|^2$ 是 Poincaré-Friedrichs 常数. 在式 (6.1.9) 两边同时乘以 $\exp\left(\dfrac{t}{d^2}\right)$, 然后两边关于 $t \in [\varepsilon, t]$ 求积, 并取 $\varepsilon \to 0+$ 的极限, 即得估计 (6.1.5).

显然, U_t 是下述正演问题的解:

$$\begin{cases} v_t(x,t) = v_{xx}(x,t), & (x,t) \in (a,b) \times (0,T], \\ v(x,0) = \Psi''(x) + F(x), & x \in (a,b), \\ v(a,t) = 0, v(b,t) = 0, & t \in [0,T]. \end{cases} \tag{6.1.10}$$

于是, 估计 (6.1.6) 可直接由估计 (6.1.5) 得到.

在正演问题 (6.1.4) 的第一个方程两边同时乘以 $U_{xx}(x,t)$, 并关于 $x \in (a,b)$ 对两边求积, 则可得估计

$$\|U_{xx}(\cdot,t)\|_{L^2(a,b)} \leqslant \|U_t(\cdot,t)\|_{L^2(a,b)} + \|F(x)\|_{L^2(a,b)}.$$

根据上述估计和估计 (6.1.6), 可知估计 (6.1.7) 成立.　　　　　　　　　　□

下面, 我们考虑反演问题 (6.1.2)—(6.1.3) 的适定性, 其中 $u(x,T)$ 正演问题 (6.1.1) 的解. 对任意给定的 $\varphi(x) \in \overset{0}{W_2^1}(a,b) \bigcap W_2^2(a,b)$, 定理 6.2 保证了 u 是正演问题 (6.1.1) 的解且有下述光滑性:

$$u(\cdot,t) \in C([0,T], W_2^2(a,b)), \quad u_t(\cdot,t) \in C([0,T], L^2(a,b)).$$

于是, 式 (6.1.3) 中数据 $w(x,T)$ 是明确存在的. 注意到 (6.1.2) 中第一个方程的形式, 我们定义一个线性算子 $K: L^2(a,b) \mapsto L^2(a,b)$, 且

$$(Kf)(x) := w_t(x,T), \quad x \in (a,b), \tag{6.1.11}$$

以及对于给定的函数 $\psi(x) \in L^2(a,b)$, 定义一个关于 $f \in L^2(a,b)$ 第二类算子方程

$$f(x) = (Kf)(x) + \psi(x). \tag{6.1.12}$$

于是, 时刻 T 时 (6.1.2) 的第一个方程可被写成 $f(x) = (Kf)(x) - w_{xx}(x,T)$ 的形式.

定理 6.3　设 $\varphi(x) \in \overset{0}{W_2^1}(a,b) \bigcap W_2^2(a,b)$. 反演问题 (6.1.2)—(6.1.3) 存在唯一解 $f \in L^2(a,b)$, 且有下述估计:

$$\|f\|_{L^2(a,b)} \leqslant \frac{1}{1-c_1}\|w_{xx}(x,T)\|_{L^2(a,b)}. \tag{6.1.13}$$

证明　首先, 我们证明: 在 $\psi(x) = -w_{xx}(x,T)$ 的条件下, 反演问题的可解性等价于算子方程 (6.1.12) 的可解性.

(a) 假设反演问题 (6.1.2)—(6.1.3) 存在解 $f(x) \in L^2(a,b)$. 根据定理 6.2, 可知 (6.1.2) 的第一个方程意味着

$$w_t(x,T) = w_{xx}(x,T) + f(x). \tag{6.1.14}$$

注意到算子 K 的定义, 我们推得 $f(x)$ 是算子方程 (6.1.12) 的解.

(b) 设 $f(x) \in L^2(a,b)$ 是算子方程 (6.1.12) 关于 $\psi(x) = -w_{xx}(x,T)$ 的解. 将此 $f(x)$ 代入 (6.1.2) 的第一个方程中, 则 (6.1.2) 是个适定的正演问题并可稳定地求解它. 根据定理 6.2 知, 正演问题 (6.1.2) 存在唯一解 $w^\dagger$, 且 $w^\dagger \in W_{2,0}^{2,1}(a,b) \bigcap C([0,T]; W_2^2(a,b))$ 和 $w_t^\dagger(\cdot,t) \in C([0,T], L^2(a,b))$. 因此, (6.1.2) 的第一个方程意味着有

$$w_t^\dagger(x,T) = w_{xx}^\dagger(x,T) + f(x).$$

考虑到 $f(x)$ 算子方程 (6.1.12) 的解, 易得

$$\begin{cases} (w-w^\dagger)_{xx}(x,T) = 0, \ x \in (a,b), \\ (w-w^\dagger)(a,T) = 0, \ (w-w^\dagger)(b,T) = 0. \end{cases} \tag{6.1.15}$$

显然, 边值问题 (6.1.15) 只有平凡解, 故函数 $f(x)$ 是源项反演问题 (6.1.2)—(6.1.3) 的解.

其次, 证明算子方程 (6.1.12) 有唯一解, 且有估计 (6.1.13) 成立. 根据定义 (6.1.11) 和估计 (6.1.6), 显然有

$$\|Kf\|_{L^2(a,b)} = \|w_t(\cdot,T)\|_{L^2(a,b)} \leqslant c_1\|f(x)\|_{L^2(a,b)}, \tag{6.1.16}$$

其中 $c_1 = \exp\left(-\dfrac{T}{d^2}\right) < 1, \forall T > 0$. 应用估计 (6.1.16) 和不动点原理, 则对任意的 $\psi(x)$, 第二类线性算子方程 (6.1.12) 存在唯一解, 特别地可取 $\psi(x) = -w_{xx}(x, T) \in L^2(a, b)$. 从方程 (6.1.12) 和估计 (6.1.16) 中容易推导出估计 (6.1.13) 也是自然成立的. ▢

引理 6.4　设 $\varphi(x) \in \overset{0}{W}{}_2^1(a, b) \bigcap W_2^4(a, b)$, 则下述估计成立:

$$\|\varphi''(x)\|_{L^2(a,b)}^2 \leqslant \|\varphi^{(4)}(x)\|_{L^2(a,b)} \|\varphi(x)\|_{L^2(a,b)}. \tag{6.1.17}$$

估计 (6.1.17) 很容易经分部积分方法得到. 根据估计 (6.1.7), (6.1.13) 和 (6.1.17), 我们可以直接得到下述数值微分的条件稳定性.

定理 6.5　设 $\varphi_i(x) \in \overset{0}{W}{}_2^1(a, b) \bigcap W_2^4(a, b)$, $w_i(x, T) = u_i(x, T) - \varphi_i(x)$, $i = 1, 2$. 这里 $u_i(x, T)$ 正演问题 (6.1.1) 关于 $\varphi_i(x)$ 的解. 假设存在正常数 M 使得 $\|\varphi_i^{(4)}(x)\|_{L^2(a,b)} \leqslant M_1$. 则对于 $f_1(x) = \varphi_1''(x), f_2(x) = \varphi_2''(x)$, 有

$$\|f_1(x) - f_2(x)\|_{L^2(a,b)} \leqslant \sqrt{M_1} \frac{1 + c_1}{1 - c_1} \sqrt{\|\varphi_1(x) - \varphi_2(x)\|_{L^2(a,b)}}. \tag{6.1.18}$$

注 6.6　数值结果表明, 如果获得二阶导数的良好近似值, 终时刻 T 的值不能取得太小; 另一方面, $T = 1.0$ 足以满足无噪声数据和噪声数据的良好近似要求. 限于篇幅, 这里未列出这方面的数值实验结果.

6.1.3　正则化方法及数值实现

实际应用中, 期望从噪声函数 $\varphi^\delta(x)$ 稳定地计算出导数, 这时 $\varphi^\delta(x)$ 不再属于空间 $\overset{0}{W}{}_2^1(a, b) \bigcap W_2^2(a, b)$. 通常, 可设 $\varphi^\delta(x) \in L^2(a, b)$ 且满足 $\|\varphi^\delta(x) - \varphi(x)\|_{L^2(a,b)} \leqslant \delta$, 其中 δ 是误差水平. 在正演问题中用 $\varphi^\delta(x)$ 代替 $\varphi(x)$ 后, 记所得 (6.1.1) 的解为 $u^\delta(x, t)$. 那么, 数值微分问题的实际提法是: 已知噪声数据 $w^\delta(x, T) := u^\delta(x, T) - \varphi^\delta(x)$ 重建问题 (6.1.2) 中的源项 $f(x)$.

为实现源项 $f(x)$ 的数值反演, 我们将源项反演问题归纳为一个约束优化问题: 求源项 $f(x)$ 使得

$$\min_{f \in \Phi} J(f) = \int_a^b |w(x, T; f) - w^\delta(x, T)|^2 dx + \alpha \int_a^b |f(x)|^2 dx, \tag{6.1.19}$$

其中 α 正则化参数, 约束允许集为

$$\Phi = \{f(x) \mid |f(x)| \leqslant M, \, f(x) \in L^2(a, b)\}. \tag{6.1.20}$$

这 M 是个正常数, 式 (6.1.19) 中的 $w(x, T; f)$ 是问题 (6.1.2) 关于 $f(x)$ 的解.

接下来, 我们简要介绍利用有限元方法求解极小化问题 (6.1.19)—(6.1.20) 的过程. 类似的方法可见文献 (Wang Z et al., 2014; Keung Y L et al., 1998; Li J et al., 2009), 首先将区间 $[a,b]$ 剖分为 $a = x_0 < x_1 < \cdots < x_n = b$. 对每一个节点 $j = 0, 1, \cdots, n$ 定义连续的分段线性有限元 ϕ_j 使得 $\phi_j(x_i) = \delta_{ij}$, 以及记 S_h 为连续分段线性有限元空间. 将 $[0, T]$ 区间 N 等分为 $0 = t_0 < t_1 < \cdots < t_{N-1} < t_N = T$, 其中 $t_m = m\Delta t$ 和 $\Delta t = \dfrac{T}{N}$. 记 $w^m = w(x, t_m)$, $0 \leqslant m \leqslant N$. 然后, 对于给定的序列 $\{w^m\}_{m=1}^N \subset L^2(a, b)$, 定义差商

$$w_t^m = \frac{w^m - w^{m-1}}{\Delta t}.$$

设 $f(x)$ 可连续延拓至边界. 则定义 $f(x) \in L^2(a, b)$ 的近似为 $f_h = \sum\limits_{j=0}^n f_j \phi_j(x)$, 其中 f_j 是 $f(x)$ 在第 j 个节点处的近似值. 至此, 可以将连续极小化问题 (6.1.19) 表示为以下有限元逼近的离散形式:

$$\min_{f_h \in S_h \bigcap \Phi} J(f_h) = \int_a^b |w_h^N(f_h) - w^\delta(x, T)|^2 dx + \alpha \int_a^b |f_h|^2 dx, \qquad (6.1.21)$$

其中 $w_h^N(f_h) = \sum\limits_{j=1}^{n-1} w_j^N \phi_j(x)$ 问题 (6.1.2) 在时刻 t_N 关于 f_h 的有限元解.

由问题 (6.1.2) 的线性性, 可得

$$w_h^N(f_h) = \sum_{j=0}^n f_j w_h^N(\phi_j(x)), \qquad (6.1.22)$$

其中 $w_h^N(\phi_j(x))$ 问题 (6.1.2) 在时刻 t_N 源项取 $\phi_j(x)$ 的有限元解 (Skeel R D et al., 1990). 因此, 我们将 $J(f_h)$ 改成 $\tilde{f} = (f_0, f_1, \cdots, f_n)^{\mathrm{T}}$ 的形式:

$$J(\tilde{f}) = \int_a^b \left| \sum_{j=0}^n f_j w_h^N(\phi_j(x)) - w^\delta(x, T) \right|^2 dx + \alpha \int_a^b \left| \sum_{j=0}^n f_j \phi_j(x) \right|^2 dx. \qquad (6.1.23)$$

根据多元函数 $J(\tilde{f})$ 取极小的必要条件, 可得线性代数方程组

$$(A + \alpha G)f = b, \qquad (6.1.24)$$

其中 $A = (a_{ij})_{(n+1)\times(n+1)}$, $G = (g_{ij})_{(n+1)\times(n+1)}$, $b = (b_1, b_2, \cdots, b_{n+1})^{\mathrm{T}}$. 对于给定的正则化参数 α, 代数方程组 (6.1.24) 的解 $\tilde{f}^*$ 就是 $f(x)$ 离散形式的重建; $f_h^* = \sum\limits_{j=0}^n f_j^* \phi_j(x)$, 则 $f(x)$ 在有限元空间 S_h 中的近似解.

正如前述章节所介绍的, 若想获得良好的近似解, 则必须考虑正则化参数的选取问题. 这里, 采用的正则化参数选取策略为: 给定 $0 < q < 1$ 和 $\alpha_0 > 0$, 按几何级数

$$\alpha_k = \alpha_0 q^k, \quad k \in \mathbb{N} \tag{6.1.25}$$

确定正则化参数 α_{k^*} 满足

$$\sqrt{\int_a^b \left| w_h^N(f_h^{k^*}) - w^\delta(x,T) \right|^2 dx} \leqslant c_2 \delta < \sqrt{\int_a^b \left| w_h^N(f_h^k) - w^\delta(x,T) \right|^2 dx}, \quad 0 \leqslant k < k^*, \tag{6.1.26}$$

其中 f_h^k 对应于 α_k 的正则化解, 常数 c_2 取为 $1 + c_1$. 事实上, 由估计 (6.1.5) 可推得

$$\|w(x,T) - w^\delta(x,T)\|_{L^2(a,b)} \leqslant (1 + c_1)\|\varphi(x) - \varphi^\delta(x)\|_{L^2(a,b)}.$$

6.1.4　数值算例

在所有数值算例中, 始终取 $T = 1.0$, 且我们以离散形式 $\varphi^\delta(x_i) = \varphi(x_i) + \varepsilon(2 * \text{rand}(x_i) - 1)$, 给函数 $\varphi(x)$ 添加噪声, 其中 ε 是绝对误差水平, $\text{rand}(x)$ 是在区间 $(0,1)$ 内服从标准均匀分布的随机向量. RelErr 表示精确解和近似解之间在 L^2-范数意义下的相对误差; AbsErr 表示绝对误差, 且定义为

$$\text{AbsErr} := \sup_{x \in [a,b]} \|f^*(x) - \varphi''(x)\|.$$

数值结果见图 6.1—图 6.3, 其中实线 (—) 表示精确解 $\varphi''(x)$, 星形线 (-∗-) 表示经基于源项反演的数值微分方法计算所得的近似解.

　　算例 1　$\varphi(x) = \sin(5\pi x)$, $x \in [0,1]$. 那么, $\varphi''(x) = -(5\pi)^2 \sin(5\pi x)$, $x \in [0,1]$. 将区间 $[0,1]$ 等距剖分为 100 个小区间. 数值结果见图 6.1.

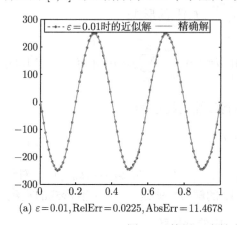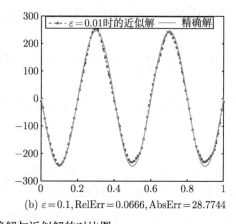

(a) $\varepsilon = 0.01, \text{RelErr} = 0.0225, \text{AbsErr} = 11.4678$　　(b) $\varepsilon = 0.1, \text{RelErr} = 0.0666, \text{AbsErr} = 28.7744$

图 6.1　算例 1 中精确解与近似解的对比图

从数值算例 1 的结果可以看出, 提出的基于源项反演的数值微分方法是有效的, 且对噪声不敏感, 即使是噪声水平较大的情形. 另一方面, 注意到 $\varphi(x)$ 是在边界上为零的函数, 且它的二阶导数在边界上也为零. 下面, 我们将给出一个函数 $\varphi(x)$ 及其二阶导数在 (a,b) 的边界上均不为零的数值算例. 根据 (6.1.1) 和 (6.1.2) 中的边界条件, 自然可取

$$\varphi^\delta(x) := \varphi^\delta(x) - \left(\varphi^\delta(a)\frac{x-b}{a-b} + \varphi^\delta(b)\frac{x-a}{b-a}\right) \tag{6.1.27}$$

作为输入函数, 它不改变二阶导数值且使得在边界上为齐次 Dirichlet 边界条件. 但是, 即使这样处理后, 在边界 a 和 b 附近的计算结果仍然比较差. 我们推测的原因是 $\varphi(x)$ 的二阶导数边界上不为零, 从而导致问题 (6.1.2) 中源项 $f(x)$ 与齐次边界条件未完全相容. 为克服这个缺点, 假设已知二阶导数 $\varphi''(x)$ 在端点 a 和 b 处的近似值. 令 $\varphi''(a) \approx M_a$ 和 $\varphi''(b) \approx M_b$. 那么可由 $\varphi^\delta(a), \varphi^\delta(b), M_a, M_b$. 构造出一个样条多项式 $SP(x)$. 然后, 取

$$\varphi^\delta(x) := \varphi^\delta(x) - SP(x) \tag{6.1.28}$$

作为基于源项反演的数值微分算法的输入函数. 相关的数值结果见图 6.2 和图 6.3, 结果表明后一种处理技巧重建的二阶导数更稳定和更精确. 二阶导数 $\varphi''(x)$ 在端点 a 和 b 处的近似值为 $M_x = \varphi''(x) + \eta * (2 * \mathrm{rand}(x) - 1) * \varphi''(x)$, $x = a,b$, 其中 η 相对误差水平, 且在算例 2 中取 $\eta = 0.05$.

算例 2 $\varphi(x) = x^3 + 8x^2 + x + 1, x \in [-2,2]$. 那么 $\varphi''(x) = 6x + 16$. 区间 $[-2,2]$ 被等距剖分成 200 个小区间. 不同的噪声水平下的数值结果见图 6.2 和图 6.3.

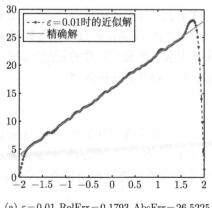

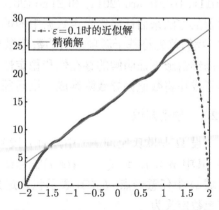

(a) $\varepsilon = 0.01, \mathrm{RelErr} = 0.1793, \mathrm{AbsErr} = 26.5225$ (b) $\varepsilon = 0.1, \mathrm{RelErr} = 0.2695, \mathrm{AbsErr} = 27.4394$

图 6.2 算例 2 经 (6.1.27) 处理后精确解与近似解的对比图

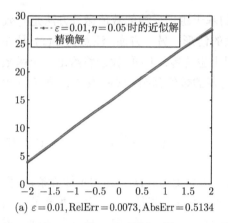
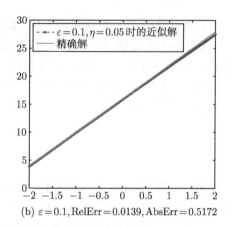

(a) $\varepsilon=0.01$,RelErr=0.0073,AbsErr=0.5134　　　(b) $\varepsilon=0.1$,RelErr=0.0139,AbsErr=0.5172

图 6.3　算例 2 经 (6.1.28) 处理后精确解与近似解的对比图

6.2　基于源项反演的多元函数数值微分方法

多元函数数值微分, 或者多元函数数值求导, 就是估算给定多维噪声数据的偏导数. 正如上一节所提到, 数值微分是个典型的不适定问题, 也是工程应用和科学研究领域中的重要问题, 最近这方面的一些工作见 (Zhang J et al., 2015; Brown D A et al., 2016; Wang Z et al., 2015; Wu B et al., 2016), 特别是在文献 (Wang Z et al., 2015) 中作者提出一种基于热传导方程正反演的单变量函数二阶数值求导新方法, 随后作者将这一方法推广解决多元函数的数值微分问题 (Qiu S et al., 2018a). 尽管在噪声存在的情形下从观测数据构造数值导数方面有许多研究结果, 但我们发现了有关多元数值微分的研究工作不多, 可参见 Nakamura 等 (2008)、Riachy (2011)、Ushirobira (2014) 和 Zhao (2016) 等的工作. 本节专注于通过求解源项反演问题的方法来估计多维噪声数据中的偏导数, 这是上一节工作的推广. 与上一节对比, 我们首先将基于源项反演的数值微分方法推广到处理多元函数数值微分问题, 在高维情形下证明解的存在性和稳定性, 其次给出求一阶数值导数的新技巧, 并给出了成功将数值偏导数降维成一维问题的算法, 从而提高算法的效率.

6.2.1　预备知识

设 Ω 是欧氏空间 $\mathbb{R}^n$ 中具有分段光滑边界的有界区域, $\partial\Omega$ 表示区域 Ω 的边界, 其中 $n \geqslant 1$. 记 $Q_T = \{(x,t)|x \in \Omega, t \in (0,T]\}$, 其中 $x = (x_1, x_2, \cdots, x_n)$ 表示区域 Ω 中任意一点. $L_2(\Omega)$ 表示包含定义在 Ω 上的所有平方可积函数的函数空间, 其范数定义为

$$\|u\|_{2,\Omega} = \left(\int_\Omega |u|^2 dx\right)^{1/2},$$

并在 $L_2(\Omega)$ 中定义内积为

$$(u, v) = \int_\Omega u(x)v(x)dx.$$

空间 $L_{2,0}(\Omega)$ 是 $L_2(\Omega)$ 的子空间, 表示其中的所有在 Ω 上具有紧支集的函数全体.

Sobolev 空间 $W_2^l(\Omega)$ 表示定义在 Ω 上且前 l 阶弱导数是平方可积的所有函数全体, 其中 l 为正整数. 空间 $W_2^l(\Omega)$ 上的范数定义为

$$\|u\|_{2,\Omega}^l = \left(\sum_{k=0}^{l} \sum_{|\alpha|=k} \|D_x^\alpha u\|_{2,\Omega}^2 \right)^{1/2},$$

其中 $\alpha = (\alpha_1, \alpha_2, \cdots, \alpha_n)$ 表示多重指标, 以及 $|\alpha| = \alpha_1 + \alpha_2 + \cdots + \alpha_n$,

$$D_x^\alpha u \equiv \frac{\partial^{|\alpha|} u}{\partial x_1^{\alpha_1} \partial x_2^{\alpha_2} \cdots \partial x_1^{\alpha_1}}.$$

空间 $\overset{0}{W_2^l}(\Omega)$ 是 $W_2^l(\Omega)$ 的子空间, 表示其中的所有无限可微且在 Ω 上具有紧支集的函数全体. 显然, $\overset{0}{W_2^l}(\Omega)$ 在 $W_2^l(\Omega)$ 中是稠密的.

Sobolev 空间 $W_2^{(l_1,l_2)}(Q_T)$ 是个 Banach 空间, 该空间中所有函数本身及其关于 x 的前 l_1 阶弱导数和关于 t 的前 l_2 阶弱导数属于 $L_2(Q_T)$ 空间, 其中 $l_i \geqslant 0, i = 1, 2$ 为整数. $W_2^{(l_1,l_2)}(Q_T)$ 上的范数定义为

$$\|u\|_{2,Q_T}^{(l_1,l_2)} = \left(\int_{Q_T} \left(\sum_{k=0}^{l_1} \sum_{|\alpha|=k} |D_x^\alpha u| + \sum_{k=1}^{l_2} |D_t^k u|^2 \right) dxdt \right)^{1/2}.$$

空间 $W_{2,0}^{(l_1,l_2)}(Q_T)$ 为空间 $W_2^{(l_1,l_2)}(Q_T)$ 的子空间, 表示 $W_2^{(l_1,l_2)}(Q_T)$ 中所有在边界 $\partial\Omega \times [0,T]$ 上值为零的光滑函数全体.

考虑多维热传导方程的正演问题

$$\begin{cases} u_t(x,t) = \Delta u(x,t) + f(x), & (x,t) \in Q_T, \\ u(x,0) = \varphi(x), & x \in \Omega, \\ u(x,t) = 0, & (x,t) \in \partial\Omega \times [0,T]. \end{cases} \tag{6.2.1}$$

下述引理揭示了正演问题 (6.2.1) 的适定性.

引理 6.7 设 $\varphi(x) \in W_{2,0}^1(\Omega) \bigcap W_2^2(\Omega)$ 和 $f(x) \in L_{2,0}(\Omega)$, 那么正演问题 (6.2.1) 有唯一解 $u \in W_{2,0}^{2,1}(Q_T) \bigcap C\left([0,T]; W_2^2(\Omega)\right)$, 解的偏导数 $u_t(x,t)$ 属于 $C([0,T]; L_2(\Omega)) \bigcap C\left([\varepsilon,T]; W_{2,0}^1(\Omega)\right), 0 < \varepsilon < T$, 且成立下述估计:

$$\|u(\cdot,t)\|_{2,\Omega} \leqslant \exp\left(-\frac{t}{C_1}\right) \|\varphi(x)\|_{2,\Omega} + C_1 \left(1 - \exp\left(-\frac{t}{C_1}\right)\right) \|f\|_{2,\Omega}, \quad 0 \leqslant t \leqslant T,$$

$$\tag{6.2.2}$$

$$\|\Delta u(x,t)\|_{2,\Omega} \leqslant \exp\left(-\frac{t}{C_1}\right)\|\Delta\varphi(x)\|_{2,\Omega} + \left(1 + \exp\left(-\frac{t}{C_1}\right)\right)\|f\|_{2,\Omega}, \quad 0 \leqslant t \leqslant T \tag{6.2.3}$$

和

$$\|u_t(\cdot,t)\|_{2,\Omega} \leqslant \exp\left(-\frac{t}{C_1}\right)\|\Delta\varphi(x) + f(x)\|_{2,\Omega}, \quad 0 \leqslant t \leqslant T. \tag{6.2.4}$$

其中 $\sqrt{C_1}$ 是不超过区域 Ω 直径的 Poincaré-Friedrichs 常数.

　　证明　正演问题 (6.2.1) 解的存在唯一性直接由文献 (Prilepko A I et al., 2000) 中定理 1.1.5 和引理 1.1.2 的结论得到, 也可参见文献 (Lawrence C E, 2010). 接下来, 只需证明估计 (6.2.2)—(6.2.4) 成立.

　　正演问题 (6.2.1) 的第一个方程两边同时乘以 $u(x,t)$ 后, 在 Ω 上求积并经分部积分得

$$\frac{1}{2}\frac{d}{dt}\|u(\cdot,t)\|_{2,\Omega}^2 + \int_\Omega \nabla u(x,t)\cdot\nabla u(x,t)dx = \int_\Omega f(x)u(x,t)dx, \tag{6.2.5}$$

其中在分部积分中用到 (6.2.1) 的齐次边界条件. 然后, 对 (6.2.5) 应用 Hölder 不等式和 Poincaré 不等式, 得到

$$\frac{d}{dt}\|u(\cdot,t)\|_{2,\Omega} + \frac{1}{C_1}\|u(\cdot,t)\|_{2,\Omega} \leqslant \|f\|_{2,\Omega}, \quad 0 < t \leqslant T, \tag{6.2.6}$$

其中 $\sqrt{C_1}$ 是依赖于 Ω 的 Poincaré 不等式常数. 在 (6.2.6) 的两边同时乘以 $\exp\left(\dfrac{t}{C_1}\right)$, 然后再 $[\varepsilon, t]$ 上积分并令 $\varepsilon \to 0+$, 可得

$$\|u(\cdot,t)\|_{2,\Omega} \leqslant \exp\left(-\frac{t}{C_1}\right)\|\varphi(x)\|_{2,\Omega} + C_1\left(1 - \exp\left(-\frac{t}{C_1}\right)\right)\|f\|_{2,\Omega}. \tag{6.2.7}$$

　　显然, u_t 是下述正演问题的解:

$$\begin{cases} v_t(x,t) = \Delta v(x,t), & (x,t) \in Q_T, \\ v(x,0) = \Delta\varphi(x) + f(x), & x \in (a,b), \\ v(x,t) = 0, & (x,t) \in \partial\Omega \times [0,T]. \end{cases} \tag{6.2.8}$$

因此, 直接由估计 (6.2.2) 直接可得到估计 (6.2.4) 成立.

　　最后, 在正演问题 (6.2.1) 的第一个方程两边同时乘以 $\Delta u(x,t)$ 后关于 x 求积, 则可得不等式

$$\|\Delta u(\cdot,t)\|_{2,\Omega}^2 = \int_\Omega (u_t(\cdot,t) - f(x))\,\Delta u(\cdot,t)dx$$

$$\leqslant \|u_t(\cdot,t)\|_{2,\Omega}\|\Delta u(\cdot,t)\|_{2,\Omega} + \|f(x)\|_{2,\Omega}\|\Delta u(\cdot,t)\|_{2,\Omega}.$$

根据估计 (6.2.4) 和上述不等式, 可知估计 (6.2.3) 成立.　　　　　　　　　　　　□

注 6.8 从证明估计 (6.2.2) 成立的过程中, 可知要使得估计 (6.2.4) 成立, 则需下述相容性条件:

$$\Delta\varphi(x) + f(x) = 0, \quad x \in \partial\Omega. \tag{6.2.9}$$

6.2.2 多元数值微分的问题表述

设 $\varphi(x) \in W_{2,0}^2(\Omega)$ 待求偏导的函数. 令 $F(x) := \Delta\varphi(x) \in L_{2,0}(\Omega)$. 我们先考虑从给定数据 $\varphi(x)$ 中构造能稳定计算出 $F(x)$ 的数值方法, 即稳定地求出 $\varphi(x)$ 的数值 Laplace 算子.

对于给定的函数 $\varphi(x)$, 首先建立一个初边值问题

$$\begin{cases} U_t(x,t) = \Delta U(x,t), & (x,t) \in Q_T, \\ U(x,0) = \varphi(x), & x \in \Omega, \\ U(x,t) = 0, & (x,t) \in \partial\Omega \times [0,T]. \end{cases} \tag{6.2.10}$$

根据引理 6.7 可知, 正演问题 (6.2.10) 是适定的.

然后, 令 $U(x,t) = V(x,t) + \varphi(x)$, 将问题 (6.2.10) 转化为下述等价形式:

$$\begin{cases} V_t(x,t) = \Delta V(x,t) + F(x), & (x,t) \in Q_T, \\ V(x,0) = 0, & x \in \Omega, \\ V(x,t) = 0, & (x,t) \in \partial\Omega \times [0,T], \end{cases} \tag{6.2.11}$$

其中 $F(x) = \Delta\varphi(x)$. 于是, 数值计算 $\varphi(x)$ 的 Laplace 算子等价方程组 (6.2.11) 中的源项 $F(x)$ 的重建问题. 为此, 还需要附加 $V(x,T) = U(x,T) - \varphi(x)$ 的条件, 其中数据 $U(x,T)$ 是计算正演问题 (6.2.10) 所得. 因此, 数值计算 $\varphi(x)$ 的 Laplace 算子被归结源项反演问题, 即求源项 $F(x)$ 使得 (6.2.11) 成立且满足

$$V(x,T) = U(x,T) - \varphi(x), \tag{6.2.12}$$

其中 $V(x,t)$ 是 (6.2.11) 的解.

对于给定的 $\varphi(x) \in W_{2,0}^1(\Omega) \bigcap W_2^2(\Omega)$, 引理 6.7 保证了正演问题 (6.2.10) 有唯一解 $U(x,t)$, 且解具有下述光滑性质:

$$U(\cdot,t) \in C\left([0,T], W_2^2(\Omega)\right), \quad U_t(\cdot,t) \in C\left([0,T], L_2(\Omega)\right),$$

因此, 附加数据 $V(x,T)$ 是明确且合理的.

为了获得多元数值求导问题的可解性和条件稳定性, 我们首先定义一个线性算子

$$A: L_{2,0}(\Omega) \mapsto L_{2,0}(\Omega),$$

且

$$(AF)(x) = V_t(x, T), \quad x \in \Omega. \tag{6.2.13}$$

再定义一个关于 $F \in L_{2,0}(\Omega)$ 的第二类线性算子方程:

$$F(x) = (AF)(x) + \psi(x), \tag{6.2.14}$$

其中 $\psi(x) \in L_2(\Omega)$ 是个已知的函数. 另外, 还需下述有关 Laplace 方程 Dirichlet 边值问题的结论.

引理 6.9 (王术, 2009)　Laplace 方程 Dirichlet 边值问题

$$\begin{cases} \Delta w(x) = 0, & x \in \Omega, \\ w(x) = 0, & x \in \partial\Omega \end{cases} \tag{6.2.15}$$

只有平凡解 (零解).

定理 6.10　源项反演问题 (6.2.11)—(6.2.12) 存在唯一解 $F \in L_{2,0}(\Omega)$, 且有估计

$$\|F\|_{2,\Omega} \leqslant \frac{1}{1 - C_2} \|\Delta V(x, T)\|_{2,\Omega}, \tag{6.2.16}$$

其中 $C_2 = \exp\left(-\dfrac{T}{C_1}\right), T > 0$.

证明　首先, 证明源项反演问题的可解性等价于算子方程 (6.2.14) 的可解性, 其中在算子方程 (6.2.14) 中取 $\psi(x) = -\Delta V(x, T)$.

(a) 设 $F(x) \in L_{2,0}(\Omega)$ 源项反演问题 (6.2.11)—(6.2.12) 的解. 根据引理 6.7 中的结论, 由 (6.2.11) 中的第一个方程得

$$V_t(x, T) = \Delta V(x, T) + F(x). \tag{6.2.17}$$

由算子 A 的定义可知, $F(x)$ 是算子方程 (6.2.14) 的解.

(b) 设 $F(x) \in L_{2,0}(\Omega)$ 是 $\psi(x) = -\Delta V(x, T)$ 时算子方程 (6.2.14) 的解, 其中由式 (6.2.12) 定义的数据 $V(x, T)$ 显然满足齐次边界条件 $V(x, T) = 0$, $x \in \partial\Omega$. 对于算子方程的解 $F(x)$ 这个给定的函数, 代入 (6.2.11) 中作为第一个方程的源项, 则正演问题 (6.2.11) 有唯一解 $\widetilde{V}(x, t)$, 且有 $\widetilde{V}(x, t) \in W_{2,0}^{2,1}(\Omega) \bigcap C\left([0, T]; W_2^2(\Omega)\right)$ 和其偏导数 $\widetilde{V}_t(\cdot, t) \in C([0, T], L^2(\Omega))$. 于是, (6.2.11) 的第一个方程意味着有

$$\widetilde{V}_t(x, T) = \Delta \widetilde{V}(x, T) + F(x). \tag{6.2.18}$$

根据算子 A 的定义, 可知 $\widetilde{V}_t(x, T) = (AF)(x)$. 注意到 $F(x)$ 也是 $\psi(x) = -\Delta V(x, T)$ 时算子方程 (6.2.14) 的解, 于是有

$$\begin{cases} \Delta (V - \widetilde{V})(x, T) = 0, & x \in \Omega, \\ (V - \widetilde{V})(x, T) = 0, & x \in \partial\Omega. \end{cases} \tag{6.2.19}$$

则由引理 6.9 可知边值问题 (6.2.19) 只有平凡解. 因此, $F(x)$ 是源项 (6.2.11)—(6.2.12) 反演问题的解.

其次, 我们证明算子方程 (6.2.14) 有唯一解, 且有估计 (6.2.16) 成立. 根据算子 A 的定义与估计 (6.2.4), 易得

$$\|AF\|_{2,\Omega} = \|V_t(\cdot,T)\|_{2,\Omega} \leqslant \exp\left(-\frac{T}{C_1}\right)\|F(x)\|_{2,\Omega}, \qquad (6.2.20)$$

且有 $\exp\left(-\dfrac{T}{C_1}\right) < 1, T > 0$. 因此, 对于任意给定的 $\psi(x)$, 特别地取 $\psi(x) = -\Delta V(x,T) \in L_2(\Omega)$, 由第二类算子方程的不动点原理, 即可知方程 (6.2.14) 有唯一解. 很容易推导出

$$\|F\|_{2,\Omega} \leqslant \|AF\|_{2,\Omega} + \|\Delta V(x,T)\|_{2,\Omega}$$
$$\leqslant \exp\left(-\frac{T}{C_1}\right)\|F(x)\|_{2,\Omega} + \|\Delta V(x,T)\|_{2,\Omega},$$

这表明估计 (6.2.16) 是成立的. □

引理 6.11　设 $\varphi(x) \in W_{2,0}^1(\Omega) \bigcap W_2^4(\Omega)$. 则下述估计成立:

$$\|\Delta\varphi(x)\|_{2,\Omega} \leqslant \|\Delta^2\varphi(x)\|_{2,\Omega}\|\varphi(x)\|_{2,\Omega}. \qquad (6.2.21)$$

证明　根据 Green 第二等式, 结合条件 $\varphi(x) \in W_{2,0}^1(\Omega)$, 可得

$$\|\Delta\varphi(x)\|_{2,\Omega}^2 = \int_\Omega \Delta\varphi(x)\Delta\varphi(x)dx = \int_\Omega \varphi(x)\Delta^2\varphi(x)dx.$$

然后利用 Hölder 不等式, 即得

$$\|\Delta\varphi(x)\|_{L^2(a,b)}^2 = \left|\int_\Omega \varphi(x)\Delta^2\varphi(x)dx\right| \leqslant \|\Delta^2\varphi(x)\|_{L^2(\Omega)}\|\varphi(x)\|_{L^2(\Omega)}. \quad □$$

定理 6.12　设 $\varphi(x) \in W_{2,0}^1(\Omega) \bigcap W_2^2(\Omega)$ 和 $V(x,T) = U(x,T) - \varphi(x)$, 其中 $U(x,T)$ 是正演问题 (6.2.10) 关于 $\varphi(x)$ 的解. 假设 $\Delta\varphi(x) \in L_{2,0}(\Omega)$ 以及存在一个常数 $M_1 > 0$ 使得 $\|\Delta^2\varphi(x)\|_{2,\Omega} \leqslant M_1$. 则对于数值计算 Laplace 算子 $\Delta\varphi(x)$ 有条件稳定性

$$\|F(x)\|_{2,\Omega} \leqslant \frac{1+C_2}{1-C_2}\sqrt{M_1\|\varphi(x)\|_{2,\Omega}}. \qquad (6.2.22)$$

证明　根据估计 (6.2.16) 和 (6.2.3), 我们有

$$\|F(x)\|_{2,\Omega} \leqslant \frac{1}{1-C_2}\|\Delta V(x,T)\|_{2,\Omega} = \frac{1}{1-C_2}\|\Delta U(x,T) - \Delta\varphi(x)\|_{2,\Omega}$$
$$\leqslant \frac{1}{1-C_2}\left(\|\Delta U(x,T)\|_{2,\Omega} + \|\Delta\varphi(x)\|_{2,\Omega}\right)$$
$$\leqslant \frac{C_2}{1-C_2}\|\Delta\varphi(x)\|_{2,\Omega} + \frac{1}{1-C_2}\|\Delta\varphi(x)\|_{2,\Omega}. \tag{6.2.23}$$

利用估计式 (6.2.21), 可知条件稳定性 (6.2.22) 是成立的.　　□

　　上面通过先后求解热传导方程正演问题和源项反演问题, 提出了一种数值计算 Laplace 算子的稳定化算法. 那么, 该方法可以用来求一阶导数吗? 答案是肯定的, 但需要利用积分上限函数的技巧. 不失一般性, 我们以一元函数为例来说明怎样数值计算一阶导数, 这可直接推广到求一阶偏导数上.

　　设 $\Omega = (a,b) \subset \mathbb{R}$, $\varphi(x)$ 待求导的函数. 定义积分上限函数 $\Phi(x)$ 为

$$\Phi(x) = \int_a^x \varphi(t)dt. \tag{6.2.24}$$

显然它的二阶导数即为 $\varphi(x)$ 的一阶导数, 即 $\Phi''(x) = \varphi'(x)$. 因此, 如果 $\Phi(x) \in W_{2,0}^1(\Omega) \bigcap W_2^2(\Omega)$ 和 $\Delta\Phi(x) \in L_{2,0}(\Omega)$, 则可以用上述提出的方法重建 $\Phi''(x)$, 即 $\varphi(x)$ 的一阶导数, 且有下述条件稳定性.

推论 6.13　设 $\varphi(x) \in W_{2,0}^1(\Omega)$ 使得 $\|\varphi''(x)\|_{2,\Omega} \leqslant M_2$. 又设由 (6.2.24) 定义的积分上限函数 $\Phi(x)$ 属于空间 $W_{2,0}^1(\Omega) \bigcap W_2^2(\Omega)$, 且 $\Delta\Phi(x) \in L_{2,0}(\Omega)$. $V(x,T) = U(x,T) - \Phi(x)$, 其中 $U(x,T)$ 正演问题 (6.2.10) 关于 $\Phi(x)$ 的解. 则对于重建源项 $F(x)$ 有下述条件稳定性:

$$\|F(x)\|_{2,\Omega} \leqslant \frac{1+C_2}{1-C_2}\sqrt{M_2\|\varphi(x)\|_{2,\Omega}}. \tag{6.2.25}$$

证明　根据 $\Phi(x)$ 的定义和定理 6.12 的结论, 只需证明

$$\|\varphi'(x)\|_{2,\Omega}^2 \leqslant \|\varphi''(x)\|_{2,\Omega}\|\varphi(x)\|_{2,\Omega}.$$

上述不等式很容易经分部积分方法得到.　　□

6.2.3　正则化方法及其数值实现

　　众所周知, 数值求导是不稳定的, 即数据的微小变化将导致数值导数的急剧变化. 在许多实际应用, 噪声是不可避免的, 因此必须考虑从噪声数据 $\varphi^\delta(x)$ 出发考虑数值求导问题, 但此时 $\varphi^\delta(x)$ 不再属于空间 $W_{2,0}^1(\Omega) \bigcap W_2^2(\Omega)$. 通常, 只能假设 $\varphi^\delta(x) \in L_2(\Omega)$ 且有 $\|\varphi^\delta(x) - \varphi(x)\|_{2,\Omega} \leqslant \delta$, 其中 δ 是噪声水平. 在前面提出的基于源项反演的数值微分方法中, 第一步解正演问题 (6.2.10) 而获得 $U(x,T)$ 的过程是

适定的, 但是随后源项反演问题 (6.2.11)—(6.2.12) 是不适定的, 即数值求导的不适定性转移到源项反演问题上了.

为方便, 我们记 $U^\delta(x,t)$ 为正演问题 (6.2.10) 关于噪声数据 $\varphi^\delta(x)$ 的解, 并记 $V^\delta(x,T) = U^\delta(x,T) - \varphi^\delta(x)$ 为 $V(x,T)$ 的噪声数据. 于是, 实际的数值求导是从噪声数据 $V^\delta(x,T)$ 出发求解源项反演问题 (6.2.11)—(6.2.12) 而重建出源项 $F(x)$. 为了克服源项反演的不稳定性, 我们将其归结为一个正则化的优化问题: 求 $F^{\alpha,\delta}(x)$ 使得

$$J(F^{\alpha,\delta}) = \min_{F \in L_2(\Omega)} J(F) := \min_{F \in L_2(\Omega)} \int_\Omega |V(x,T;F) - V^\delta(x,T)|^2 dx + \alpha \int_\Omega |F(x)|^2 dx,$$
(6.2.26)

其中 α 是正则化参数. 式 (6.2.26) 中 $V(x,t;F)$ 表示正演问题 (6.2.11) 关于源项 $F(x)$ 的解. 极小化问题 (6.2.26) 是标准的 Tikhonov 正则化方法, 且可证明在合适的假设条件下, $F^{\alpha,\delta}(x)$ 随着 $\delta \to 0, \alpha \to 0$ 收敛于 $F(x)$ (Engl H W et al., 1996; Yang F et al., 2010). 因此, 不再给出.

显然, 上述正则化优化方法的有效性在很大程度上取决于正则化参数 α 的选取. 这里采用下述方式选取正则化参数: 固定参数 $0 < q < 1$ 和初始猜测 $\alpha_0 > 0$, 选取形式为

$$\alpha_k = \alpha_0 q^k, \quad k \in \mathbb{N}$$
(6.2.27)

的正则化参数 α_{k^*} 使得对任意的 $k < k^*$ 有

$$\int_\Omega |V(x,T;F^{\alpha_{k^*},\delta}(x)) - V^\delta(x,T)|^2 dx \leqslant (C_3\delta)^2 < \int_\Omega |V(x,T;F^{\alpha_k,\delta}(x)) - V^\delta(x,T)|^2 dx,$$
(6.2.28)

其中 C_3 为给定的常数, $F^{\alpha_k,\delta}(x)$ 是关于 α_k 的正则化解. 在后面数值算例中, 我们取 C_3 为 $1 + \exp\left(-\dfrac{T}{C_1}\right)$, 这是因为根据估计 (6.2.2) 可得

$$\|V(x,T) - V^\delta(x,T)\|_{2,\Omega} \leqslant \|U(x,T) - U^\delta(x,T)\|_{2,\Omega} + \|\varphi(x) - \varphi^\delta(x)\|_{2,\Omega}$$
$$\leqslant \left(1 + \exp\left(-\frac{T}{C_1}\right)\right)\delta.$$

接下考虑数值求解正则化的优化问题 (6.2.26). 设 $\Lambda \subset L_2(\Omega)$ 是个有限维空间, 且

$$\Lambda = \text{Span}\{\phi_1(x), \phi_2(x), \cdots, \phi_m(x)\},$$

其中 $\{\phi_j(x)\}_{j=1}^m$ 空间 Λ 中的基函数. 于是, 可以在 Λ 中定义近似 $J(F)$ 的离散目标泛函

$$J_m(F_m) = \int_\Omega |V(x,T;F_m) - V^\delta(x,T)|^2 dx + \alpha \int_\Omega |F_m(x)|^2 dx,$$
(6.2.29)

其中 $F_m(x) = \sum\limits_{j=1}^{m} \beta_j \phi_j(x) \in \Lambda$. 根据文献 (Wang Z et al., 2014) 中的结论, 可知离散目标泛函 (6.2.29) 至少存在一个极小元.

由于问题 (6.2.11) 的线性性, 根据线性偏微分方程的叠加原理, 可得

$$V(x, T; F_m) = \sum_{j=1}^{m} \beta_j V(x, T; \phi_j(x)), \tag{6.2.30}$$

其中 $V(x, T; \phi_j(x))$ 是问题 (6.2.11) 中的源项由 $\phi_j(x)$ 替代后所得到的解. $V(x, T; \phi_j(x))$ 的值可以由有限元、有限差分等数值方法求得. 在此, 对于一维问题, 我们利用文献 (Skeel R D et al., 1990) 给出的有限元方法解正演问题而得到 $V(x, T; \phi_j(x))$; 对于二维问题, $V(x, T; \phi_j(x))$ 可由 MATLAB 的 PDE 工具箱计算所得. 因此, 我们可将离散泛函 $J_m(F_m)$ 改写为

$$J_m(F_m) = \int_{\Omega} \left| \sum_{j=1}^{m} \beta_j V(x, T; \phi_j(x)) - V^{\delta}(x, T) \right|^2 dx + \alpha \int_{\Omega} \left| \sum_{j=1}^{m} \beta_j \phi_j(x) \right|^2 dx. \tag{6.2.31}$$

于是, 由目标泛函 $J_m(F_m)$ 取极小时的必要条件

$$\frac{\partial J_m(F_m)}{\partial \beta_i} = 0, \quad j = 1, 2, \cdots, m, \tag{6.2.32}$$

可得如下线性代数方程组

$$(G + \alpha H)F = B, \tag{6.2.33}$$

其中 $G = (g_{ij})_{m \times m}$, $H = (h_{ij})_{m \times m}$, $F = (\beta_1, \beta_2, \cdots, \beta_m)^{\mathrm{T}}$, $B = (b_1, b_2, \cdots, b_m)^{\mathrm{T}}$, 且

$$a_{ij} = \int_{\Omega} V(x, T; \phi_i(x)) V(x, T; \phi_j(x)) dx,$$

$$g_{ij} = \int_{\Omega} \phi_i(x) \phi_j(x) dx, \quad b_i = \int_{\Omega} V(x, T; \phi_i(x)) V^{\delta}(x, T) dx.$$

对于给定的正则化参数 α, 将方程 (6.2.32) 的解记为 $F^{\alpha} = (\beta_1^{\alpha}, \beta_2^{\alpha}, \cdots, \beta_m^{\alpha})^{\mathrm{T}}$, 则 $F(x)$ 的数值解为

$$F_m(x) = \sum_{j=1}^{m} \beta_j^{\alpha} \phi_j(x), \tag{6.2.34}$$

即它是 $\varphi(x)$ 的 Laplace 算子的近似解.

对于多元数值求导问题, 当直接求解线性代数方程组 (6.2.33) 时, 需要克服两个主要困难: ① 如果要获得良好的数值结果, $\varphi(x)$ 需满足相容性条件 $\varphi(x) = 0$ 和 $\Delta\varphi(x) = 0$, $\partial\Omega$; ② 随着基函数数量的增加算法的计算量急剧增加, 例如多维空间分片线性有限元基函数. 接下来, 就 $\Omega = (a, b) \subset \mathbb{R}$ 的情形, 给出一些技巧来克服这两个主要困难.

设已知 $\varphi(a)$, $\varphi(b)$, $\varphi''(a)$ 和 $\varphi''(b)$, 则很容构造出样条多项式 $S(x)$ 使得

$$S(a) = \varphi(a), \quad S(b) = \varphi(b), \quad S''(a) = \varphi''(a), \quad S''(b) = \varphi''(b).$$

取

$$\varphi(x) := \varphi(x) - S(x)$$

作为新的待微分函数, 且它是满足相容性条件的. 但是, 我们在实际应用中往往仅知道噪声数据 $\varphi^\delta(x)$. 为了构造样条函数 $S(x)$, 必须用其他方法来计算 $\dfrac{d^2\varphi^\delta(a)}{dx}$ 和 $\dfrac{d^2\varphi^\delta(b)}{dx}$, 例如有限差分法、插值方法等. 但是, 对于多维情形, 要构造满足相容性条件的多元多项式是非常困难的, 甚至是不可能的.

一维情形下, 为克服第二困难, 将区间 $[a,b]$ 等距剖分为 $a = x_1 < x_2 < \cdots < x_m = b$, 然后选取分段线性有限元为

$$\phi_1(x) = \begin{cases} \dfrac{x - x_2}{x_1 - x_2}, & x_1 \leqslant x \leqslant x_2, \\ 0, & x \in [a,b] \setminus [x_1, x_2]; \end{cases}$$

$$\phi_m(x) = \begin{cases} \dfrac{x - x_{m-1}}{x_m - x_{m-1}}, & x_{m-1} \leqslant x \leqslant x_m, \\ 0, & x \in [a,b] \setminus [x_{m-1}, x_m]; \end{cases}$$

$$\phi_j(x) = \begin{cases} \dfrac{x - x_{j-1}}{x_j - x_{j-1}}, & x_{j-1} \leqslant x < x_j, \\ \dfrac{x - x_{j+1}}{x_j - x_{j+1}}, & x_j \leqslant x \leqslant x_{j+1}, \\ 0, & x \in [a,b] \setminus [x_{j-1}, x_{j+1}], \end{cases} \quad j = 2, 3, \cdots, m - 1.$$

如果对于每个基函数 ϕ_j 都计算正演问题得, 则有 m 个正演问题 (6.2.11) 需要计算. 事实上, 我们只需要计算 $\left[\dfrac{m}{2}\right] + 1$ 正演问题, 这是因为正演问题 (6.2.11) 的齐次性以及节点与分段线性有限元的对称性, 其中 $[\cdot]$ 表示取整.

高维情形下, 为克服第二个困难, 我们将多元数值求导的问题简化为一维情况. 不失一般性, 设 $\Omega = (a,b) \times (a,b) \in \mathbb{R}^2$ 和 $\Phi(x,y)$ 是给定的函数, 其中 $(x,y) \in \Omega$. 那么, 我们将 $[a,b]$ 等距剖分成 $a = x_1 < x_2 < \cdots < x_m = b$ 和 $a = y_1 < y_2 < \cdots < y_m = b$. 现在的目标是计算二阶偏导数 $\partial_{xx}\Phi(x,y)$ 在 (x_i, y_j) 处的近似值. 显然, 通过重复一维情况下的算法, 可以成功实现这个目标, 即 $\partial_{xx}\Phi(x, y_j)$ 的近似值可由数据 $\varphi(x) := \Phi(x, y_j)$ 计算得到. 注意到, 若每一次循环计算时取相同的基函数组, 则矩阵 G 和 H 只需要计算一次而可被重复使用. 换句话说只有 $m + \left[\dfrac{m}{2}\right] + 1$ 次正演问题需要计算, 这大大降低了计算量. 另外, 通过这些技巧处理后, 实际上只需要

解一次矩阵方程, 这是因为循环中方程的系数矩阵相同而只是右端不同, 而所有右端可以放在一个矩阵中 (见算法 6.1), 这也降低了计算量.

综上所述, 我们提出了一个估算多元函数偏导数的快速方法. 以二维空间的区域 $\Omega = (a,b) \times (c,d)$ 为例, 则需将 $\Omega = (a,b) \times (c,d)$ 等距剖分成 $a = x_1 < x_2 < \cdots < x_{n1} = b, c = y_1 < y_2 < \cdots < y_{n2} = d$, 此时基函数则取为单变量是的分段线性有限元. 下面给出的是所提出算法的伪代码.

算法 6.1　数值计算 $\partial_{x^2}\varphi(x,y)$ 的简化算法

Input 数据矩阵 $\left[\varphi^\delta(x_i, y_j)\right]_{n1 \times n2}$, $(a, y) \in [a,b] \times [c,d]$, 误差水平 δ.

Output $[F(x_i, y_j)] = \left[\partial_{x^2}\varphi^\delta(x_i, y_j)\right]$

选择基函数 $\{\phi_j(x)\}_{j=1}^m$;

$V = \text{zeros}(m, :)$; $R = \text{zeros}(m, :)$;

for $k = 1 : \left[\dfrac{m}{2}\right] + 1$ **do**

　　$V(k, :) = V(x, T; \phi_k(x))$; $R(k, :) = \phi_k(x)$;

　　$V(m - k + 1, :) = V(a + b - x, T; \phi_k(x))$; $R(m - k + 1, :) = \phi_k(a + b - x)$;

end for

通过 $G = V * V^{\mathrm{T}}$ 和 $H = R * R^{\mathrm{T}}$ 生成矩阵 G 和 H ;

for $j = 1 : n2$ **do**

　　利用数据 $\varphi^\delta(x, y_j)$ 计算 $S(x)$ 和 $S''(x)$.

　　$\varphi^\delta(x, y_j) := \varphi^\delta(x, y_j) - S(x)$;

　　$DDS(x, y_j) = S''(x)$;

　　对 $\varphi^\delta(x, y_j)$ 解正演问题 (6.2.10) 得 $U(x, T)$.

　　$VT(x, y_j) = U(x, T) - \varphi^\delta(x, y_j)$;

　　生成矩阵 B, 其中 $B(x, y_j) = U * VT(x, y_j)^{\mathrm{T}}$;

end for

$k = 0$;

给定 α_0 和 q

while $\|V(x, y, T; F(x, y)) - VT(x, y)\|_{2,\Omega} > C_3\delta$ **do**

　　$\alpha_k = \alpha_0 q^k$;

　　$F = (G + \alpha_k H)^{-1} B$;

　　$F(x, y) = F^{\mathrm{T}} R$;

　　$V(x, y, T; F(x, y)) = F^{\mathrm{T}} V$;

　　$k = k + 1$;

end while

6.2.4 数值算例

在所有数值算例中, 我们以离散形式

$$\varphi^\delta(x_i) = \varphi(x_i) + \hat{\delta}(2 * \mathrm{rand}(x_i) - 1)\varphi(x_i)$$

给 $\varphi(x)$ 加上随机噪声, 其中 $\hat{\delta}$ 相对误差水平, $\mathrm{rand}(x)$ 是 $(0,1)$ 区间上服从均匀分布的随机向量. 在计算过程中, 始终取 $T = 1.0$, $\alpha_0 = 0.5$ 和 $q = 0.5$. 噪声误差 $\hat{\delta} = 0$ 时的计算结果是取 $\alpha = 0$ 后用 MATLAB 中函数 "pinv(A)" 解方程 (6.2.33) 得到的.

算例 1 计算二元函数的一阶和二阶导数, 其中二元函数 (Riachy S et al., 2011) 为

$$\varphi(x,y) = \sin\left(\frac{1}{2}x^2 + \frac{1}{4}y^2 + 3\right)\cos(2x + 1 - \exp(y)), \quad (x,y) \in [-1,3] \times [-1,3].$$

导数在 $[-1,3] \times [-1,3]$ 上以 (0.01×0.01) 为采样步长的离散等距点上进行计算. 基函数取 $[-1,3]$ 上关于节点的分段线性有限元基.

(1) 由无噪声数据估算 $\partial_x\varphi(x,y)$ 和 $\partial_{xx}\varphi(x,y)$. 模拟结果见图 6.4 和图 6.5.

(2) 由噪声数据估算 $\partial_x\varphi(x,y)$ 和 $\partial_{xx}\varphi(x,y)$, 其中噪声水平 $\hat{\delta} = 0.05$. 模拟结果见图 6.6 和图 6.7.

算例 2 计算二元函数 (Zhao Z et al., 2016)

$$\varphi(x) = \sin(\pi x)\sin(\pi y)\exp(-x^2 - y^2)$$

的一阶和二阶导数. 导数在 $[-2,2] \times [-2,2]$ 上以 (0.01×0.01) 为采样步长的离散等距点上进行计算. 基函数取 $[-1,3]$ 上关于节点的分段线性有限元基.

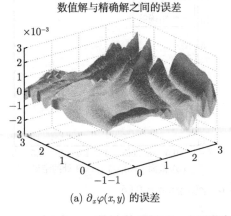

(a) $\partial_x\varphi(x,y)$ 的误差

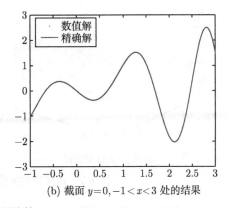

(b) 截面 $y=0, -1 < x < 3$ 处的结果

图 6.4　由无噪声数据估算 $\partial_x\varphi(x,y)$

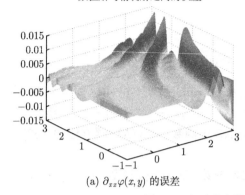

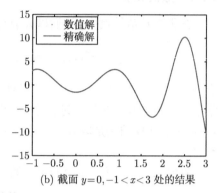

(a) $\partial_{xx}\varphi(x,y)$ 的误差   (b) 截面 $y=0, -1<x<3$ 处的结果

图 6.5   由无噪声数据估算 $\partial_{xx}\varphi(x,y)$

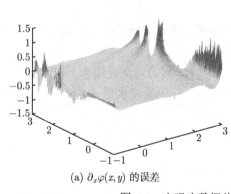

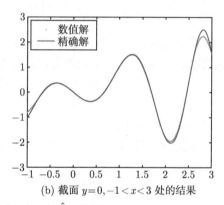

(a) $\partial_{x}\varphi(x,y)$ 的误差   (b) 截面 $y=0, -1<x<3$ 处的结果

图 6.6   由噪声数据估算 $\partial_{x}\varphi(x,y)$, $\hat{\delta}=0.05$

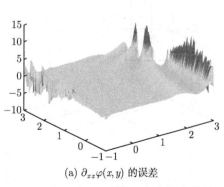

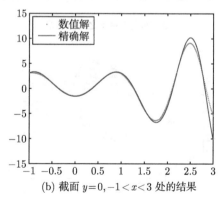

(a) $\partial_{xx}\varphi(x,y)$ 的误差   (b) 截面 $y=0, -1<x<3$ 处的结果

图 6.7   由噪声数据估算 $\partial_{xx}\varphi(x,y)$, $\hat{\delta}=0.05$

(1) 由无噪声数据估算 $\partial_{x}\varphi(x,y)$ 和 $\partial_{xx}\varphi(x,y)$. 数值结果见图 6.8 和图 6.9.

数值解与精确解之间的误差

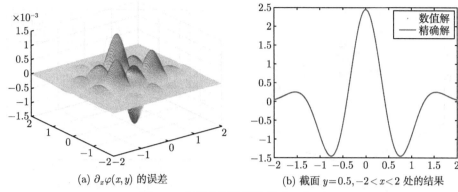

(a) $\partial_x \varphi(x,y)$ 的误差

(b) 截面 $y=0.5, -2<x<2$ 处的结果

图 6.8 由无噪声数据估算 $\partial_x \varphi(x,y)$

数值解与精确解之间的误差

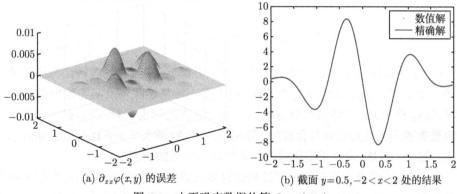

(a) $\partial_{xx}\varphi(x,y)$ 的误差

(b) 截面 $y=0.5, -2<x<2$ 处的结果

图 6.9 由无噪声数据估算 $\partial_{xx}\varphi(x,y)$

(2) 由噪声数据估算 $\partial_x \varphi(x,y)$ 和 $\partial_{xx}\varphi(x,y)$, 其中噪声水平 $\hat{\delta}=0.05$. 数值结果见图 6.10 和图 6.11.

数值解与精确解之间的误差

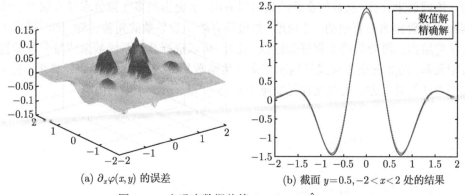

(a) $\partial_x \varphi(x,y)$ 的误差

(b) 截面 $y=0.5, -2<x<2$ 处的结果

图 6.10 由噪声数据估算 $\partial_x \varphi(x,y)$, $\hat{\delta}=0.05$

数值解与精确解之间的误差

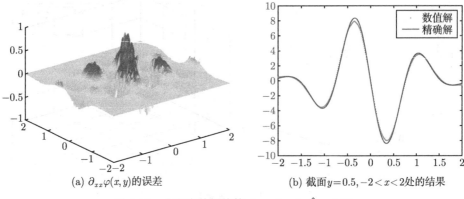

(a) $\partial_{xx}\varphi(x,y)$ 的误差　　　　　　(b) 截面 $y=0.5, -2<x<2$ 处的结果

图 6.11　由噪声数据估算 $\partial_{xx}\varphi(x,y)$, $\hat{\delta}=0.05$

6.3　小　　结

　　6.1 节主要研究了计算二阶导数的数值微分问题. 通过将问题转化为热传导方程的正演问题和源项反演问题的组合, 提出了一种基于源项反演的数值微分方法 (也称为基于 PDEs 的数值微分方法). 从数值算例的结果来看, 我们提出的方法在处理数据噪声方面是高效且鲁棒的. 特别是, 在大噪声水平下它比某些已知方法更稳定和准确. 但是, 未对正则化解的收敛率做出有效的研究.

　　6.2 节主要考虑根据多维噪声数据计算多元数值导数的问题. 通过先后求解多维热传导方程的正演问题和源项反演问题, 提出了一种基于源项反演的数值计算 Laplace 算子的方法. 在某些合适的条件下证明了数值计算 Laplace 算子的可解性和条件稳定性. 然后, 提出了利用积分上限函数技巧稳定计算一阶偏导数的方法. 为了成功数值计算偏导数并尽可能地节省计算量, 将多维问题作降维处理, 从而归为一维问题来计算. 从数值实验结果可以看出, 所提出的多元数值求导方法对于数据噪声是鲁棒的与有效的. 特别地, 如果边界处二阶导数的先验已知, 则所提出的方法将给出二阶导数的非常好的近似. 此外, 可以选择其他基函数来代替分段线性有限元基, 例如正交多项式基础和正交三角函数基础, 从而大大减少计算量. 关于本节方法与其他方法的对比详见文献 (Qiu S et al., 2018a) 中的内容.

参 考 文 献

曹志浩. 1999. 数值线性代数[M]. 上海: 复旦大学出版社.

陈恕行. 2005. 现代偏微分方程导论[M]. 北京: 科学出版社.

谷超豪, 李大潜, 陈恕行, 等. 2002. 数学物理方程[M]. 2 版. 北京: 高等教育出版社.

金畅, 马青华, 许作良, 等. 2011. 欧式期权波动率校准反问题的正则化算法[J]. 西南师范大学学报 (自然科学版), 36(6): 50-56.

李功胜, 谭永基, 王孝勤. 2005. 确定地下水污染强度的反问题方法[J]. 应用数学, 18(1): 92-98.

刘继军. 2005. 不适定问题的正则化方法及应用[M]. 北京: 科学出版社.

陆帅, 王彦博. 2004. 用 Tikhonov 正则化方法求一阶和两阶的数值微分[J]. 高等学校计算数学学报, 26(1): 62-74.

邱淑芳, 王泽文, 温荣生. 2014. 稳定逼近 Laplace 算子与混合偏导数的 Lanczos 方法[J]. 数学年刊, A 辑, 35(6): 651-660.

阮周生, 张文, 王泽文. 2012. 数值求解一类空间分数阶扩散方程源项系数反问题[J]. 河北大学学报 (自然科学版), 32(5): 458-463.

孙志忠. 2012. 偏微分方程数值解法[M]. 北京: 科学出版社.

王乐洋, 余航. 2016. 总体最小二乘联合平差[J]. 武汉大学学报 (信息科学版), 41(12): 1683-1689.

王术. 2009. Sobolev 空间与偏微分方程引论[M]. 北京: 科学出版社: 125-133.

王彦飞. 2007. 反演问题的计算方法及其应用[M]. 北京: 高等教育出版社.

王泽文, 邱淑芳. 2008. 一类流域点污染源识别的稳定性与数值模拟[J]. 水动力学研究与进展, A 辑, 23(4): 364-371.

王泽文, 温荣生. 2012. 一阶和二阶数值微分的 Lanczos 方法[J]. 高等学校计算数学学报, 34(2): 160-178.

王泽文, 徐定华. 2004. 一维热传导反问题的条件稳定性与正则化[J]. 南昌大学学报 (理科版), 28(4): 371-373.

王泽文, 徐定华. 2005. 一类确定表面热流的热传导反问题的正则化方法[J]. 南昌大学学报 (理科版), 29(3): 261-265.

王泽文, 徐定华. 2006. 流域点污染源识别的唯一性与计算方法[J]. 宁夏大学学报 (自然科学版), 27(2): 124-129.

王泽文, 张文. 2011. 基于遗传算法重建多个散射体的组合 Newton 法[J]. 计算数学, 33(1): 87-102.

应正卫, 邱淑芳, 王泽文. 2009. 断层效应反演问题的数值算法[J]. 江西师范大学学报 (自然版), 33(2): 237-241.

张关泉, 张宇. 1997. 漫谈反问题: 从"盲人听鼓"说起[J]. 科学中国人, (1): 36-38,41.

张锦豪, 邱维元. 2001. 复变函数论[M]. 北京: 高等教育出版社.

Allaire G, Kaber S M. 2008. Numerical Linear Algebra[M]. New York: Springer.

Badia A El, Ha-Duong T, Hamdi A. 2005. Identification of a point source in a linear advection-dispersion-reaction equation: application to a pollution source problem[J]. Inverse Problems, 21(3): 1121-1136.

Badia A El, Hamdi A. 2007. Inverse source problem in an advection-dispersion-reaction system: application to water pollution[J]. Inverse Problems, 23(5): 2103-2120.

Belge M, Kilmer M E, Miller E L. 2000. Wavelet domain image restoration with adaptive edge-preserving regularization[J]. IEEE Transactions on Image Processing, 9(4): 597-608.

Belge M, Kilmer M E, Miller E L. 2002. Effcient determination of multipleregularization parameters in a generalized L-curve framework[J]. Inverse Problems, 18(4): 1161-1183.

Belge M, Miller E L. 1998. Wavelet domain image restoration using edgepreserving prior models[C]. In Prc. ICIP'98.

Belkin M, Niyogi P, Sindhwani V. 2006. Manifold regularization: a geometric framework for learning from labeled and unlabeled examples[J]. Journal of Machine Learning Research, 7: 2399-2434.

Borukhov V T, Vabishchevich P N. 2000. Numerical solution of the inverse problem of reconstructing a distributed right-hand side of a parabolic equation[J]. Computer Physics Communications, 126: 32-36 .

Brezinski C, Redivo-Zaglia M, Rodriguez G, et al. 2003. Multi-parameter regularization techniques for ill-conditioned linear systems[J]. Numer. Math., 94(2): 203-228.

Brezis H. 2010. Functional Analysis, Sobolev Spaces and Partial Differential Equations[M]. New York: Springer Science & Business Media.

Brooks D H, Ahmad G F, MacLeod R S, et al. 1999. Inverse electrocardiography by simultaneous imposition of multiple constraints[J]. IEEE Trans. Biomed Eng., 46(1): 3-18.

Brown D A, Zingg D W. 2016. Efficient numerical differentiation of implicitly-defined curves for sparse systems[J]. Journal of Computational & Applied Mathematics, 304: 138-159.

Cannon J R. 1968. Determination of an unknown heat source from overspecified boundary data[J]. SIAM J. Numer. Anal., 5: 275-286.

Cannon J R, Chateau P D. 1998. Structural identification of an unknown source term in a heat equation[J]. Inverse Problems, 14(3): 535-551.

Chen Q, Liu J. 2006. Solving an inverse parabolic problem by optimization from final measurement data[J]. Journal of Computational & Applied Mathematics, 193(1): 183-203.

Cheng J, Jia X Z, Wang Y B. 2007. Numerical differentiation and its applications[J]. Inverse

Problems in Science and Engineering, 15(4): 339-357.

Cheng J, Liu J J. 2008. A quasi Tikhonov regularization for a two-dimensional backward heat problem by fundamental solution[J]. Inverse Problems, 24(6): 065012.

Cheng J, Yamamoto M. 2000. One new strategy for a priori choice of regularizing parameters in Tikhonov's regularization[J]. Inverse Problems, 16(4): 31-38.

Cheng J, Yamamoto M. 2002. Identification of convection term in a parabolic equation with a single measurement[J]. Nonlinear Analysis Ser. A: Theory, Methods & Applications, 50(2): 163-171.

Choulli M, Yamamoto M. 2004. Conditional stability in determining a heat source[J]. Journal of Inverse and Ill-posed Problems, 12(3): 233-243.

Colton D, Kress R. 1998. Inverse Acoustic and Electromagnetic Scattering Theory[M]. 2nd ed. Berlin: Springer.

Cullum J. 1997. Numerical differentiation and regularization[J]. SIAM J. Numer. Anal., 8: 254-265.

Deng Z C, Hon Y C, Yang L. 2014. An optimal control method for nonlinear inverse diffusion coefficient problem[J]. Journal of Optimization Theory & Applications, 160(3): 890-910.

Deng Z C, Qian K, Rao X B, et al. 2015. An inverse problem of identifying the source coefficient in a degenerate heat equation[J]. Inverse Problems in Science and Engineering, 23(3): 498-517.

Denisov A M. 1999. Elements of the Theory of Inverse Problems[M]. Netherlands: VSP, Utrecht.

Doicu A, Schreier F, Hilgers S, et al. 2005. Multi-parameter regularization method for atmospheric remote sensing[J]. Computer Physics Communications, 165 (1): 1-9.

Dou F F, Fu C L. 2009a. Determining an unknown source in the heat equation by a wavelet dual least squares method[J]. Applied Mathematics Letters, 22: 661-667.

Dou F F, Fu C L, Yang F. 2009b. Identifying an unknown source term in a heat equation[J]. Inverse Problems in Science and Engineering, 17: 901-913.

Düvelmeyer D, Hofmann B. 2006. A multi-parameter regularization approach for estimating parameters in jump diffusion processes[J]. J. Inverse Ill-Posed Probl., 14(9): 861-880.

Egger H, Engl H W. 2005. Tikhonov regularization applied to the inverse problem of option pricing: convergence analysis and rates[J]. Inverse Problems, 21: 1027-1045.

Engl H W, Grever W. 1994. Using the L-curve for determining optimal regularization parameters[J]. Numer. Math., 69(1): 25-31.

Engl H W, Hanke M, Neubauer A. 1996. Regularization of Inverse Problems[M]. Boston, MA: Kluwer Academic.

Engl H W, Scherzer O, Yamamoto M, et al. 1994. Uniqueness and stable determination of forcing terms in linear partial differential equations with overspecified boundary data[J]. Inverse Problems, 10: 1253-1276.

Groestch C W. 1993. Inverse Problems in the Mathematical Sciences[M]. Braunschweig: Vieweg.

Hanke M, Scherzer O. 2001. Inverse problems light: numerical differentiation[J]. Am. Math. Mon., 108: 512-521.

Hansen P C. 1994. Regularization tools: a Matlab package for analysis and solution of discrete ill-posed problems[J]. Numerical Algorithms, 6(1): 1-35.

Hansen P C, O'Leary D P. 1993. The use of the L-curve in the regularization of discrete ill-posed problems[J]. SIAM Journal on Scientific Computing, 14(6): 1487-1503.

Hào D N, Chuong L H, Lesnic D. 2012. Heuristic regularization methods for numerical differentiation[J]. Computers & Mathematics with Applications, 63: 816-826.

Hào D N, Duc N V, Lesnic D. 2010. Regularization of parabolic equations backward in time by a non-local boundary value problem method[J]. IMA Journal of Applied Mathematics, 75(2): 291-315.

Hasanov A. 2007. Simultaneous determination of source terms in a linear parabolic problem from the final overdetermination: weak solution approach[J]. Journal of Mathematical Analysis and Applications, 330: 766-779.

Hasanov A, Mueller J L. 2001. A numerical method for backward parabolic problems with non-selfadjoint elliptic operators[J]. Applied Numerical Mathematics, 37(1-2): 55-78.

Hasanov A, Pektas B. 2013. Identification of an unknown time-dependent heat source term from overspecified Dirichlet boundary data by conjugate gradient method[J]. Computers & Mathematics with Applications, 65: 42-57.

Hasanov A, Pektas B. 2014. A unified approach to identifying an unknown spacewise dependent source in a variable coefficient parabolic equation from final and integral overdeterminations[J]. Applied Numerical Mathematics, 78: 49-67 .

Hazanee A, Ismailov M I, Lesnic D, et al. 2013. An inverse time-dependent source problem for the heat equation[J]. Applied Numerical Mathematics, 69: 13-33.

Hettlich F, Rundell W. 2001. Identification of a discontinuous source in the heat equation[J]. Inverse Problems, 17(5): 1465-1482.

Hon Y C, Takeuchi T. 2011. Discretized Tikhonov regularization by reproducing kernel Hilbert space for backward heat conduction problem[J]. Advances in Computational Mathematics, 34(2): 167-183.

Hussein M S, Lesnic D. 2016. Simultaneous determination of time-dependent coefficients and heat source[J]. International Journal for Computational Methods in Engineering Science and Mechanics, 17(5-6): 401-411.

Isakov V. 1998. Inverse Problems for Partial Differential Equations[M]. New York: Springer-Verlag.

Ivanov V K. 1962. Integral equations of the first kind and an approximate solution for the inverse problem of potential[J]. Dokl. Akad. Nauk SSSR, 142: 5(1962), 998-1000.

Johansson B T, Lesnic D. 2007a. Determination of a spacewise dependent heat source[J]. Journal of Computational and Applied Mathematics, 209(1): 66-80.

Johansson B T, Lesnic D. 2007b. A variational method for identifying a spacewise dependent heat source[J]. IMA J. Appl. Math., 72: 748-760.

Johansson B T, Lesnic D. 2008. A procedure for determining a spacewise dependent heat source and the initial temperature[J]. Applicable Analysis, 87(3): 265-276.

Kabanikhin S I. 2011. Inverse and Ill-posed Problems: Theory and Applications[M]. Berlin: De Gruyter.

Keung Y L, Zou J. 1998. Numerical identifications of parameters in parabolic systems[J]. Inverse Problems, 14: 83-100.

Kirsch A. 2011. An Introduction to the Mathematical Theory of Inverse Problems[M]. New York: Springer Science & Business Media.

Knowles I K, Renka R J. 2014. Methods for numerical differentiation of noise data[J]. Electronic Journal of Differential Equations, Conference 21: 235-246.

Kress R. 1989. Linear Interal Equations[M]. Berlin: Springer-Verlag Press.

Kunisch K. 1993. On a class of damped Morozov principles[J]. Computing, 50: 185-198.

Kunisch K, Zou J. 1998. Iterative choices of regularization parameters in linear inverse problems[J]. Inverse Problems, 14(5): 1247-1264.

Kusiak S, Weatherwax J. 2008. Identification and characterization of a mobile source in a general parabolic differential equation with constant coefficients[J]. SIAM J. Appl. Math., 68(3): 784-805.

Landweber L. 1951. An iteration formula for Fredholm integral equations of the first kind[J]. Am. J. Math., 73: 615-624.

Lattes R, Lions J L. 1969. The Method of Quasi-Reversibility, Applications to Partial Differential Equations[M]. New York: Elsevier.

Lawrence C E. 2010. Partial Differential Equations[M]. 2nd ed. Providence. RI: American Mathematical Society.

Levant A. 2003. Higher-order sliding modes, differentiation and output-feedback control[J]. International Journal of Control, 76: 924-941.

Li G, Liu J, Fan X, et al. 2008. A new gradient regularization algorithm for source term inversion in 1D solute transportation with final observations[J]. Applied Mathematics and Computation, 196: 646-660.

Li G, Tan Y, Cheng J, et al. 2006. Determining magnitude of groundwater pollution sources by data compatibility analysis[J]. Inverse Problems in Science and Engineering, 14(3): 287-300.

Li J, Yamamoto M, Zou J. 2009. Conditional stability and numerical reconstruction of initial temperature[J]. Communications on Pure and Applied Analysis, 8: 361-382.

Ling L, Yamamoto M, Hon Y C, et al. 2006. Identification of source locations in two-dimensional heat equations[J]. Inverse Problems, 22(4): 1289-1305.

Liu J. 2003. Continuous dependance for a backward parabolic problem[J]. J. Partial Differential Equations, 16(3): 211-222.

Liu J, Ni M. 2008. A model function method for determining the regularizing parameter in potential approach for the recovery of scattered wave[J]. Applied Numerical Mathematics, 58(8): 1113-1128.

Liu J, Yamamoto M, Yan L. 2015. On the uniqueness and reconstruction for an inverse problem of the fractional diffusion process[J]. Applied Numerical Mathematics, 87: 1-19.

Liu J, Seo J K, Sini M, et al. 2007. On the convergence of the harmonic B_z algorithm in magnetic resonance electrical impedance tomography[J]. SIAM J. Appl. Math., 67: 1259-1282.

Lu S, Pereverzev S V. 2011. Multi-parameter regularization and its numerical realization[J]. Numerische Mathematik, 118(1): 1-31.

Ma Y J, Fu C L, Zhang Y X. 2012. Identification of an unknown source depending on both time and space variables by a variational method[J]. Applied Mathematical Modelling, 36: 5080-5090.

Morozov V A. 1984. Methods for Solving Incorrectly Posed Problems[M]. New York: Springer.

Murio D A. 1993. The Mollification Method and the Numerical Solution of Ill-Posed Problems[M]. NewYork: John Wiley & Sons Inc.

Murio D A. 2006. On the stable numerical evaluation of caputo fractional derivatives[J]. Computers & Mathematics with Applications, 51: 1539-1550.

Murio D A, Mejía C E, Zhan S. 1998. Discrete mollification and automatic numerical differentiation[J]. Computers & Mathematics with Applications, 35: 1-16.

Nair M T, Tautenhahn U. 2004. Lavrentiev regularization for linear ill-posed problems under general source conditions[J]. Zeitschrift für Analysis und ihre Anwendungen, 23(1): 167-185.

Nakamura G, Wang S, Wang Y. 2008. Numerical differentiation for the second order derivatives of functions of two variables[J]. Journal of Computational and Applied Mathematics, 212: 341-358.

Noble B, Daniel J. 1989. Algebra Lineal Aplicada[M]. Naucalpan de Juárez: Prentice-Hall Hispanoamericana.

Oanh N T N, Huong B V. 2016. Determination of a time-dependent term in the right-hand side of linear parabolic equations[J]. Acta Mathematica Vietnamica, 41: 313-335.

Phillips D L. 1962. A technique for the numerical solution of certain integral equations of the first kind[J]. J. Ass. Comp. Math., 9: 84-97.

Prilepko A I, Orlovsky D G, Vasin I A. 2000. Methods for Solving Inverse Problems in Mathematical Physics[M], New York: Marcel Dekker.

Qiu S, Wang Z, Xie A. 2018a. Multivariate numerical derivative by solving an inverse heat source problem[J]. Inverse Problems in Science and Engineering, 26(8): 1178-1197.

Qiu S, Zhang W, Peng J. 2018b. Simultaneous determination of the space-dependent source and the initial distribution in a heat equation by regularizing Fourier coefficients of the given measurements[J]. Advances in Mathematical Physics, 2018: 1-15.

Riachy S, Mboup M, Richard J P. 2011. Multivariate numerical differentiation[J]. Journal of Computational & Applied Mathematics, 236(6): 1069-1089.

Roldão J S F, Soares J H P, Wrobel L C, et al. 1991. Pollutant transport studies in the Paraiba Do Sul River, Brazil[J]. Water Pollution, 1: 167-180.

Ruan Z, Wang Z, Zhang W. 2015. A directly numerical algorithm for a backward time-fractional diffusion equation based on the finite element method[J]. Mathematical Problems in Engineering, 2015: 1-8.

Rundell W, Colton D. 1980. Determination of an unknown non-homogeneous term in a linear partial differential equation from overspecified boundary data[J]. Applicable Analysis, 10: 231-242.

Shahrezaee A M, Rostamian M. 2013. Determination of a source term and boundary heat flux in an inverse heat equation[J]. Journal of Information and Computing Science, 8(2): 103-114.

Skeel R D, Berzins M. 1990. A method for the spatial discretization of parabolic equations in one space variable[J]. SIAM Journal on Scientific and Statistical Computing, 11: 1-32.

Sun C, Liu Q, Li G. 2017. Conditional well-posedness for an inverse source problem in the diffusion equation using the variational adjoint method[J]. Advances in Mathematical Physics, 2017: 1-6.

Tikhonov A N. 1963. On the solution of incorrectly formulated problems and the regularization method[J]. Soviet. Math. Doklady, 4: 1035-1038(English translation).

Titchmarsh E C. 1939. Introduction to the Theory of Fourier Integrals[M]. London: Oxford University Press.

Tuan N H, Binh T T, Minh N D, et al. 2015. An improved regularization method for initial inverse problem in 2-D heat equation[J]. Applied Mathematical Modelling, 39(2): 425-437.

Tuan N H, Trong D D. 2009. A new regularized method for two dimensional non-homogeneous backward heat problem[J]. Applied Mathematics and Computation, 215(3): 873-880.

Ushirobira R, Korporal A, Perruquetti W. 2014. On an algebraic method for derivatives estimation and parameter estimation for partial derivatives systems[C]. 21st International Symposium on Mathematical Theory of Networks and Systems July 7-11, 214. Groningen, The Netherlands.

Wan X Q, Wang Y B, Yamamoto M. 2006. Detection of irregular points by regularization in numerical differentiation and application to edge detection[J]. Inverse Problems, 22(3):

1089-1103.

Wang Y, Jia X, Cheng J. 2002. A numerical differentiation method and its application to reconstruction of discontinuity[J]. Inverse Problems, 18(6): 1461-1476.

Wang Z. 2009. Determination of pollution point source in parabolic system model[J]. Journal of Southeast University (English Editon), 25(2): 278-285.

Wang Z. 2012. Multi-parameter Tikhonov regularization and model function approach to the damped Morozov principle for choosing regularization parameters[J]. Journal of Computational and Applied Mathematics, 236(7): 1815-1832.

Wang Z, Hu B. 2011. An alternative approach of Kirsch-Kress method for reconstructing the shape of a sound-soft obstacle from several incident fields[J]. Journal of Physics: Conference Series. IOP Publishing, 290(1): 012016.

Wang Z, Li X, Xia Y. 2016a. Hybrid Newton-type methods for reconstructing sound-soft obstacles from a single far field[J]. Journal of Inverse and Ill-posed Problems, 24(1): 13-28.

Wang Z, Liu J J. 2009. New model function methods for determining regularization parameters in linear inverse problems[J]. Applied Numerical Mathematics, 59(10): 2489-2506.

Wang Z, Liu J. 2012. Identification of the pollution source from one-dimensional parabolic equation models[J]. Applied Mathematics and Computation, 219(8): 3403-3413.

Wang Z, Qiu S, Ruan Z, et al. 2014. A regularized optimization method for identifying the space-dependent source and the initial value simultaneously in a parabolic equation[J]. Computers & Mathematics with Applications, 67(7): 1345-1357.

Wang Z, Ruan Z, Huang H, et al. 2020. Determination of an unknown time-dependent heat source from a nonlocal measurement by finite difference method[J]. Acta Mathematicae Applicatae Sinica, English Series, 36(1): 151-165.

Wang Z, Wang H, Qiu S. 2015. A new method for numerical differentiation based on direct and inverse problems of partial differential equations[J]. Applied Mathematics Letters, 43: 61-67.

Wang Z, Wen R. 2010. Numerical differentiation for high orders by an integration method[J]. Journal of Computational and Applied Mathematics, 234(3): 941-948.

Wang Z, Xu D. 2013. On the linear model function method for choosing Tikhonov regularization parameters in linear ill-posed problems[J]. Chinese Journal of Engineering Mathematics, 30(3): 451-466.

Wang Z, Zhang W, Wu B. 2016b. Regularized optimization method for determining the space-dependent source in a parabolic equation without iteration[J]. Journal of Computational Analysis And Applications, 20(6): 1107-1126.

Wei T, Hon Y C. 2007. Numerical differentiation by radial basis functions approximation[J]. Advances in Computational Mathematics, 27: 247-272.

Wei T, Hon Y C, Wang Y. 2005. Reconstruction of numerical derivatives from scattered noisy data[J]. Inverse Problems, 21: 657-672.

Wei T, Wang J G. 2012. Simultaneous determination for a space-dependent heat source and the initial data by the MFS[J]. Engineering Analysis with Boundary Elements, 36(12): 1848-1855.

Wen J, Yamamoto M, Wei T. 2013. Simultaneous determination of a time-dependent heat source and the initial temperature in an inverse heat conduction problem[J]. Inverse Problems in Science and Engineering, 21(3): 485-499.

Wu B, Zhang Q. 2016. Fast multiscale regularization methods for high-order numerical differentiation[J]. IMA Journal of Numerical Analysis, 36(3): 1432-1451.

Xie J L, Zou J. 2002. An improved model function method for choosing regularization parameters in linear inverse problems[J]. Inverse Problems, 18(3): 631-643.

Xiong X, Wang J. 2012. A Tikhonov-type method for solving a multidimensional inverse heat source problem in an unbounded domain[J]. Journal of Computational and Applied Mathematics, 236: 1766-1774.

Xiong X, Yan Y, Wang J. 2011. A direct numerical method for solving inverse heat source problems[C]. Journal of Physics: Conference Series 290, (2011): 012017, doi:10.1088/1742-6596/290/1/012017.

Xu H, Liu J. 2010. Stable numerical differentiation for the second order derivatives[J]. Adv. Comput. Math., 33(2010): 431-447.

Xu P L, Fukuda Y, Liu Y M. 2006. Multiple parameter regularization: numerical solutions and applications to the determination of geopotential from precise satellite orbits[J]. Journal of Geodesy, 80(1): 17-27.

Yamamoto M. 1993. Conditional stability in determination of force terms of heat equations in a rectangle[J]. Math. Comput. Modelling, 18(1): 79-88.

Yamamoto M. 1994. Conditional stability in determination of densities of heat sources in a bounded domain[J]. International Series of Numerical Mathematics, 18(2): 359-370.

Yan L, Fu C, Dou F F. 2010. A computational method for identifying a spacewise-dependent heat source[J]. Int. J. Numer. Meth. Biomed. Engng., 26(2010): 597-608.

Yan L, Fu C L, Yang F L. 2008. The method of fundamental solutions for the inverse heat source problem[J]. Engineering Analysis with Boundary Elements, 32: 216-222.

Yan L, Yang F L, Fu C L. 2009. A meshless method for solving an inverse spacewise-dependent heat source problem[J]. Journal of Computational Physics, 228(1): 123-136.

Yang C Y. 2006. The determination of two moving heat sources in two-dimensional inverse heat problem[J]. Applied Mathematical Modelling, 30(3): 278-292.

Yang F, Fu C L. 2010. A simplified Tikhonov regularization method for determining the heat source[J]. Applied Mathematical Modelling, 34(11): 3286-3299.

Yang F, Fu C L. 2014. A mollification regularization method for the inverse spatial-dependent heat source problem[J]. Journal of Computational and Applied Mathematics,

255: 555-567.

Yang L, Dehghan M, Yu J N, et al. 2011. Inverse problem of time-dependent heat sources numerical reconstruction[J]. Mathematics & Computers in Simulation, 81(8): 1656-1672.

Yang L, Deng Z C, Hon Y C. 2016. Simultaneous identification of unknown initial temperature and heat source[J]. Dynamic Systems and Applications, 25(4): 583-602.

Yang L, Yu J N, Luo G W, et al. 2012. Reconstruction of a space and time dependent heat source from finite measurement data[J]. International Journal of Heat and Mass Transfer, 55(23-24): 6573-6581.

Yang L, Yu J N, Luo G W, et al. 2013. Numerical identification of source terms for a two dimensional heat conduction problem in polar coordinate system[J]. Applied Mathematical Modelling, 37(3): 939-957.

Zhang J, Que X, Chen W, et al. 2015. Numerical differentiation of noisy data with local optimum by data segmentation[J]. Journal of Systems Engineering and Electronics, 26(4): 868-876.

Zhao Z, Meng Z, Zhao L, et al. 2016. A stabilized algorithm for multi-dimensional numerical differentiation[J]. Journal of Algorithms & Computational Technology, 10(2): 73-81.

Zheng G H, Wei T. 2014. Recover the source and initial value simultaneously in a parabolic equation[J]. Inverse Problems, 31(10): 109501.